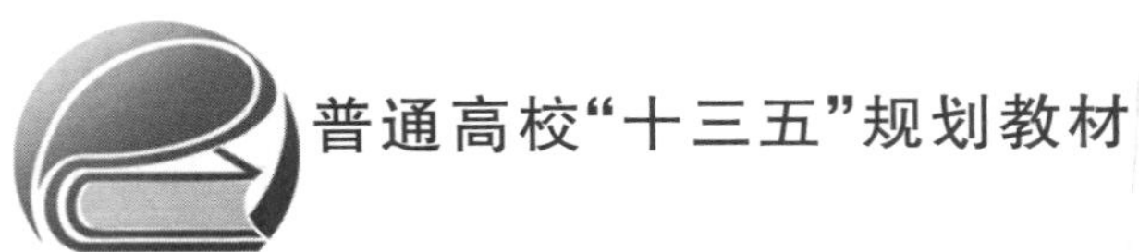

51单片机应用与实践教程

主　编　周向红

副主编　李建军　胡　慧　寻大勇

主　审　刘国繁

北京航空航天大学出版社

内 容 简 介

全书从实际应用出发，以实验现象和实验过程为主线，按照“单片机原理与应用”课程学习进程，依次介绍了单片机的应用开发基础、内部功能单元、系统扩展、应用系统设计及应用系统可靠性运行技术等内容；选择 Keil μVision 4 程序设计平台与 Proteus 硬件仿真平台相结合的软件开发环境，配置高校通用的 DICE－5210K 单片机综合实验系统、DICE－KEIL USB 仿真器及 STC－ISP 单片机编程软件，使用汇编与 C51 两种语言（以汇编语言为主），设计典型和独立的 30 余个单片机实践项目（近 80 个参考程序），以其为学习实例，实例操作形式多样，实用性强，许多实例程序可直接应用于工程项目。

本书语言通俗，实例内容丰富，实例程序分析详尽，有较高的实用价值和参考价值，既适合用作本、专科高等院校自动化、计算机、电子、电气、控制等专业的教材，也可作为单片机开发人员和单片机系统设计人员的参考用书。

图书在版编目(CIP)数据

51 单片机应用与实践教程 / 周向红主编. --北京 ：北京航空航天大学出版社，2018.5

ISBN 978－7－5124－2702－0

Ⅰ.①5… Ⅱ.①周… Ⅲ.①单片微型计算机—高等学校—教材 Ⅳ.①TP368.1

中国版本图书馆 CIP 数据核字(2018)第 075058 号

51 单片机应用与实践教程

主　编　周向红

副主编　李建军　胡　慧　寻大勇

主　审　刘国繁

责任编辑　胡　敏

*

北京航空航天大学出版社出版发行

北京市海淀区学院路 37 号(100083)　发行部电话：(010)82317024　传真：(010)82328026

http://www.buaapress.com.cn　　E-mail：bhpress@263.net

涿州新华印刷有限公司印装　各地书店经销

*

开本：710×1 000　1/16　印张：17　字数：362 千字

2018 年 5 月第 1 版　2025 年 2 月第 8 次印刷　印数：8 101～9 300 册

ISBN 978－7－5124－2702－0　定价：49.00 元

前　言

本书的出版背景

目前，科学技术迅猛发展，生产力水平迅速提高，作为高等院校，培养技术应用型人才刻不容缓。单片机被广泛应用于人们生活的各个领域，社会需要大量掌握单片机技术的人才；而单片机的性能不断提高，价格不断降低，技术也日趋成熟。如何在短期内培养注重知识的技术实现、具备构建单片机应用系统的技能、精通单片机应用系统设计方法的社会所急需的单片机技术应用型人才，应该是从事单片机技术教学的教育工作者在单片机实践教学改革中追求的目标。

本书的写作起因

“单片机原理与应用”是一门实用性很强的专业课，注重单片机实践教学环节的学习演练，这是掌握单片机应用技术的根本。作者参考了大量文献资料，并总结了自己多年积累的单片机教学与科研实践经验，从着重培养学生实践应用能力的角度出发，编写此书。

单片机并不像传统数字电路或模拟电路那样直观，原因是除了“硬件”之外，还存在“软件”。正是这个“软件”因素的存在，使许多初学者怎么都弄不懂单片机的工作过程，怎么也不明白为什么将几个数送来送去就能控制一个灯的亮/灭、就能控制一个电机变速，由此对单片机产生“敬畏”甚至“恐惧”感，降低了学习单片机的热情与兴趣，因此才有“单片机难学”一说。

作者在从事单片机实践教学、单片机应用与研发以及和学生打交道的过程中，深知学生学习单片机的难处，主要是不得要领，难以入门。他们一旦找到学习的捷径，入了门，并能初步掌握单片机编程技术并产生实际效果，那么必然信心大增，之后就能够一步一个脚印地拓展自己的知识面了。另外，作者还深知学生感兴趣的是单片机编程应用实例，特别是程序短小且立竿见影的实例，这些实例使稍懂原理的人通过实践就能理解软件的作用，了解硬件和软件的区分；了解软件设计后，可将通常由硬件完成的工作交由软件完成，并在不断实践中去发现单片机控制技术的强大作用，从而投身于单片机领域。因此，本书的编写思路是以设计趣味性、独立性实例，讲解实例的实验现象和实验过程为主线，中间穿插单片机系统设计技巧。这样一来，学生有兴趣，学得快，能收到很好的学习效果。掌握了一定数量的单片机应用实战实例之后，学生便能自己动手设计制作单片机应用系统了。

本书的内容组织

本书从实际应用出发，以实验现象和实验过程为主线，选择 Keil μVision4 程序设计平台与 Proteus 硬件仿真平台相结合的软件开发环境，配置高校通用的 DICE－5210K 单片机综合实验系统、DICE－KEIL USB 仿真器及 STC－ISP 单片机编程软件，设计典型与独立有趣的实例。实例使用汇编语言与 C51 语言两种语言（以汇编语言为主），注重原理教学，配合全开放式实践教学模式，方便读者使用教学资料，学习单片机课程。本书内容丰富，实例操作形式多样，实用性强，许多实例程序可直接应用于工程项目。书中通过实验现象和实验过程的实例讲解，可使读者高效率掌握单片机知识和应用技能。

本书按照“单片机原理与应用”课程的学习进程，由浅入深逐步讲解单片机应用开发基础、内部功能单元、系统扩展、应用系统设计与应用系统可靠性运行技术等内容。全书分为 5 章，章与章之间既独立又相互联系，第 4 章“单片机应用系统设计”是前几章的延续与提高。全书共 30 余个单片机实践项目，近 80 个参考程序，许多项目稍加变化便可用于课程设计、毕业设计、各类实训及工程应用。

本书的编写特色

◇ 依据作者的亲身体验，以最实用的方法，通过实例掌握单片机原理。本书会将致力于单片机应用研究的读者领进单片机应用的缤纷世界，使其在学习单片机过程中始终有一个完整的单片机控制系统的概念。

◇ 在知识内容上突出抽象知识的具体化，依赖于经典实例演练使指令功能程序运行结果直观可视；构建单片机应用系统的知识体系，最终把掌握知识以掌握技术的形式表现出来，旨在突出学生实践技能的培养与训练。

◇ 通过实验现象和实验过程讲解实例，使读者高效率掌握单片机知识和应用技能。

◇ 所有实例设计以单片机的知识点为依据，以读者的兴趣为基础，以实际应用为依托；实例设计具有独立性，不依附具体单片机系统研发设备，即将实例中程序数据进行变换，便可应用于其他设备。

◇ 本书的实例无论简单与复杂，从最简单的一个指示灯控制到复杂的工程应用

系统设计，均配以标准化的电路原理图，供读者单片机实战及单片机应用开发使用。

◇ 通过大量具实用性趣味性的实例练习，注重硬件与软件的紧密结合，强调软件与硬件综合调试能力，旨在使读者尽快掌握单片机系统开发的全过程。

◇ 本书实例源于不同实际应用，可直接用于实际应用系统开发，这对于从事单片机系统开发的工程技术人员十分有用；有些实例在介绍基本功能的基础上还介绍了如何进行功能的扩展。

◇ 详细地介绍了单片机开发环境，旨在使读者熟悉单片机的软硬件开发环境，提高单片机编程的综合能力，亲身体验单片机的开发成果。

本书的硬件基础

本书的编写是基于"DICE－5210K单片机综合实验系统"设备。该设备的特点是由课程理论教学的基础模块与单片机应用开发设计的应用模块组成，各模块单元电路既独立又可以相互组合，使用灵活方便，是集中式或开放式单片机实践教学的理想设备，学生可根据自己所需的电路完成实际设计，从而提高他们的创造力。书中所有实战实例，并不拘泥于本设备，将单片机外围接口芯片的译码地址稍加改变，便可用于其他单片机开发设备。

本书的适用情况

本书可用作高校教材，用于采用集中式教学模式的单片机实践教学——在老师指导下，学生能更好地理解所学知识；同时，也非常适合大学本科为培养创新型人才而设置的教、学、做的开放式教学模式的单片机实践教学，即在有设备的条件下，不需要老师指导，学生也能很快进行调试。开放式教学模式是指实验内容、实验时间和实验仪器设备（包括元器件）的"三开放"实验教学模式。这种实验教学模式是在老师的引导下，学生自主完成实验。实行开放式实验教学旨在提高实验教学效果，培养学生自主学习能力、实践动手能力和创新精神。通过开放式实验教学模式中的单片机实践训练，并配以特色鲜明的本教材，学生可很快拥有较强的实战能力及创新设计能力。

本书可作为从事单片机教学与研究的高校教师的参考用书。

本书适用于单片机开发人员或单片机系统设计人员，因为本书包含了大量的工程实例，很多模块程序可直接移植到读者自己的设计中。

本书适用于将从事单片机技术应用研究的自学者，在无设备及老师指导的情况下，能很快入门并掌握单片机知识。

本书的作者

本书由湖南工程学院周向红高级实验师任主编，李建军、胡慧、寻大勇副教授任副主编，刘国繁教授任主审。第 1、3、4 章由周向红编写，第 2 章由李建军编写，第 5 章由胡慧、寻大勇编写。参与本书软硬件仿真和实时调试工作的有谭梅、刘利蕊、刘俊老师，参与本书电路原理图绘制工作的有周细风、蒙振柱老师。陈意军教授、王迎旭教授、李晓秀教授、赵葵银教授对本书提出了很多宝贵的意见。上述人员中，有专家教授、资深教师，还有多次指导过本院学生参加全国电子竞赛获一等奖、二等奖的老师，他们为本书的高质量奠定了基础。在此，向为本书付出辛勤劳动的各位老师表示衷心的感谢。

该书的出版，得到了湖南工程学院和北京航空航天大学出版社的大力支持，作者在此一并表示衷心的感谢。

由于编者水平有限，书中难免有缺点和错误，敬请广大读者给予批评指正。

作　者

2018 年 4 月

目　录

第1章

单片机应用开发基础

1.1 基本问题

1.1.1 单片机是什么

单片机(Microcontrollers)是一种集成电路芯片,是采用超大规模集成电路技术把具有数据处理能力的中央处理器 CPU(Central Processing Unit)、随机存储器 RAM(Random Access Memory)、只读存储器 ROM(Read Only Memory)、多种 I/O (Input/Output)端口和中断系统、定时器/计数器等功能(可能还包括显示驱动电路、脉宽调制电路、模拟多路转换器、A/D 转换器等电路)集成到一块硅片上,构成的一个小而完善的微型计算机系统,被广泛应用于工业控制领域[1,2]。

单片机诞生于 1971 年,经历了 SCM、MCU、SoC 三大阶段,早期的 SCM 单片机都是 8 位或 4 位的。其中最成功的是 Intel 公司的 8051,此后在 8051 基础上发展出了 MCS-51 系列 MCU 系统。直到现在,基于这一系统的单片机系统还在广泛使用。随着工业控制领域要求的提高,开始出现了 16 位单片机,但因为其性价比不理想而并未得到很广泛的应用。20 世纪 90 年代后,随着消费电子产品大发展,单片机技术得到了巨大提高。随着 Intel i960 系列特别是后来的 ARM(Advanced RISC Machine)系列的广泛应用,32 位单片机迅速取代 16 位单片机的高端地位,并且进入主流市场[3,4]。

1.1.2 单片机能做什么

单片机是一种可通过编程控制的微处理器,单片机芯片自身不能单独运用于某项工程或产品上,它必须要靠外围数字器件或模拟器件的协调才可发挥其自身的强大功能,所以在学习单片机知识的同时,还要循序渐进地学习其外围的数字及模拟芯片知识,学习常用的外围电路的设计与调试方法等[5]。

单片机属于控制类数字芯片，目前其应用领域非常广泛，举例如下：

① 工业自动化，如数据采集、测控技术。

② 智能仪器仪表，如数字示波器、数字信号源、数字万用表等。

③ 消费类电子产品，如洗衣机、电冰箱、空调机、电视机、微波炉、IC 卡、汽车电子设备等。

④ 通信方面，如调制解调器、程控交换技术、智能手机等。

⑤ 武器装备，如飞机、军舰、坦克、导弹、智能武器等。

这些电子器件内部无一不用到单片机，而且大多数电器内部的主控芯片就是由一块单片机来控制的。可以说，凡是与控制或简单计算有关的电子设备都可以用单片机来实现，当然需要根据实际情况选择不同性能的单片机，如 ATMEL、STC、PIC、AVR、凌阳、C8051 及 ARM 等。

1.1.3 如何学习单片机

51 单片机是最经典和最流行的一种单片机，其应用十分广泛，最早由 Intel 公司于 1980 年推出，其首款单片机型号为 8051，之后又陆续推出了与 8051 指令完全相同的 8031、8032、8052 等系列单片机，初步形成了 MCS-51 系列单片机。1984 年，Intel 公司出售了 51 核，此后，世界上出现了上千种 51 单片机，如 ATMEL、Philips、Winbond 等品牌。因此，51 单片机泛指所有兼容 8051 指令的单片机。也可以说 51 内核扩展出的单片机，就是通常我们所说的 51 单片机[6]。

目前，51 单片机应用市场大，学习资料齐全，使用人群广泛，其简单的内部结构，使其具有上手快且易深入了解的特点，非常适合作为入门级芯片供初学者学习。熟练掌握了 51 单片机，就会对微控制器的功能结构框架有一个清晰的印象，再学习其他的芯片，如目前流行的体积小、功耗低、成本低、性能高的 ARM 就会变得简单和轻松，因为 ARM 可以被认为是在 51 单片机结构的基础上增加许多功能模块而构成，虽然二者的结构并非真正相同[7]。

1.1.4 本书单片机编程语言的选择

根据提出的任务要求，将解题步骤、算法采用程序语言编制程序的过程称为程序设计。如用 MCS-51 汇编语言设计程序，为 MCS-51 汇编语言程序设计；用 MCS-51 C 语言设计程序，为 MCS-51 C 语言程序设计。

程序设计时要考虑两个方面：一是采用哪种语言进行程序设计，对于同一个问题，既可以选择高级语言，也可选择汇编语言来进行程序设计；二是解决问题的方法和步骤，对于同一个问题，往往有多种不同的解决方法，这种为解决问题而采用的方法和步骤称为“算法”[8]。

另外，进行程序设计时，首先应按照实际问题的要求和所使用的计算机的特点，确定所采用的计算方法和计算公式，然后，用指令系统，按照尽可能节省数据存放单

元、缩短程序长度和减少运算时间这三个原则编译程序。

1. 程序设计语言

机器语言(Machine Language)是指直接用机器码编写程序,并能够被计算机直接执行的机器级语言。机器码是一串由二进制代码“0”和“1”组成的二进制数据,其执行速度快,但是可读性极差。

汇编语言(Assembly Language)是指用指令助记符代替机器码的编程语言。汇编语言程序结构简单,执行速度快,程序易优化,编译后占用存储空间小,但是需要对单片机内部结构相当了解,且其可读性和移植性较差。

高级语言(High-Level Language)是在汇编语言的基础上用自然语言的语句来编写程序,例如PL/M-51、Keil C51、MBASIC 51等,程序可读性强,通用性好,是目前工程应用开发最常用的语言。

鉴于本书主要针对单片机教学,注重对单片机内部结构和运行原理的学习,同时通过众多实验来掌握单片机的开发和应用,因此,主要以汇编语言学习和汇编程序设计为主。汇编语言程序设计不但技巧性较强,而且还具有软、硬件结合的特点,能让学生通过汇编语言的指令编程来理解单片机各引脚高低电平的变换是通过对其内部寄存器数值的改变来实现的,而各引脚电平的变换影响外围器件工作的正常与否,从而影响系统具体功能实现的这一原理。因此,通过汇编程序设计来学习单片机能直观地让学生感受和认知到单片机运行的原理,达到“知其然,知其所以然”的教学目的。但考虑到目前流行的编程方式,在本书结尾也介绍了运用C语言开发应用的单片机系统,供读者学习借鉴。

2. 汇编语言的优点

与采用高级语言编程相比,采用汇编语言编程具有以下优点:

① 占用的内存单元和CPU资源少;

② 程序简短,执行速度快;

③ 可直接调用计算机的全部资源,并可有效地利用计算机的专有特性;

④ 能准确地掌握指令的执行时间,适用于实时控制系统;

⑤ 可直观地认识到硬件各端口高低电平的变化是基于对各功能寄存器的赋值的改变,从而更深层次掌握硬件工作运行的原理。

3. 汇编语言程序设计的方法

① 汇编语言程序的基本结构是由简单程序(顺序程序)、分支程序、循环程序、查表程序、子程序和中断程序等结构化的程序模块有机组成的;

② 划分功能模块进行设计;

③ 自上而下逐渐求精。

4. 汇编语言程序设计的步骤

用汇编语言编写程序,一般可分为以下几个步骤:

① 建立数学模型。根据要解决的实际问题，反复研究分析并抽象出数学模型。

② 确定算法。解决一个问题，往往有多种不同的方法，从诸多算法中确定一种较为简捷的方法是至关重要的。

③ 制定程序流程图。算法是程序设计的依据，把解决问题的思路和算法的步骤画成程序流程图。

④ 确定数据结构。合理地选择和分配内存单元以及工作寄存器。

⑤ 写出源程序。根据程序流程图，精心选择合适的指令和寻址方式来编制源程序。

⑥ 上机调试程序。将编好的源程序进行汇编，并执行目标程序，检查和修改程序中的错误，对程序运行的结果进行分析，直至正确为止。

5. 评价程序质量的标准

解决某一问题、实现某一功能的程序不是唯一的，可以通常以下几个标准来评价程序的质量：

① 程序的执行时间；

② 程序所占用的内存字节数；

③ 程序的逻辑性、可读性；

④ 程序的兼容性、可扩展性；

⑤ 程序的可靠性。

一般来说，一个程序的执行时间越短，占用的内存单元越少，其质量也就越高。这就是程序设计中的“时间”和“空间”的概念。程序设计的逻辑性的强弱、层次是否分明、数据结构是否合理、是否便于阅读也是衡量程序质量优劣的重要标准。同时，还要保证程序在任何实际的工作条件下，都能正常运行。另外，在较复杂的程序设计中，必须充分考虑程序的可读性和可靠性。同时，程序的可扩展性、兼容性以及容错性等都是衡量与评价程序质量优劣的重要标准。

1.2 51 单片机硬件开发环境

1.2.1 DICE－5210K 单片机综合实验系统介绍

目前，国内外均已研制并生产出各种各样的单片机开发系统及开发工具。这里介绍一种国产的单片机开发系统——DICE－5210K 单片机综合实验系统。

1. DICE－5210K 单片机综合实验系统概述

DICE－5210K 单片机综合实验系统为 51 单片机相关课程提供配套的实验，如图 1－1 所示。该实验系统具有系统小、功能多、易扩展等特点，系统的地址总线、数据总线、控制总线全部引出，对用户开放，并留有扩展单元(区)，学生可以从需求出发,灵活选配各种扩展模块,为实验教学、课程设计、毕业设计提供了良好的实验开发环境,也是科研、开发工作者的得力工具。

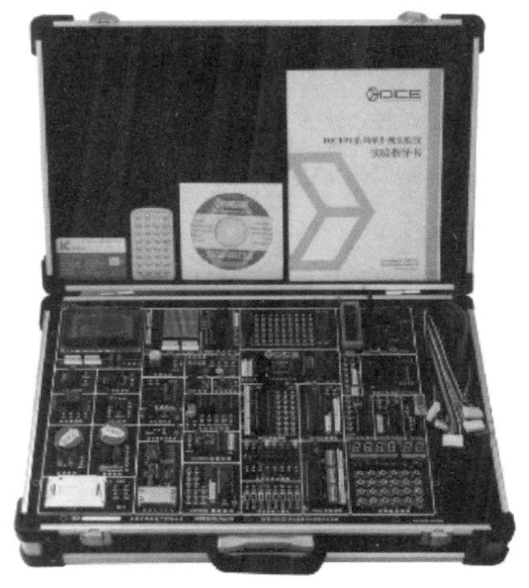

图 1－1　DICE－5210K 单片机综合实验系统

2. DICE－5210K 单片机综合实验系统的组成

DICE－5210K 单片机综合实验系统分为 38 个区(34 个模块),为了方便描述,各模块标注了编号(如图 1－2 所示),表 1－1 给出了各个区的基本介绍。该系统可随机提供 23 个演示实验,以供学生参考。实验扩展模块可以扩展实验功能,现有的扩展模块有 CAN 总线、USB 驱动及以太网实验模块。本实验系统配有专门的仿真器,可实现在线仿真和程序下载功能。

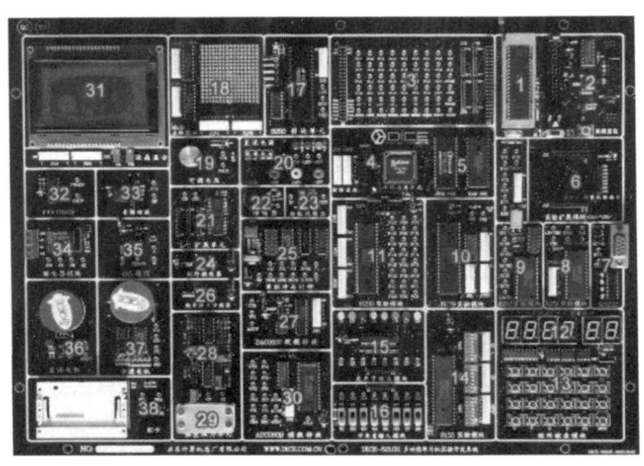

图 1－2　DICE－5210K 单片机综合实验系统功能模块分区编号

表 1－1　DICE－5210K 单片机综合实验系统各区的基本

序　号	基本功能	序　号	基本功能
1	用户 CPU(AT89C51)，带仿真接口	20	直流电源模块(提供＋5 V、＋12 V、－12 V、GND)
2	ISP 在线编程接口，标配 ISP 下载线和软件	21	I/O 口扩展模块(74LS244、74LS273)
3	单片机所有 I/O 口，数据、地址线，及译码地址区	22	蜂鸣器模块
4	译码、锁存单元(由 CPLD 芯片 1016 设计)	23	射极跟随器实验模块
5	扩展 ROM(64K)、扩展 RAM(32K)	24	红外遥控接收实验模块(配红外遥控器)
6	扩展模块区(USB、网卡、CAN 总线等)	25	单脉冲与固定时钟模块
7	RS232 串行通信口	26	DS18B20 数字温度传感器模块
8	8251 实验模块	27	DAC0832 数模转换模块
9	8253 实验模块	28	模拟温度传感器实验模块
10	8279 实验模块	29	压力传感器实验模块
11	8255 实验模块	30	ADC0809 模数转换模块
12	6 位动态数码管实验模块	31	128×64 LCD 液晶显示模块(可换 16×2 LCD 模块)
13	4×6 矩阵键盘模块	32	PWM 转换模块
14	8155 实验模块	33	LM386 音频功放模块
15	8 位 LED 发光二极管输出模块	34	继电器模块
16	8 位开关量输入模块	35	RS485 通信模块
17	8250 实验模块	36	直流电机模块(带霍尔传感器，可实现闭环调速)
18	16×16 点阵实验模块	37	四相步进电机模块(带驱动电路)
19	可调电压模块	38	接触式 IC 卡实验模块(标配一块 IC 卡)

该实验系统配套附件包括实验接插线、排线、IC 卡、红外遥控器、USB 线、说明书、光盘资料(含详实的实验代码 C 与汇编程序)。

3. DICE－5210K 单片机综合实验系统的性能特点

① USB 三 CPU 高性能 Keil C 仿真器(标配)：实验系统标配有 USB 接口 DICE Keil－51 仿真器或选配 DICE－3000 和其他型号仿真器。DICE－Keil 51 仿真器是目前同行业中功能完整、性能稳定、技术先进的全 USB 接口仿真器；兼容 Keil C51 UV2 调试环境，支持单步、断点，随时可查看寄存器、变量、I/O、内存内容；可仿真各种 51 指令兼容单片机，如 ATMEL、Winbond、Intel、SST、ST 等。

② 支持 C8051F 单片机：实验系统选配 C8051F 扩展板(如图 1－3 所示)。

图 1-3　选配件:C8051F CPU 卡

③ 支持 EDA/USB/以太网/CAN 开发:实验系统通过选配 EDA 卡(标配并口 JTAG 下载线,如图 1-4 所示)、USB2.0 扩展卡(如图 1-5 所示)、以太网卡(如图 1-6 所示)、CAN 总线扩展卡(如图 1-7 所示),实现 CPLD 和 FPGA 的实验、学习和开发,并和单片机系统共用硬件资源。

④ 实验开放性:实验系统电路单元尽可能独立开放,如开放式键盘、开放式显示器、开放式串口等,为适应多种方式实验提供可能。

⑤ 二次开发:实验系统将地址总线、数据总线、控制总线全部引出,主机板留有扩展单元,通过单片机仿真器调试用户系统。

图 1-4　选配件:EDA 卡

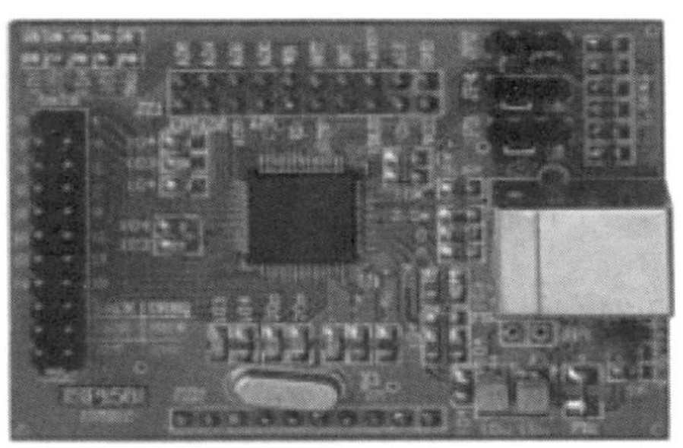

图 1-5　选配件:USB2.0 扩展卡

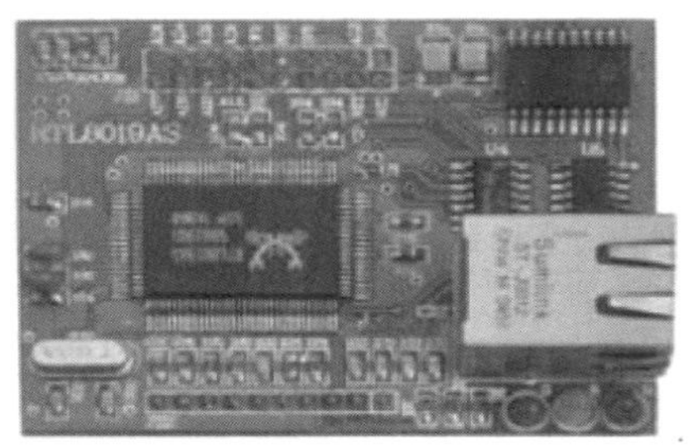

图 1-6　选配件:以太网卡

图 1-7　选配件:CAN 总线扩展卡

⑥ 在线下载：实验系统配有 ISP 在线下载接口，可直接烧录 AT89S5X 单片机。

⑦ 二种工作方式：一是联机运行，在与上位软件联机的状态下，实现各种调试和行运的操作；二是脱机运行，系统配有管理监控，在无仿真器状态下，系统自动切换到脱机管理状态，用户可轻松调用 EPROM 中的实验程序完成实验。

4. DICE－5210K 单片机综合实验系统资源分配

DICE－5210K 单片机综合实验系统 I/O 地址分配情况与存储器地址分配情况分别如表 1－2 和表 1－3 所列。

表 1－2　实验系统 I/O 地址分配

地　址	扩展名称	用　途
8000H～8FFFH	自定义	实验用口地址
9000H～9FFFH	自定义	实验用口地址
0A000H～0AFFFH	自定义	实验用口地址
0B000H～0BFFFH	自定义	实验用口地址
0C000H～0CFFFH	自定义	实验用口地址
0D000H～0DFFFH	自定义	实验用口地址
0E000H～0EFFFH	自定义	实验用口地址
0F000H～0FEFFH	自定义	实验用口地址
0FF20H	8155 控制口	写方式字
0FF21H	8155 PA 口	字位口
0FF22H	8155 PB 口	字形口
0FF23H	8155 PC 口	键入口
0FF28H	8255 PA 口	扩展用
0FF29H	8255 PB 口	扩展用
0FF2AH	8255 PC 口	扩展用
0FF2BH	8255 控制口	写方式字

表 1－3　实验系统存储器地址分配

地　址	器　件	用　途
0000H～0FFFFH	AT89S52/27C512	用户程序空间
0000H～7FFFH	62256	用户数据空间

1.2.2　DICE－KEIL USB 仿真器

1. 单片机仿真器概述

单片机仿真器是指以调试单片机软件为目的而专门设计制作的一套专用的硬件

装置。在单片机软件开发的过程中,需要不断地对软件进行调试,观察其运行过程的中间结果,排除软件存在的问题,以达到编程者设计预期目标。由于单片机本身小巧简单、结构紧凑的特点,往往不具备输入/输出设备,再受到使用环境、自身存储空间等的限制,难以容纳用于调试程序的专用软件,因此,要对单片机软件进行调试,就必须使用单片机仿真器。单片机开发人员可以通过单片机仿真器修改程序,观察程序运行结果与中间值,同时对与单片机配套的硬件进行检测与观察,大大提高单片机的编程效率和效果。因此,单片机仿真器是单片机应用开发过程中重要的辅助工具。

DICE-KEIL USB仿真器是与DICE-5210K单片机综合实验系统相配套的仿真器。本书以DICE-KEIL USB仿真器为例说明仿真器的基本使用方法,其他仿真器在使用上大同小异,只要掌握了其中一种,就可以熟练地使用其他类型的仿真器。该仿真器硬件使用方法简单,只需要将仿真器的插针作为CPU插入设计线路板,将串行口线插在PC机的一个串行口上,之后打开电源即可使用。

2. DICE-KEIL USB仿真器特点

① 拥有单USB接口,无需外接电源和串口,即插即用,适用于台式计算机、无串口的笔记本计算机。三CPU设计,采用仿真芯片+监控芯片+USB芯片结构,在仿真状态下仿真芯片被完全冻结,可以100%重现CPU所有特性,即总线I/O口。

② 可进行高速下载,仿真通信速度高达115 200 bps。

③ 不占资源,可实现无限制真实仿真(32个I/O,串口,T2可完全单步仿真),真实仿真32个I/O引脚。

④ 兼容Keil C51 UV4调试环境,支持单步、断点,随时可查看寄存器、变量、I/O、内存内容;可仿真各种51指令兼容单片机,例如ATMEL、Winbond、Intel、SST、ST等。

⑤ 通过跳线块可设置脱机运行模式,这时仿真机就相当于目标板上一个烧好的芯片,可以更加真实地运行。这种情况下,仿真器实际上就变了一个下载器,而且下次上电时仍然可以运行上次下载的程序。

⑥ 可通过跳线块改变晶振频率,22.118 4 MHz和11.059 2 MHz。

⑦ 状态指示灯:红灯是电源指示灯,上电即亮;复位时绿灯闪三下;通信或者运行程序时会闪烁指示工作状态。

1.3 51单片机开发应用相关软件

要学会应用单片机实现各种控制功能,除了具备硬件条件外,还应学会使用相关软件。这些软件包括对单片机进行程序代码编写和仿真调试的软件,对单片机进行程序代码下载烧录的软件,以及对单片机及其外围电路进行设计和协同仿真的软件。本节我们将介绍Keil、STC-ISP、Proteus这三款分别具备以上功能的单片机开发应用辅助软件。

1.3.1 Keil 开发环境介绍

单片机开发中除必要的硬件外，还离不开软件。汇编语言源程序要变为 CPU 可以执行的机器码有两种方法，一种是手工汇编，另一种是机器汇编，目前已极少使用手工汇编的方法了。机器汇编是通过汇编软件将源程序变为机器码，用于 MCS-51 单片机的汇编软件早期有 A51，随着单片机开发技术的不断发展，从普遍使用汇编语言到逐渐使用高级语言，单片机的开发软件也在不断发展。Keil 软件是目前最流行的开发 MCS-51 系列单片机的软件。Keil 提供了包括 C 编译器、宏汇编、链接器、库管理和一个功能强大的仿真调试器等在内的完整开发方案，通过一个集成开发环境（μVision）将这些模块组合在一起[9]。Keil 开发环境界面如图 1-8 所示。

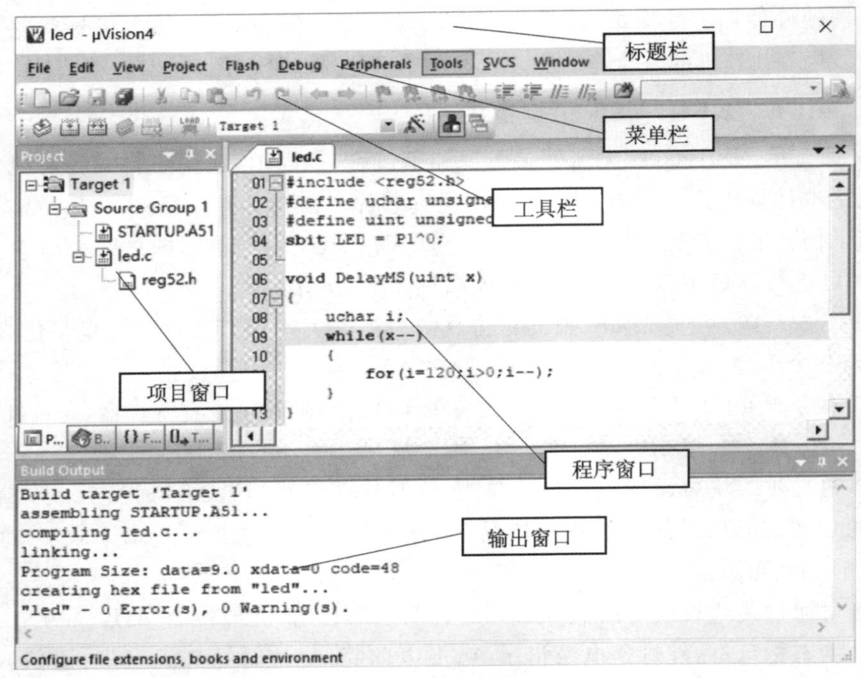

图 1-8　Keil 开发环境界面

1. Keil 工程的建立

启动 Keil 软件时，屏幕如图 1-9 所示，紧接着出现开发编辑界面，如图 1-10 所示。

① 建立一个新工程，可选择菜单栏中的“Project”→“New μVision Project”选项，如图 1-11 所示。

② 选择保存工程的路径，输入工程文件名。Keil 的一个工程里通常含有很多小文件，为了方便管理，通常将一个工程放在一个独立文件夹下，例如保存到 test1 文件夹，工程文件的名字为 test1，如图 1-12 所示，然后单击“保存”按钮。工程建立

后，此工程名变为 test1. uvproj。

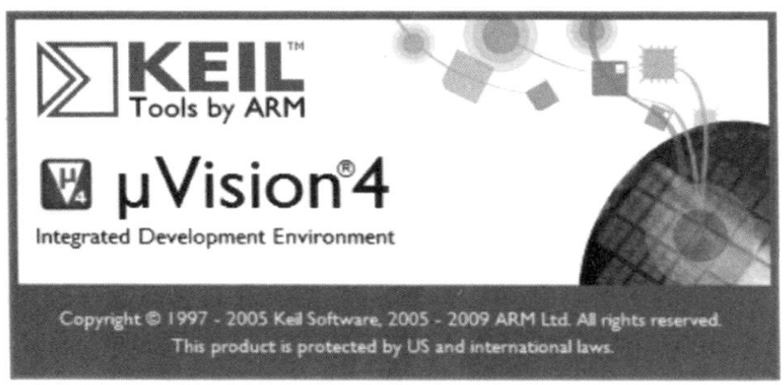

图 1-9　启动 Keil 软件时的屏幕

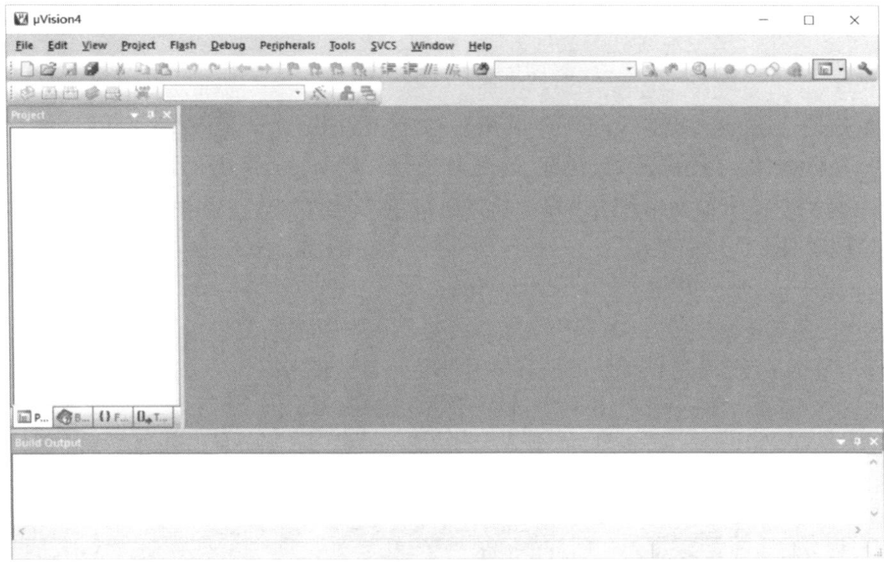

图 1-10　进入 Keil 软件后的编辑界面

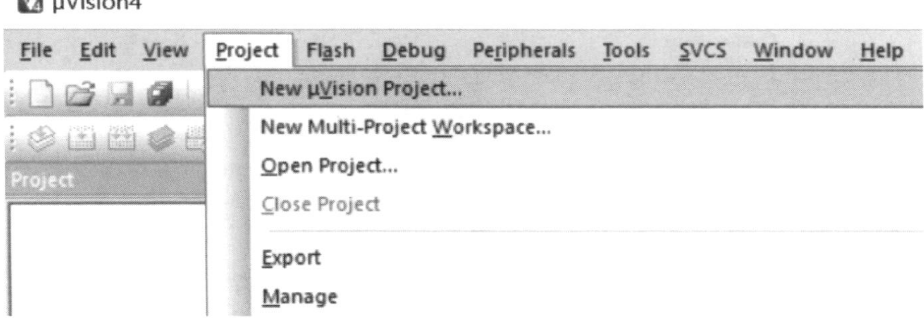

图 1-11　新建工程

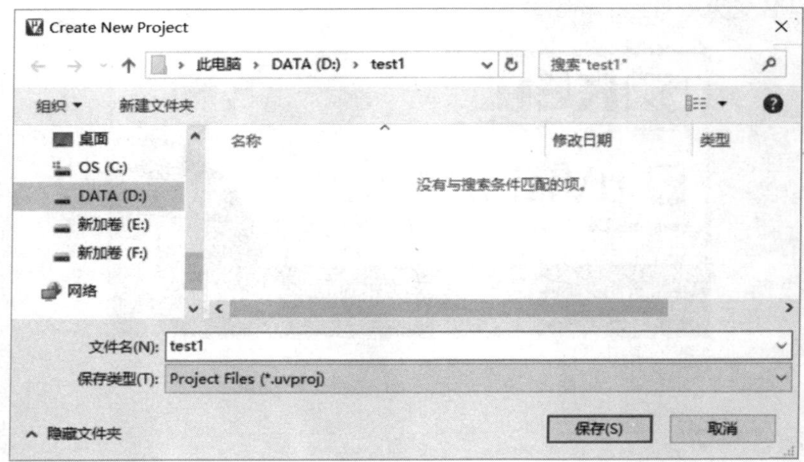

图 1-12 保存工程

③ 这时会弹出一个对话框，要求用户选择单片机型号，可以根据用户使用的单片机来进行选择。Keil C51 几乎支持所有 51 内核的单片机，本书基于 DICE-5210K 单片机综合实验系统，并以 51 单片机型号 AT89C51 为例，所以在这里选择 AT89C51，如图 1-13 所示。

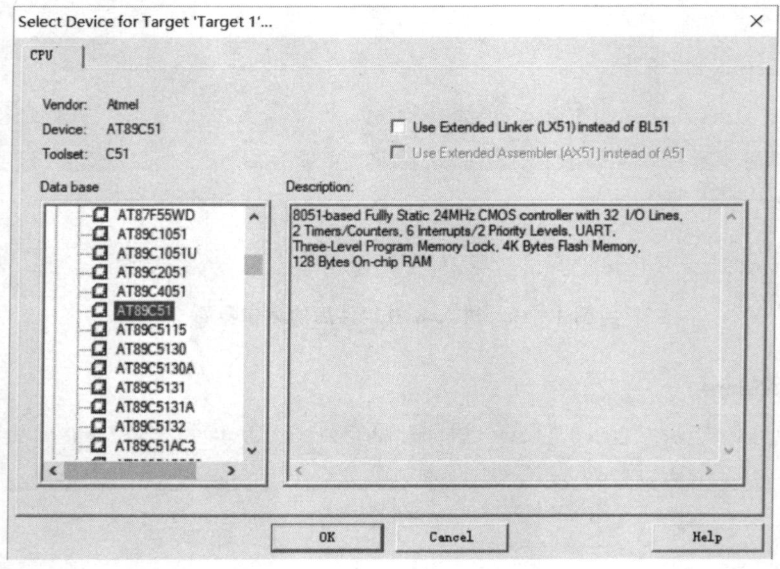

图 1-13 选择单片机型号

④ 选择 AT89C51 之后，右侧"Description"栏里是对该型号单片机的基本说明。单击"OK"按钮，弹出的窗口界面如图 1-14 所示。此步完成后，还不能算是建立了

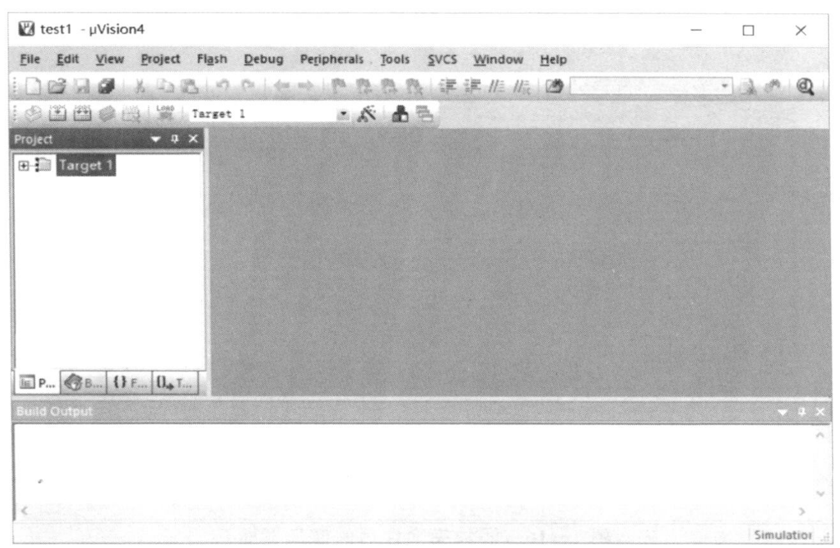

图 1－14　添加完单片机后的窗口界面

一个完整的工程，虽然有了工程名称，但工程中还没有任何文件及代码，接下来我们添加文件及代码。

⑤ 如图 1－15 所示，选择“File”→“New”菜单项，或单击工具栏中的“新建”工具按钮，即可在弹出的对话框中进行新建文件的操作。新建文件后窗口界面如图 1－16 所示。

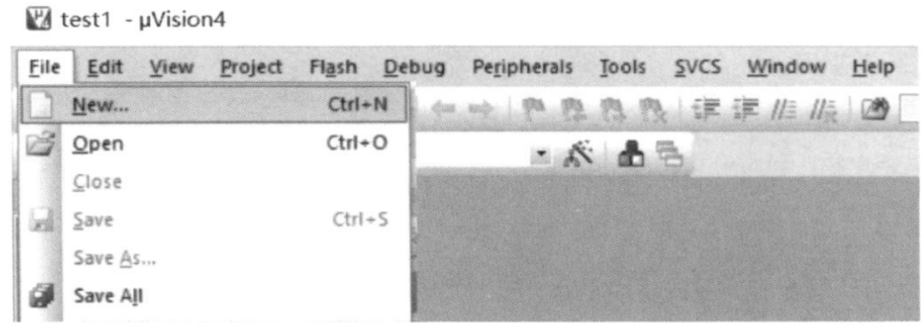

图 1－15　新建文件

此时光标在编辑窗口中闪烁，可以输入用户的程序代码，但这个新建文件与我们刚建立的工程没有直接的联系。单击“保存”工具按钮，弹出的对话框如图 1－17 所示，在“文件名”文本框中输入要保存的文件名，同时必须输入正确的扩展名。注意，如果用 C 语言编写程序，则扩展名必须为.c；如果用汇编语言编写程序，则扩展名必须为.asm。这里的文件名不一定要和工程名相同，用户可以随意填写文件名，然后单击“保存”按钮。

⑥ 回到图 1－14 所示的界面，单击“Target 1”前面的“＋”号，然后右击“Source

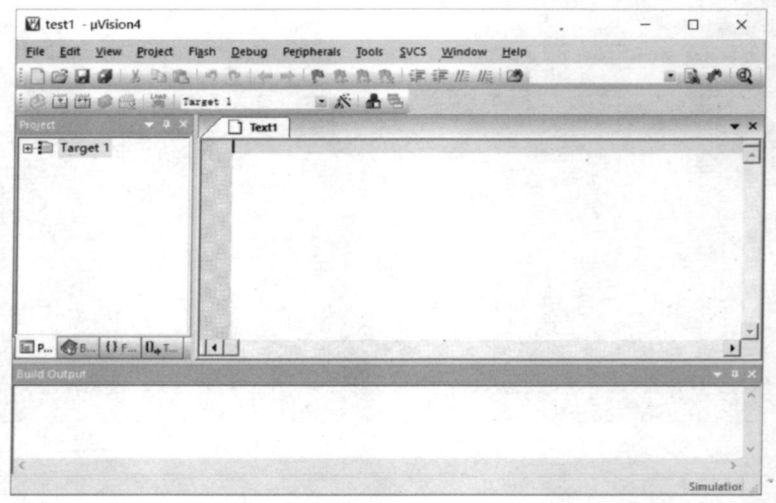

图 1－16 添加完文件后的窗口界面

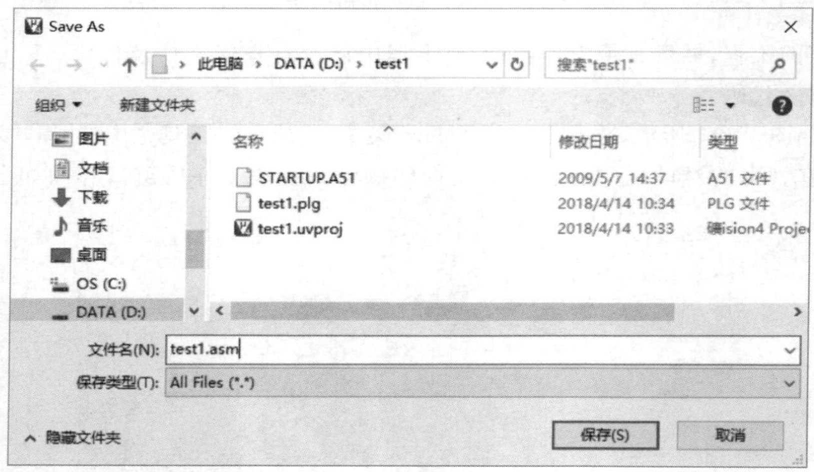

图 1－17 保存文件

Group 1”选项，弹出如图 1－18 所示的快捷菜单，然后选择“Add Files to Group 'Source Group 1'”菜单项，弹出的对话框如图 1－19 所示。

选中“test. asm”，单击“Add”按钮，再单击“Close”按钮，然后再单击左侧“Source Group 1”前面的“＋”号，屏幕窗口如图 1－20 所示。

这时，可以看到“Source Group 1”文件夹中多了一个子项“test1. asm”。当一个工程中有多个代码文件时，都要加入到这个文件夹中，这时源代码文件就与工程关联起来了。接下来就可以在程序窗口编写程序代码了。

以上就是在 Keil 开发环境下建立一个工程的步骤。

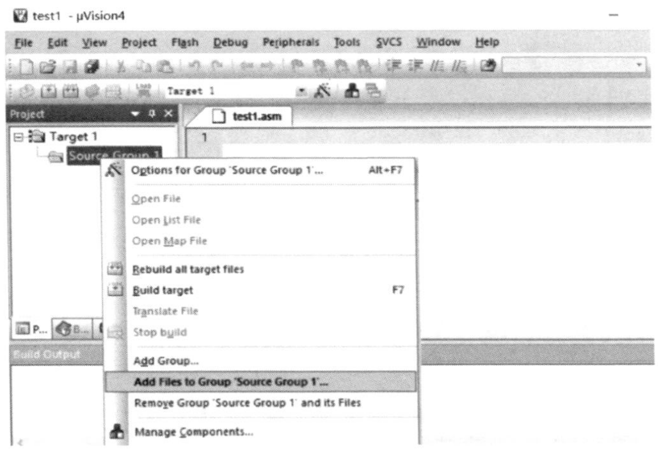

图 1－18　“Add Files to Group 'Source Group 1'(将文件加入工程菜单)”选项

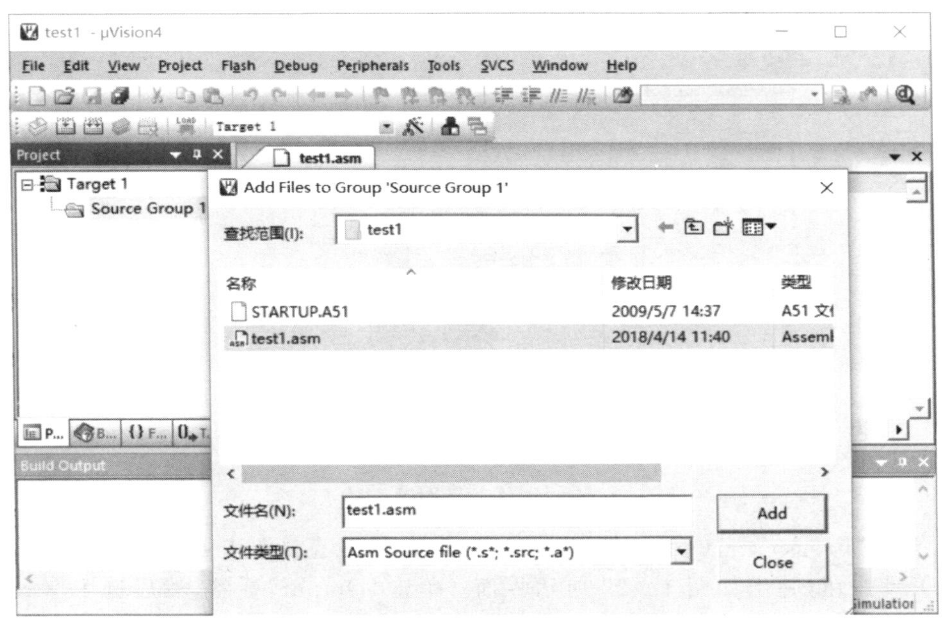

图 1－19　选中文件后的对话框

2. HEX 文件的生成

新建工程步骤完成后，就可以在程序窗口开始程序代码的编写，如图 1－21 所示。我们可以看到 Keil 会自动识别关键字，并以不同的颜色提示用户加以注意，这样会使用户少犯错误，有利于提高编程效率。但是现在编写完成的程序文件即使直接单击“保存”按钮，也不能生成直接可以下载到单片机、供单片机使用的文件，需要

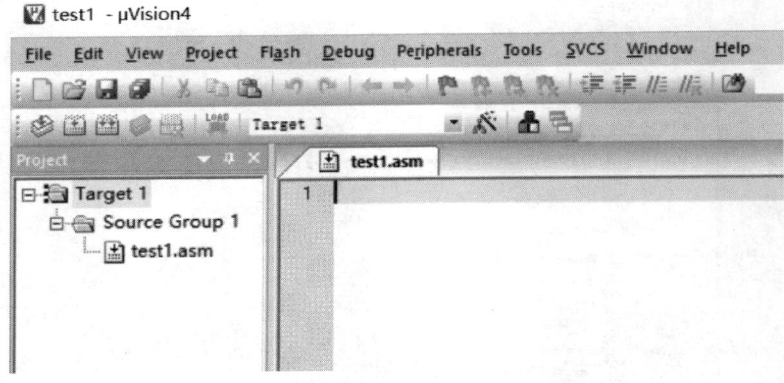

图 1－20　将文件加入工程后的屏幕窗口

将文件进行编译，然后进行相应设置才能生成单片机可识别、可直接使用的 HEX 文件。

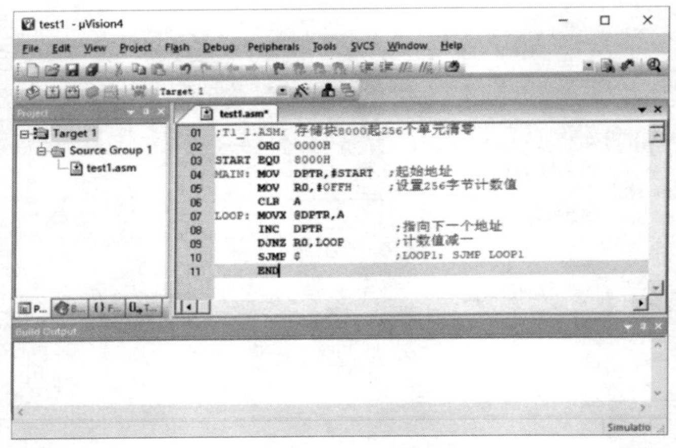

图 1－21 程序的编写

选择“Project”→“Option for Target 1”菜单项，或直接单击工具栏上的“工程设置”工具按钮，弹出如图 1－22 所示界面。单击“Output”标签，然后选中“Create HEX File”选项，使程序编译后产生 HEX 代码下载到单片机中。单片机只能下载 HEX 文件或 BIN 文件：HEX 文件是十六制文件，英文全称为 hexadecimal，BIN 文件是二进制文件，英文全称为 binary，这两种文件可以通过软件互相转换，其实际内容都是一样的。

接下来对工程进行编译，选择“Project”→“Rebuild all target files”菜单项，如图 1－23 所示，则输出窗口如图 1－24 所示。

打开该工程的文件夹目录，在这个目录下能看到一个以.hex 后缀命名的文件，该文

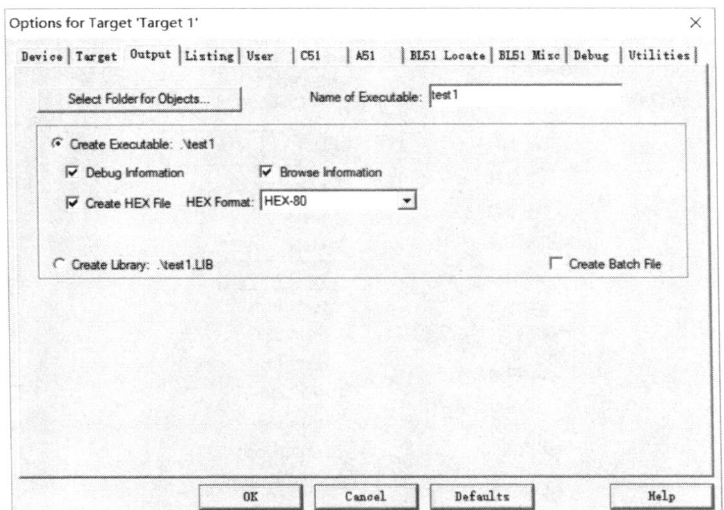

图 1-22　选择生成 HEX 文件

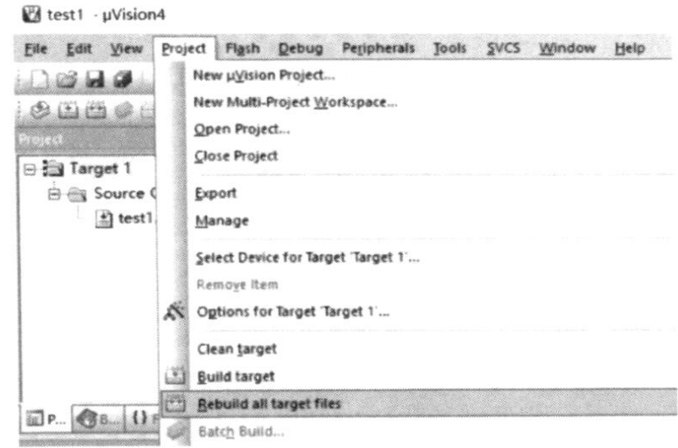

图 1-23　编译程序文件

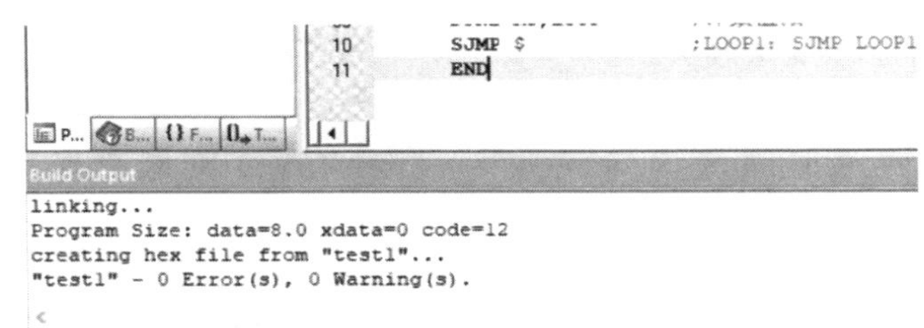

图 1-24　生成 HEX 文件后的窗口

件就是通过以上操作生成的可直接下载到单片机中的 HEX 文件，如图 1-25 所示。

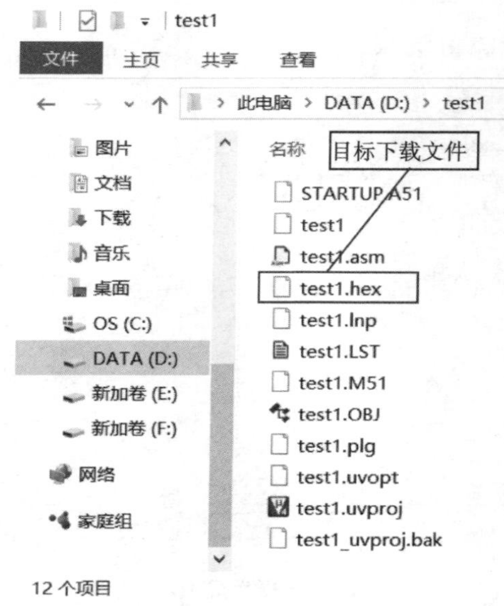

图 1-25　工程文件目录下的 HEX 文件

1.3.2　STC-ISP 单片机代码下载烧录软件介绍

STC-ISP 软件是用于 51 系列单片机的程序代码下载烧录软件。使用 STC-ISP 软件可以不需借助单片机仿真器，仅通过标准 9 芯串口线或 USB 转串口线将 DICE-5210K 综合实验系统与 PC 主机连接，就能把在 PC 主机 Keil 开发软件上编辑生成的.hex 程序直接下载到实验系统的 51 单片机芯片内，直接观看电路运行情况。注意，若使用笔记本电脑作为主机进行单片机应用程序开发，考虑到目前大多数笔记本并不配备标准 9 芯串口插口，可以使用 USB 转串口线，即 USB 一端连笔记本而串口一端连实验系统，同时在笔记本上安装 USB 转串口驱动程序“HL-340.EXE”，之后其他的操作方式与串口线方式的一模一样。

单片机程序下载烧录方法：

① 打开 STC-ISP 软件，选择单片机型号，发现“单片机型号”下拉菜单中并没有 AT89C51 型号；但因为 51 内核单片机具有通用性，所以可以直接选择“STC89C51”型号，如图 1-26 所示。

② 选择串口号。如果实验系统与 PC 机的连线方式是串口线的连线方式，一般默认是串口 1 即 COM1，如图 1-27 所示；若是 USB 转串口的连线方式，则可以在 PC 机上通过右击“我的电脑”，在右键快捷菜单中选择“属性”选项，在弹出的“系统”对话框中选择“设备管理器”，查看 PC 机设备的 COM 口使用情况，查看实验系统连接到 PC 机的 COM 口编号，然后在 STC-ISP 软件中选择对应的串口号。“最低波特率”选择“9600”，“最高波特率”选择“115200”，下载软件可自动在此区间范围内进行识别。

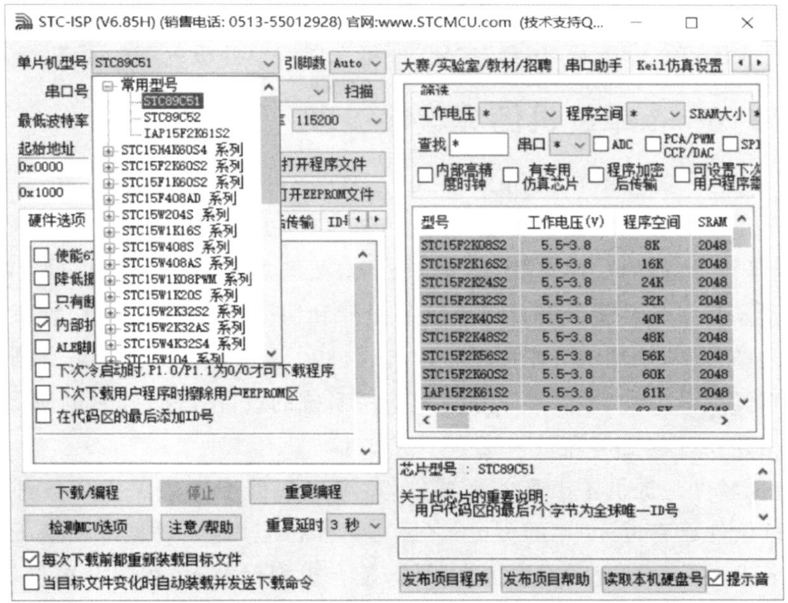

图 1-26 STC-ISP 软件单片机型号选择

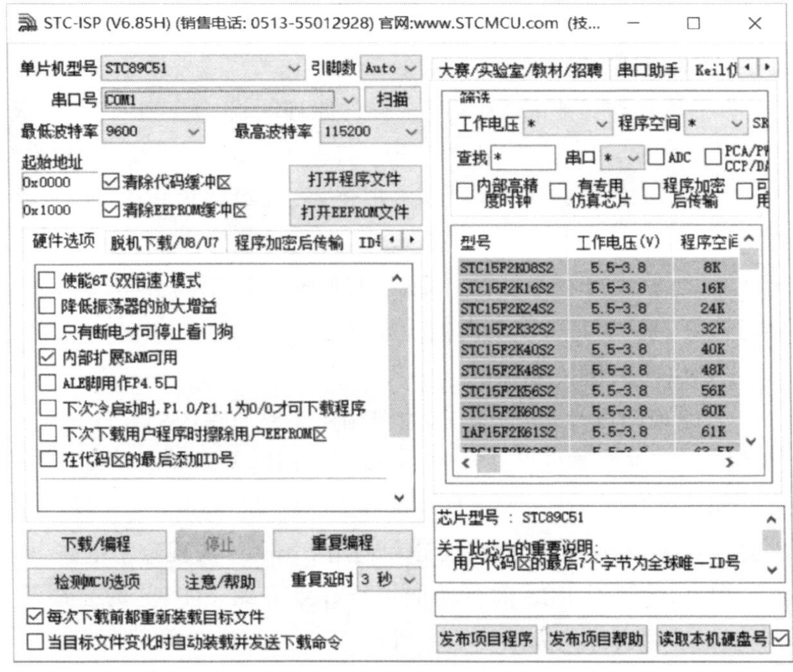

图 1-27 STC-ISP 软件串口号选择

③ 单击 STC－ISP 软件界面中“打开程序文件”按钮，选择之前编译成功需要下载的 HEX 文件，单击“下载/编程”按钮，即可完成对单片机程序的下载烧录。

1.3.3 Proteus 单片机仿真软件

Proteus 是一款集单片机仿真和 SPICE（Simulation Program with Integrated Circuit Emphasis，仿真电路模拟器）分析于一身的 EDA（Electronics Design Automation，电子设计自动化）仿真软件，于 1989 由英国 Labcenter 公司研发成功。Proteus 很好地解决了单片机及其外围电路的设计和协同仿真问题，可以在没有单片机实际硬件的条件下，利用 PC 机实现单片机软件和硬件同步仿真。仿真结果可以直接应用于真实设计，极大地提高了单片机应用系统的设计效率，同时也使得单片机的学习和应用开发过程变得容易和简单。

Proteus 软件包提供了丰富的元器件库，可以根据不同要求设计各种单片机应用系统。该软件已有近 30 年的历史，它针对单片机应用，可以直接在基于原理图的虚拟模型上进行软件编程和虚拟仿真调试，配合虚拟示波器、逻辑分析仪等，用户能看到单片机系统运行后的输入/输出效果。Proteus 在国外已经得到广泛使用，国内很多高校和公司也已经使用该软件进行单片机教学和系统设计。在不需要专门硬件投入的前提下，利用 PC 机来学习单片机知识，比单纯从书本学习更易于理解和掌握，还可以增加实际编程经验。

Proteus 除了具有和其他 EDA 工具一样的原理图设计、PCB 自动生成及电路仿真的功能外，最大特点是 Proteus VSM（Virtual System Modeling，虚拟系统建模）实现了混合模式的 SPICE 电路仿真，它将虚拟仪器、高级图表仿真、微处理器软仿真器、第三方的编译器和调试器等有机结合起来，在世界范围内第一次实现了在硬件物理模型搭建成功之前，即可在计算机上完成原理图设计、电路分析与仿真、处理器代码调试及实时仿真、系统测试，以及功能验证。

Proteus 主要由两大模块组成：

① ISIS——原理图设计、仿真系统，主要用于电路原理图的设计及交互式仿真。

② ARES——印制电路板设计系统，主要用于印制电路板电路设计，产生最终的 PCB（Printed Circuit Board，印制电路板）文件。

本书主要针对 Proteus 的原理图设计和利用 Proteus 实现数字电路、模拟电路以及单片机实验仿真，故只对 ISIS 部分功能进行详细介绍，ARES 的介绍请参考相关资料。Proteus 软件编辑界面如图 1－28 所示。

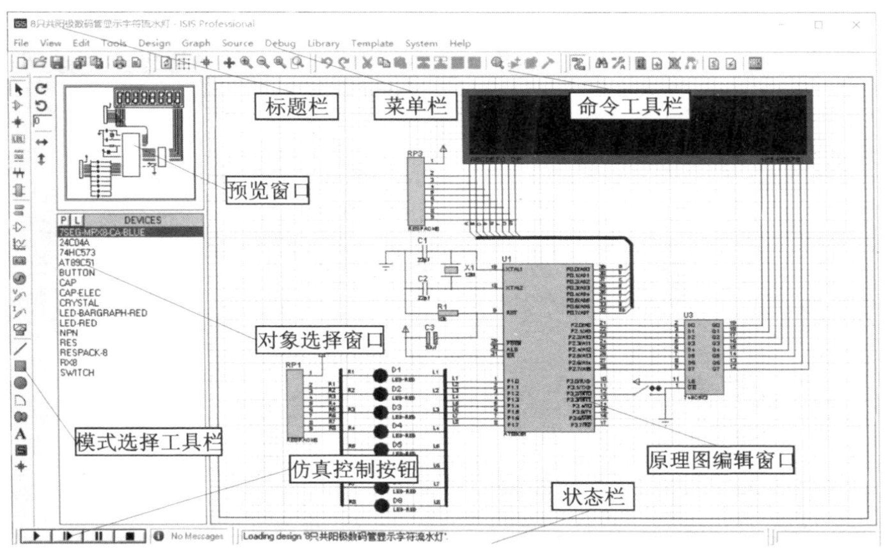

图 1-28　Proteus 软件编辑界面

1.3.4　实验 1　Keil 软件使用与汇编程序调试方法学习

1. 实验目的

1）了解 Keil 软件使用、单片机汇编程序编程及汇编程序调试方法；

2）了解单片机的存储器结构、读写存储器及块操作的方法；

3）掌握单片机简单程序编写的方法。

2. 实验仪器和设备

PC 机、Keil 软件。

3. 实验内容

① 指定以片内 RAM 60H 或片外 RAM 8000H 为起始地址，长度为 256 个单元，要求将其内容清零或置为固定值 FFH。

② 将指定的片内存储块从 40H 起的单元，建立 00H～05H 的 6 个数据；将所建立的 6 个数据移到指定目标地址片外 1000H 起的 6 个单元中。

4. 程序设计

1) 工作原理

块移动是单片机常用操作之一，多用于大量的数据复制和图像操作。本程序是给出起始地址，用地址加 1 的方法移动块，将指定源地址和长度的存储块移到指定目标地址为起始地址的单元中。这里是移动 40H～45H 到 1000H～1005H，共 6 字节。

2）流程图

存储块置数程序流程如图 1－29 所示，存储块数据移动程序流程如图 1－30 所示。

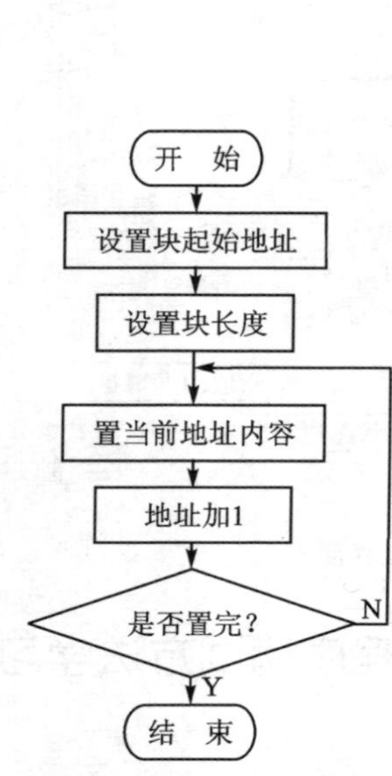

图 1－29　存储块置数程序流程

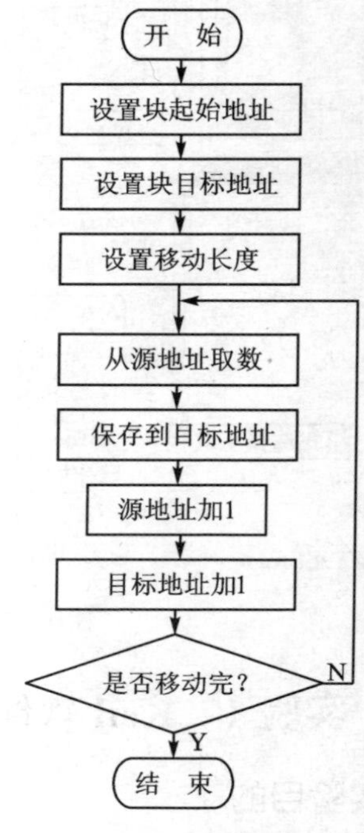

图 1－30　存储块数据移动程序流程

3）参考程序

```
;T1_1.ASM:存储块 8000H 起 256 个单元清零
       ORG   0000H
START  EQU   8000H
MAIN:  MOV   DPTR,#START        ;起始地址
       MOV   R0,#0FFH           ;设置 256 字节计数值
       CLR   A
LOOP:  MOVX  @DPTR,A
       INC   DPTR               ;指向下一个地址
       DJNZ  R0,LOOP            ;计数值减一
       SJMP  $                  ;LOOP1:SJMP LOOP1
       END

;T1_2.ASM:建立数据之后存储块数据移动
       ORG   0000H
START: MOV   A,#00H             ;建立数据
       MOV   R2,#5
       MOV   R0,#40H
LOOP:  MOV   @R0,A
```

```
        INC   R0
        INC   A
        DJNZ R2,LOOP
        MOV   DPTR,#1000          ;移动数据
        MOV   R3,#5
        MOV   R0,#40H
LOOP1:  MOV   A,@R0
        MOVX  @DPTR,A
        INC   DPTR
        INC   R0
        DJNZ  R3,LOOP1
        SJMP  $
        END
```

5. 实验步骤

① 启动计算机，打开 Keil 软件，进入 Keil 开发环境，选择"Project"→"New μVision Project" 菜单项新建工程，工程名为 T1_1. uvproj。

② 选择"File"→"New" 菜单项进入编辑窗口，选择"File"→"Save"菜单项，在弹出对话框的"文件名"文本框中输入 T1_1. ASM，单击"保存"按钮，生成 T1_1. ASM 文件。

③ 在"Project Window"窗口中，右击"Source Group 1"选项，在弹出的快捷菜单中选中"Add Files to Group'Source Group 1'"选项，然后在弹出的对话框中选中 T1_1. ASM，单击"Add"按钮，完成添加功能。

④ 对 T1_1. ASM 源程序进行编译，编译无误后，选择"Debug"→"Start/Stop Debug Session" 菜单项，进入调试窗口。

⑤ 选择"View"→"Memory Window" 菜单项，在弹出的对话框中输入"X:8000H"。观察 8000H 起始的 256 字节单元的内容。执行程序，单击"全速执行"按钮，单击"暂停"按钮，观察存储块数据变化情况，256 字节全部清零(红色)。单击"复位"按钮，可再次运行程序。

⑥ 在调试窗口中，选择单步或跟踪执行方式运行程序，观察 CPU 窗口各寄存器的变化，可以看到程序执行的过程，加深对汇编程序调试方法的理解。

⑦ 对 T1_2. ASM 源程序进行编译，编译无误后，全速执行程序，打开数据窗口"D:40H"和"X:1000H"，观察地址 40H 起始的 16 字节存储块和 1000H 起始的 16 字节存储块，各单元内数据对应相同。改变其中一个存储块的数据，全速运行程序，观察两个存储块的数据，如果看到两块数据相同，说明存储块的数据已移动。

⑧ 对 T1_2. ASM，选择单步或跟踪执行方式运行程序，观察每步的执行情况，填写表 1-4。也可用断点方式运行程序，并设计表格，观察 CPU 窗口各寄存器的变化，以及 DATA 和 XDATA 窗口数据的变化。

⑨ 在实际操作中，读者可以通过改变地址来修改程序，观察程序的执行结果。

表 1-4 数据建立及数据移动执行情况表

单步执行 T12. ASM 程序	顺序执行	第 1 次循环	第 2 次循环	第 3 次循环	第 4 次循环	第 5 次循环
数据建立						
MOV A,#00	A=					
MOV R2,#16	R2=					
MOV R0,#40H	R0=					
LOOP:MOV @R0,A	@R0=	@R0=	@R0=	@R0=	@R0=	@R0=
INCR0	R0=	R0=	R0=	R0=	R0=	R0=
INC A	A=	A=	A=	A=	A=	A=
DJNZ R2,LOOP	R2=	R2=	R2=	R2=	R2=	R2=
数据移动						
MOV DPTR,#1000H	DPTR=					
MOV R3,#16	R3=					
MOV R0,#40H	R0=					
LOOP1:MOV A,@R0	A=	A=	A=	A=	A=	A=
MOVX@DPTR,A	@DPTR=	@DPTR=	@DPTR=	@DPTR=	@DPTR=	@DPTR=
INC DPTR	DPTR=	DPTR=	DPTR=	DPTR=	DPTR=	DPTR=
INC R0	R0=	R0=	R0=	R0=	R0=	R0=
DJNZ R3,LOOP1	R3=	R3=	R3=	R3=	R3=	R3=
SJMP $						
END						

6. 思考题

① 如果建立的数据或移动的数据数量增加到 16 或更多,程序如何设计?

② 若源块地址和目标块地址有重叠,该如何避免?请思考并给出块结束地址,用地址减一方法移动块的算法。

③ 阐述汇编程序调试中全速、单步、断点三种不同调试方法的特点。

1.3.5 实验 2 分支与循环结构程序设计

1. 实验目的

① 了解多分支结构程序和掌握多分支结构程序的编程方法;

② 了解循环结构程序和掌握循环结构程序的编程方法;

③ 掌握各类跳转指令的使用。

2. 实验仪器和设备

PC 机、Keil 软件。

3. 实验内容

① 设变量 X 存放在 R2，函数值 Y 存放在 R3。试按照下式给 Y 赋值：

$$Y=\begin{cases}1 & X>0\\ 0 & X=0\\ -1 & X<0\end{cases}$$

设 X，Y 均为带符号数，存放在寄存器 R2 和 R3 中，编程计算。

② 设有两个长度均为 10 的数组，分别存放在以片外 RAM 的 2000H 和 2100H 为首址的存储区中，试编程求其对应项之和(设和不超过 255)，结果存放到以片外 RAM 的 2200H 为首址的存储区中。

③ 从 Black 单元开始有一个无符号数据块，其长度 10 存入 Len 单元，请求出数据块中最大的数，并存入 Max 单元。

4. 程序设计

1) 工作原理

多分支结构是程序中常见的结构，在多分支结构的程序中，能够按调用号执行相应的功能，完成指定操作。分支程序用无条件转移和条件转移指令实现，根据不同的条件，执行不同的程序段。51 单片机中直接用来判断分支条件的指令有 JZ、JNZ、CJNE、JC、JNC、JB、JNB 等。正确合理地运用条件转移指令是编写分支程序的关键。

若遇到功能相同、需要多次重复执行的某段程序，可把这段程序设计为循环结构，这有助于节省程序的存储空间，提高程序的质量。

2) 流程图与参考程序

下面是一个三分支的条件转移程序，通常可分为“先分支后赋值”和“先赋值后分支”两种求解办法。

(1) 先分支后赋值

先分支后赋值的流程图如图 1-31 所示。自变量 X 是个带符号数，故可采用累加器判零条件转移和位控制条件转移指令来分别判断，程序 T2_11. ASM(方案一)如下：

```
        ORG   0500H
START:  MOV   A,R2              ;自变量→A
        CJNE  A,#0,L1           ;A 与 0 比较,不等则转移
        MOV   R3,#0             ;若相等,00H→R3
        SJMP  L3
   L1:  JB    ACC.7,L2          ;自变量<0,则转移
        MOV   R3,#01H           ;自变量>0,01H→R3
        SJMP  L3
   L2:  MOV   R3,#0FFH          ;自变量<0,0FFH→R3
```

```
L3:SJMP $
   END
```

(2) 先赋值后分支

先赋值后分支的流程图如图 1－32 所示。先把 X 调入累加器 A,并判断它是否为零。若 X=0,则 A 中内容送 R3;若 X≠0,则先给 R0 赋值(=－1)。然后判断是否 A＜0,若 A＜0,则 R0 送 R3;若 A＞0,则把 R0 修改为 1 后送 R3。程序 T2_12.ASM(方案二)如下:

```
       ORG   0500H
START: MOV   A,R2             ;取 X 到 A
       JZ    L2               ;X = 0 则转移
       MOV   R0,#0FFH         ;R0 = -1
       JB    ACC.7,L1         ;若 X<0,则转移
       MOV   R0,#1            ;若 X>0,R0 = 1
   L1: MOV   A,R0
   L2: MOV   R3,A             ;存结果
 SJMP  $
       END
```

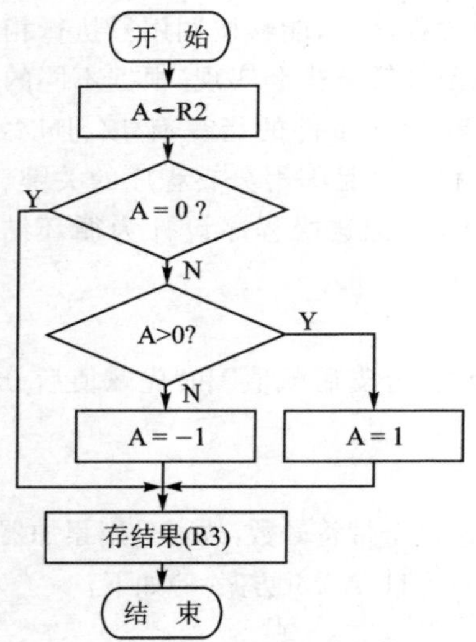

图 1－31 先分支后赋值程序流程

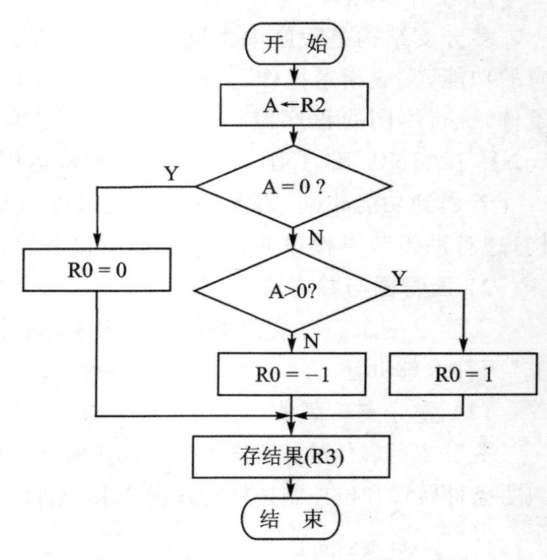

图 1－32 先赋值后分支程序流程

(3) T2_2.ASM:两数之和

```
       ORG   0000H
START: MOV   DPTR,#2000H      ;第一个加数首地址
       MOV   R1,#10           ;加法次数
LOOP:  MOV   DPH,#20H         ;第一个加数地址高位
       MOVX  A,@DPTR          ;取第一个加数
```

```
        MOV    R2,A             ;存在 R2 中
        MOV    DPH,#21H         ;另一个加数地址的高位
        MOVX   A,@DPTR          ;取另一个加数
        ADD    A,R2             ;加第一个加数
        MOV    DPH,#22H         ;和地址高位
        MOVX   @DPTR,A          ;存和
        INC    DPL              ;修改地址低位
        DJNZ   R1,LOOP          ;循环结束判断
        SJMP   $
        END
```

(4) T2_3. ASM:求一数组中最大数

编程方法:最基本的方法是取第一个数并与此前确定的一个基准数进行比较。若比较结果是基准数大,则不作交换,再取下一个数来作比较;若比较结果是基准数小,则用较大数来代替原有基准数,然后再进行下一轮比较。总之,要保持基准数是到目前为止最大的数。当比较结束时,基准数就是所求的最大数值。

```
        ORG    0000H
        LEN    EQU    20H
        MAX    EQU    21H
        BLACK  EQU    22H
START:  CLR    A
        MOV    R2,LEN
        MOV    R1,#BLACK
LOOP:   CLR    C                ;清进位
        SUBB   A,@R1            ;用减法作比较
        JNC    NEXT
        MOV    A,@R1
        SJMP   NEXT1
NEXT:   ADD    A,@R1            ;恢复原 A 的内容
NEXT1:  INC    R1
        DJNZ   R2,LOOP
        MOV    MAX,A
        SJMP   $
        END
```

5. 实验步骤

① 对 T2_11. ASM 或 T2_12. ASM、T2_2. ASM、T2_3. ASM 各源程序从编译到运行的操作同实验 1。

② 对 T2_11. ASM 或 T2_12. ASM,分两种情况,观察 R2、R3 中数据变化,填表 1－5。

③ 对 T2_2. ASM,观察片外 RAM 的 2200H 起 10 个单元数据变化,填表 1－6。

④ 对 T2_3. ASM,数据如表 1－7 所列,执行程序后,观察 MAX(21H 单元)中数据变化。若表 1－7 中 22H～2BH 单元数据重新设置,观察 MAX(21H 单元)中数据变化。

表 1-5　三分支执行情况表

先分支后赋值	R2=01H、R3=	R2=00H、R3=	R2=0FFH、R3=
先赋值后分支	R2=01H、R3=	R2=00H、R3=	R2=0FFH、R3=

表 1-6　求和执行情况表

2000H	00H	01H	02H	03H	04H	05H	06H	07H	08H	09H
2100H	09H	0AH	21H	22H	33H	34H	35H	44H	45H	46H
2200H										

表 1-7　求最大数执行情况表

20H	21H	22H	23H	24H	25H	26H	27H	28H	29H	2AH	2BH
0AH		77H	44H	89H	46H	33H	48H	81H	8AH	9BH	7DH

6. 思考题

① 补充程序清单中详细注释。

② 51 系列单片机有哪些程序控制指令？列出这些指令，并说明其功能。

③ 画出求和以及求最大数程序框图。

④ 若要求出数据块中最小的数，并存入 Min 单元，程序如何修改？

1.3.6　实验 3　数据统计与数据排序程序设计

1. 实验目的

掌握较复杂汇编程序的设计方法。

2. 实验仪器及设备

PC 机、Keil 软件。

3. 实验内容

① 在外部 RAM 中 Black 单元起始有一数据块，数据块长度存放在 Len 单元，统计 Black 数据块中正数、负数和零的个数，并分别存入 Pnum、Mnum 和 Znum 单元中。

② 在外部 RAM 中 Black 单元起始有一无符号数据块，其长度 8 存放在 Len 单元，将这些无符号数按从大到小顺序重新排列后，存入原存储区。

4. 程序设计

1) 工作原理

(1) 数据统计

入口参数：在外部 RAM 的 Black 单元起始有一数据块，数据块的长度存入 Len 单元。

出口参数：统计 Black 中的正数、负数和零的个数并分别存入 Pnum、Mnum 和 Znum 单元中。

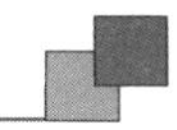

这是一个多重分支的单循环程序。数据块中是带符号数，因而首先用“JB ACC.7,rel”指令判断符号位。

若 ACC.7=1，则该数一定为负，Mnum+1；若 ACC.7=0，且 A≠0，则该数为正数，Pnum+1；否则该数为 0，Znum+1。

(2) 数据排序

入口参数：在外部 RAM 的 Black 单元起始有一无符号数据块，其长度存入 Len 单元。

出口参数：将这些无符号数按从大到小的次序重新排列后，存入原存储区。

处理这个问题要利用双重循环，在内循环中将相邻两数进行比较，若符合从大到小的顺序则不动，否则两数交换。这样两两比较下去，比较 $n-1$ 次，所有的数都比较与交换完毕，最小数沉底。在下一个内循环中将减少一次比较与交换，而且若此次循环有数据交换的话，将会有一个交换标志被置位。若此次循环数据从未交换过，说明这些数据本来就是按大小次序排列的，则程序可结束，否则将进行下一个循环。如此反复地进行比较与交换，每次内循环的最小数都沉到此次内循环所有数的底部(下一内循环将减少一次比较与交换)，而较大的数一个个冒上来，因此这种排序程序被称为“冒泡程序”。

用 P2 口作数据地址指针的高位字节地址，R0 和 R1 作相邻两单元的低字节地址，R5 和 R6 作外循环与内循环计数器，程序状态字 PSW 的 F0 作交换标志。

2）流程图

数据统计程序流程如图 1-33 所示，数据排序程序流程图如图 1-34 所示。

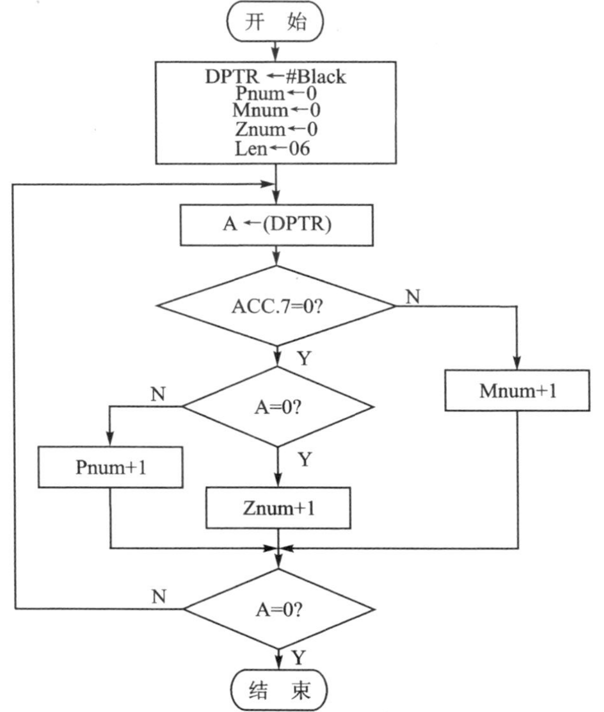

图 1-33　数据统计程序流程

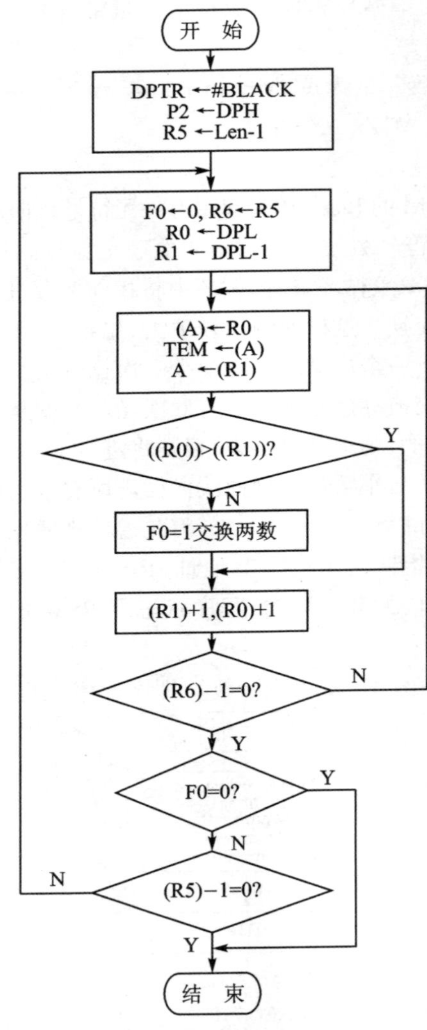

图 1－34 数据排序程序流程

3）参考程序

```
;T3_1.ASM:数据统计
        ORG 0000H
Black   DATA0100H                ;定义数据块首址
Pnum    DATA40H                  ;定义正计数暂存单元
Znum    DATA41H                  ;定义 0 计数暂存单元
Mnum    DATA42H                  ;定义负计数暂存单元
Len     DATA43H                  ;定义长度计数单元
START:MOV DPTR,#Black            ;数据块首址送 DPTR
        MOV Pnum,#00H            ;正计数暂存单元清零
```

```
        MOV Znum,#00H          ;零计数暂存单元清零
        MOV Mnum,#00H          ;负计数暂存单元清零
LOOP:   MOVXA,@DPTR            ;取数至 A
        JB   ACC.7,MCN         ;ACC.7 = 1 转负计数
        JNZ PCN                ;A 不等于 0 转正计数
        INC Znum               ;零计数单元加 1
        SJMPNEXT
MCN:    INC Mnum               ;负计数单元加 1
        SJMPNEXT
PCN:    INC Pnum               ;正计数单元加 1
NEXT:   INC DPTR               ;修正指针
        DJNZLen,LOOP           ;未完继续
        SJMP $
        END
;T3_2.ASM:数据排序
        ORG 2000H
Black   DATA2200H
Len     DATA56H
Tem     DATA55H
START:MOV DPTR,#BLOCK          ;置地址指针
        MOV P2,DPH             ;P2 作地址指针高字节
        MOV R5,LEN             ;置外循环计数初值
        DEC R5                 ;比较与交换 n-1 次
LOOP0:CLR F0                   ;交换标志清零
        MOV R0,DPL
        MOV R1,DPL+1           ;相邻两数地址指针低字节
        MOV R6,R5              ;置内循环计数初值
LOOP1:MOVXA,@R0                ;取数
        MOV Tem,A              ;暂存
        MOVXA,@R1              ;取下一个数
        CJNZA,Tem,NEXT         ;两数比较,不等则转
        SJMPNCH                ;相等则不交换
NEXT:   JC   NCH               ;Cy=1,则前者大于后者,不交换
        SETBF0                 ;置位交换标志
        MOVX@R0,A
        XCH A,Tem
        MOVX@R1,A              ;两数交换,大者在上,小者在下
NCH:    INC R0
        INC R1                 ;修改指针
        DJNZR6,LOOP1           ;若内循环未完,则继续
        JNB F0,HERE            ;若从未交换,则结束
        DJNZR5,LOOP0           ;未完,继续
```

```
SJMP $
END
```

5. 实验步骤

① 对 T3_1. ASM、T3_2. ASM 各源程序从编译到运行的操作同实验 1。

② 观察 Pnum(40H)、Mnum(42H)和 Znum(41H)单元中数据变化,填表 1-8。

③ 观察外部 RAM 中 Black 单元起始的 8 个单元数据变化,数据由表 1-9 提供。

表 1-8 数据统计执行情况表

40H	41H	42H	43H	0100H	0101H	0102H	0103H	0104H	0105H
			06H	89H	46H	33H	48H	00H	8AH

表 1-9 数据排序执行情况表

55H	56H	2200H	2201H	2202H	2203H	2204H	2205H	2206H	2207H
	08H	89H	46H	33H	48H	00H	8AH	99H	88H

6. 思考题

① 总结汇编程序的设计方法及注意事项。

② 若按从小到大顺序排列,T3_2. ASM 应如何修改?

1.4 AT89C51 单片机简介

AT89C51 单片机是结合了 MCS-51 内核和 ATMEL 公司 Flash 技术的 AT89 系列单片机,在国内应用非常广泛。本书以 AT89C51 单片机芯片为实践教学核心芯片。

1.4.1 AT89C51 引脚说明

AT89C51 实物及引脚图如图 1-35 所示。

◇ P0.0~P0.7:P0 口的 8 位双向三态 I/O 口线。

◇ P1.0~P1.7:P1 口的 8 位准双向口线。

◇ P2.0~P2.7:P2 口的 8 位准双向口线。

◇ P3.0~P3.7:P3 口的 8 位具有双重功能的准双向口线。

◇ ALE:地址锁存控制信号。

◇ $\overline{\text{PSEN}}$:外部程序存储器读选通信号,读外部 ROM 时 PSEN 低电平有效。

◇ $\overline{\text{EA}}$:访问程序存储器控制信号。当 EA 为高电平或悬空时,对 ROM 的读操作限制在内部程序存储器;当 EA 为低电平时,则对 ROM 的读操作是从内部程序存储器开始,并可延至外部程序存储器。

◇ $\overline{RST}$：复位信号，复位信号延续2个机器周期以上高电平时即为有效，用以完成单片机的复位初始化操作。

◇ XTAL1和XTAL2：外接晶体引线端，当使用芯片内部时钟时，此两个引线端用于外接石英晶体和微调电容；当使用外部时钟时，用于接外部时钟脉冲信号。

◇ Vss：地线。

◇ Vcc：+5 V电源。

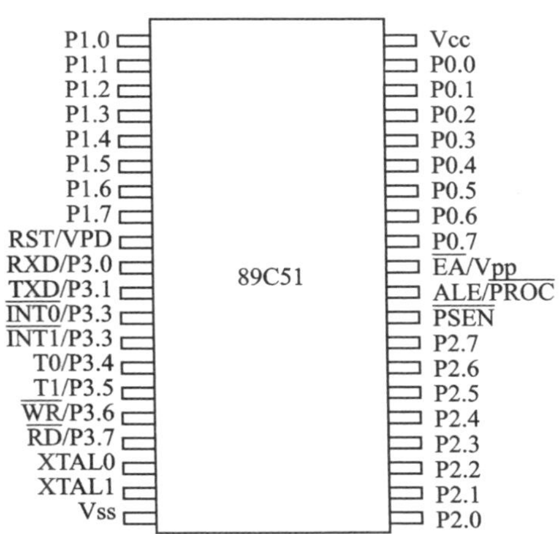

图1-35　AT89C51实物及引脚图

P3口线的第二功能如表1-10所示。

表1-10　P3口线的第二功能

口　线	第二功能	信号名称
P3.0	RXD	串行数据接收
P3.1	TXD	串行数据发送
$\overline{\text{P3.2}}$	$\overline{\text{INT0}}$	外部中断0申请
$\overline{\text{P3.3}}$	$\overline{\text{INT1}}$	外部中断1申请
P3.4	T0	定时器/计数器0计数输入
P3.5	T1	定时器/计数器1计数输入
$\overline{\text{P3.6}}$	$\overline{\text{WR}}$	外部RAM写选通
$\overline{\text{P3.7}}$	$\overline{\text{RD}}$	外部RAM读选通

1.4.2　振荡电路、时钟电路和CPU时序

1. 振荡电路、时钟电路

如图1-36所示，内部时钟振荡电路由晶体振荡器和电容C_1、C_2构成并联谐振

电路，连接在 XTAL1、XTAL2 脚两端。对外部 C_1、C_2 的取值虽然没有严格的要求，但电容的大小会影响到振荡器频率的高低、振荡器的稳定性、起振的快速性。通常 $C_1=C_2=30$ pF 左右。8051 的晶振最高频率为 12 MHz，AT89C51 的外部晶振最高频率可到 24 MHz。在单片机最小系统板上已经提供了晶振电路，在使用该电路时，应加上跳线帽，并插入合适的晶振。

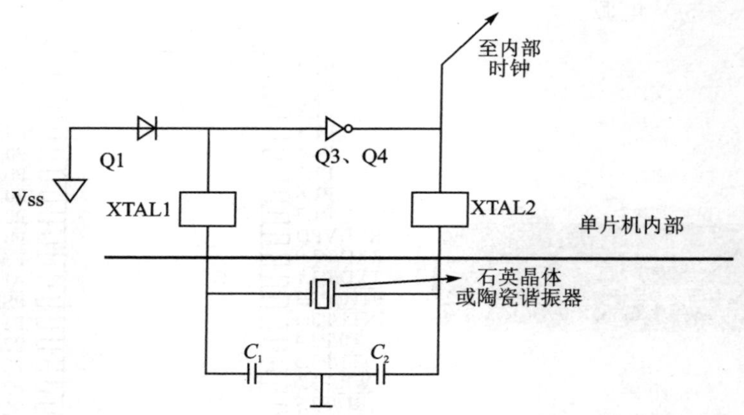

图 1-36　片内振荡器等效电路和外接元件

AT89C51 也可以采用外部时钟方式，外部时钟从 XTAL1 脚输入，XTAL2 脚悬空。可以采用板子上提供的外部时钟源作为单片机外部时钟输入。

2. CPU 时序

确定晶振(或外部时钟)的振荡频率，就确定了 CPU 的工作时序。这里介绍几个重要的时序概念，我们在以后的实验中还会经常涉及。

◇ 振荡周期：是指为单片机提供定时信号的振荡器的周期。

◇ 时钟周期：振荡周期的两倍，前半部分通常用来完成算术逻辑操作；后半部分完成内部寄存器和寄存器间的传输。

◇ 机器周期：在 8051 单片机中，一个机器周期由 12 个振荡周期组成。

◇ 指令周期：是指执行一条指令所占用的全部时间。一个指令周期通常含有 1～4 个机器周期。机器周期和指令周期是两个很重要的衡量单片机工作速度的值。

若外接 12 MHz 晶振，8051 的四个周期的值为：

振荡周期＝1/12 μs；

时钟周期＝1/6 μs；

机器周期＝1 μs；

指令周期＝1～4 μs。

在一些应用中，传统 8051 的工作速度显得有些慢，因此，当前很多采用 8051 内

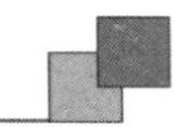

核的新型单片机采用了加速处理器结构，使机器周期提高到振荡周期的 6 倍、4 倍等。RISC(精简指令集)的采用，更让单片机在单个时钟周期完成一条指令，使得单片机的处理速度得到大大提高。

以下是用软件设计不同延时的程序：

① 延时 50 ms 程序设计。单片机晶振频率采用 12 MHz，一个机器周期为 1 μs，执行一条 DJNZ 指令需要两个机器周期，即 2 μs。适当设置循环次数，即可实现预期 50 ms 延时功能。

```
DEL: MOV   R7,#125          ;外循环次数,该指令为一个机器周期
DEL1:MOV   R6,#200          ;内循环次数
DEL2:DJNZ  R6,DEL2          ;200 μs×2 = 400 μs(内循环时间)
     DJNZ  R7,DEL1          ;0.4 ms×125 = 50 ms(外循环时间)
     RET
```

② 延时 1 h、1 min、1 s 程序设计，单片机晶振频率采用 6 MHz。

```
DLY-1H: MOV    R0,#60H          ;延时 1 h
DLYIH-1:LCALL  DLY1M
        DJNZ   R0,DLY1H-1
        RET
DLY-1M: MOV    R1,#60H          ;延时 1 min
DLY1M-1:LCALL  DLY-1S
        DJNZ   R1,DLY1M-1
        RET
DLY-1S: MOV    R2,#100          ;延时 1 s
DLY1L1: MOV    R3,#10
DLY1S-2:MOV    R4,#125          ;1 ms 延时的设定值
DL1:    NOP
        NOP
        DJNZ   R4,DL1
        DJNZ   R3,DLY1S-2
        DJNZ   R2,DLY1S-1
        RET
```

注：应当指出，在分钟和小时的调用程序中，忽略了一些指令的运行时间，计算结果有一定的误差，结果为近似值。

1.4.3　复位状态和复位电路

1. 复位状态

在 8051 单片机中，只要在单片机的 RST 引脚上出现 2 个机器周期以上的高电平，单片机就实现了复位。单片机在复位后，从 0000H 地址开始执行指令。复位以

后单片机的 P0～P3 口输出高电平，且处于输入状态，SP(堆栈寄存器栈顶指针)的值为 07H，因此，往往需要重新赋值，其余特殊功能寄存器和 PC(程序计数器)都被清零。复位不影响内部 RAM 的状态。

2. 复位电路

单片机可靠的复位是保证单片机正常运行的关键因素。因此，在设计复位电路时，通常要使 RST 引脚保持 10 ms 以上的高电平。当 RST 从高电平变为低电平之后，单片机就从 0000H 地址开始执行程序。

8051 单片机通常都采用上电自动复位和开关复位两种方式。实际使用中，有些外围芯片也需要复位，例如 8255 等。这些复位端的复位电平在与单片机的复位要求一致时，可以把它们连起来。

在最小系统板上，提供了一个通用的复位电路，在使用该板之前，必须将该电路与单片机联结起来。另外，还可以采用主板上的微处理器监控模块来控制复位脚，以便更加可靠地管理单片机的工作。

1.4.4 存储器、特殊功能寄存器及位地址

51 单片机的存储器包括 5 个部分：程序存储器、内部数据存储器、特殊功能寄存器、位地址空间和外部数据存储器。位地址空间和特殊功能寄存器包括在内部数据存储器内。

51 单片机的内部数据存储器一般只有 128 B 或 256 B，当空间不够用时，需要扩展外部数据存储器。有些单片机不具有内部程序存储器，例如 8031，这时也需要扩展外部程序存储器。在单片机系统中，程序存储器和外部数据存储器的编址独立，各可寻址 64 KB 空间。两者在电路上，可以通过 PSEN 信号线区别开来。

特殊功能寄存器是非常重要的部分，通过对特殊功能寄存器的设置和读/写可完成单片机的大部分工作。

1.4.5 51 系列单片机内部资源概览

51 系列单片机内部资源概览如表 1－11 所列。

表 1－11　51 系列单片机内部资源

芯片种类	片内存储器 ROM/EPROM	中断源 RAM	定时/计数器	串行口	耗电/mA	制造工艺	封装形式
8051	4 KB	128 B	5	2	1	125	HMOS
8052	8 KB	256 B	6	3	1	100	HMOS

以上列出的是 Intel 8051、Intel 8052 的主要资源配置。现在，由于 8 位 51 单片机的广泛使用，各个芯片生产厂商推出了具有自身特色的采用 51 内核的单片机，它

们在这些基本资源的基础上进行了进一步的裁减或增强。

1.4.6　单片机 I/O 口介绍

AT89C51 单片机有 32 根 I/O 口线，分别属于 4 个 8 位并行 I/O 口 P0、P1、P2 和 P3。每个口都可以用作输入和输出。其中 P0 口和 P2 口在存储器扩展中又可作为地址和数据总线使用，P3 口又是一个双功能口，在应用中以第二功能为主。虽然各个口的功能有所不同，但其结构和工作过程基本相似。下面分别简要介绍各个口的工作过程和应用。

1. P0 口

P0 口既可用作通用 I/O 口，又可用作地址/数据总线。

当 P0 口用作通用 I/O 口时，外接负载时要接上拉电阻，否则不能正常工作。

当 P0 口输入数据时，为了确保输入引脚上的数据正确，必须先对锁存器写 1，否则将导致输入错误。

在系统片外扩展时，P0 口又可作为低 8 位地址总线或数据总线使用，特点是分时使用。

2. P1 口

P1 口作为通用 I/O 输入和输出数据的工作过程与 P0 口相似，输入引脚数据时，先将锁存器写 1，然后通过读引脚指令完成将数据读入内部总线，其过程与 P0 口输入数据时一样。由于位结构中含有上拉电阻，因此不需要外接上拉电阻。

3. P2 口

P2 口既可作为通用的 I/O 口使用，又可作为系统扩展时的高 8 位地址总线使用。

4. P3 口

P3 口可作为通用的 I/O 口使用，同时 P3 口又是一个双功能口。

当 P3 口作通用 I/O 口使用时，结构和工作过程与 P2 口完全相同。

综上所述，P0～P3 口都是双向 I/O 口，P3 又是双功能口。用作通用 I/O 口时，在输入引脚信息前，必须向对应的锁存器写 1，从这一点上说它们都是准双向口。在接口使用时应注意其负载能力。

1.5　单片机 I/O 口输入/输出

单片机 I/O 口又称单片机端口，它是集数据输入缓冲、数据输出驱动及锁存等多项功能于一体的 I/O 电路，特别要把握它的准双向、多功能的特点。

1.5.1 实验 4 单片机 P1 口输入/输出

1. 实验目的

通过实验了解 P1 口作为输入/输出方式使用时，CPU 对 P1 口的操作方式。

2. 实验仪器及设备

① PC 机、DICE－KEIL USB 仿真器、Keil 软件。

② DICE－5210K 单片机综合实验系统。

3. 实验内容

① 一个指示灯控制：P1 口的 P1.2 口线接一个 LED 发光二极管，使 LED 不停地一亮一灭，其中一亮一灭的时间间隔为 0.2 s(其输出端为低电平时发光二极管点亮)。

② 流水灯控制：在 P1 口接 8 个发光二极管 LED，使其依次从左到右开始逐个点亮，时间间隔为 0.2 s。

③ P1 口输入/输出：P1.4～P1.7 作输入口，接拨动开关 K1～K4；P1.0～P1.3 作输出口，接发光二极管 LED1～LED4，编写程序读取开关状态，将此状态在发光二极管上显示出来(开关闭合，对应的灯亮；开关断开，对应的灯灭)。

4. 硬件设计

流水灯控制电路设计如图 1－37 所示。该系统是单片机应用系统中一个比较简单而直观的控制系统，是基于单片机最小系统的控制系统。它包括单片机控制系统硬件线路及控制软件的设计，是一个完整的小型控制系统。对该系统外围控制线路进行适当的修改，可直接用于设计街景彩灯。单片机的 P0、P1、P2、P3 口都可以用来控制 LED 发光二极管。

在图 1－38 所示的流水灯控制电路中，将 89C51 单片机第 40 脚 Vcc 接电源 +5 V，第 20 脚 Vss 接地，为单片机工作提供能源。将第 19 脚 XTAL1 与第 18 脚 XTAL2 分别接外部晶体两个引脚，由石英晶体组成振荡器以保证单片机内部各部分有序地工作。通常 $C_1=C_2\approx 30$ pF。本电路图晶振频率为 6 MHz。

单片机可靠的复位是保证单片机正常运行的关键因素。因此，在设计复位电路时，通常要使 RST 引脚保持 10 ms 以上的高电平。当 RST 从高电平变为低电平之后，单片机就从 0000H 地址开始执行程序。本电路是上电自动复位。

将 8 个 LED 二极管接在单片机 P1 口的 P1.0～P1.7 引脚上，注意 LED 有长短两个引脚，分别表示正负极，其中较短的负极接单片机，较长的正极通过限流电阻 R 与 +5 V 相连。线路设计时，为了增加彩灯的亮度，对 P1 口的 8 个输出，加上了 1 000 Ω 的上拉电阻。实际应用时，还需考虑彩灯的驱动(比如采用 MC1413 等)等问题。

以上是制作流水灯控制系统的过程。在"单片机实验台"上制作该系统时，只需将 8 个 LED 与 P1 口相连，其他信号均已接好。

一个流水灯控制电路设计如图 1－38 所示，其中 P1.2 口线接二极管。

P1 口输入/输出电路设计如图 1－39 所示，P1 口的 P1.4～P1.7 接开关，开关有高电平、低电平两个状态，P1.0～P1.3 接二极管。

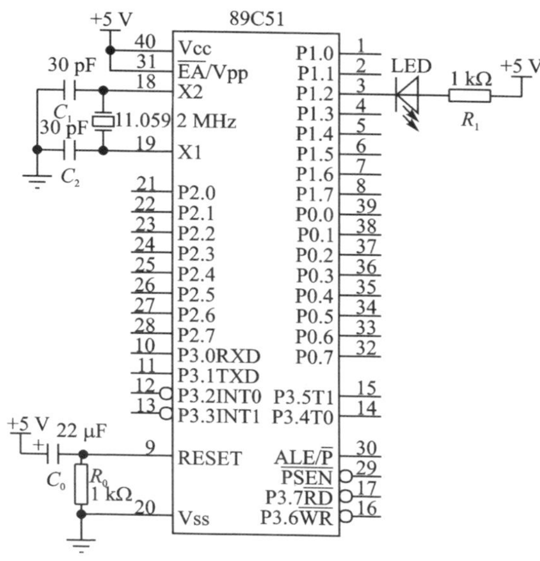

图 1－37　一个指示灯控制电路

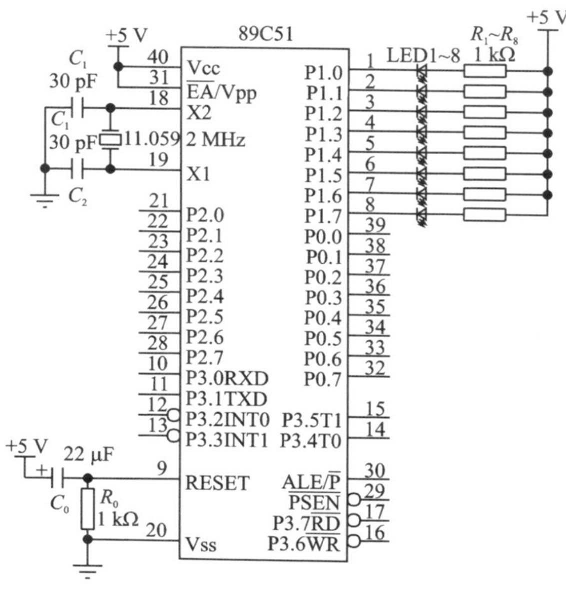

图 1－38　流水灯控制电路

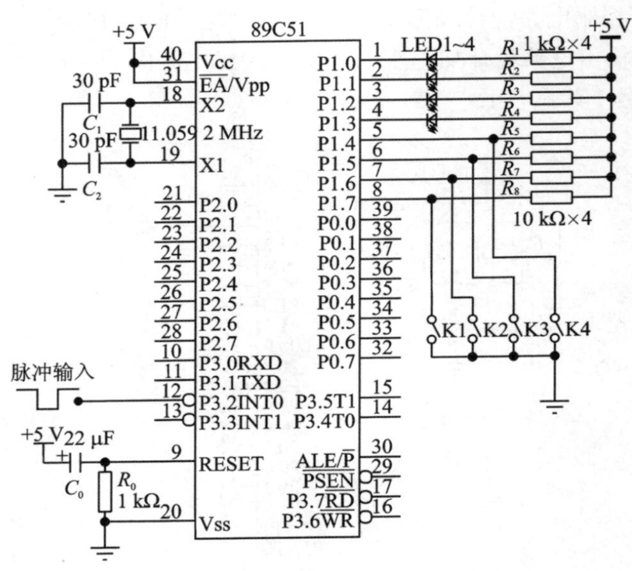

图 1-39　P1 口输入/输出电路

5. 程序设计

1) 工作原理

P1 口为带有上拉电阻的 8 位准双向 I/O 口，功能单一，每一位可独立定义为输入/输出，CPU 对 P1 口操作可以是字节操作，也可以是位操作。当 P1 作为输出口使用时，它的内部电路已经提供一个推拉电流负载，外接一个上拉电阻，外电路无需再接上拉电阻，与一般的双向口使用方法相同；当 P1 作为输入口使用时，应先向其锁存器写入“1”，使输出驱动电路的 FET 截止。若不先对它置“1”，则读入的数据是不准确的。P1 口的口线逻辑电路如图 1-40 所示。

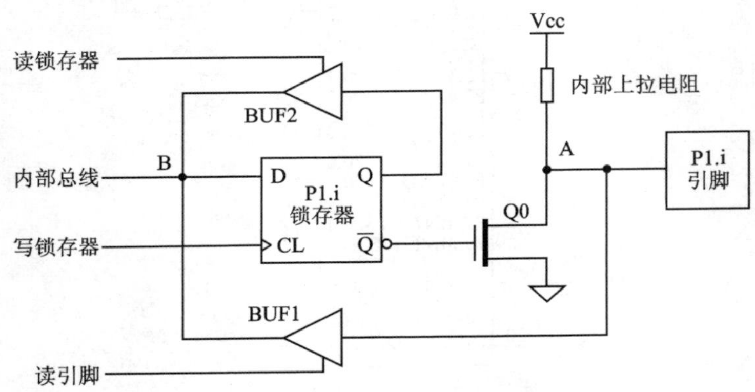

图 1-40　P1 口的口线逻辑电路

2）流程图

流程图如图 1－41～图 1－43 所示。

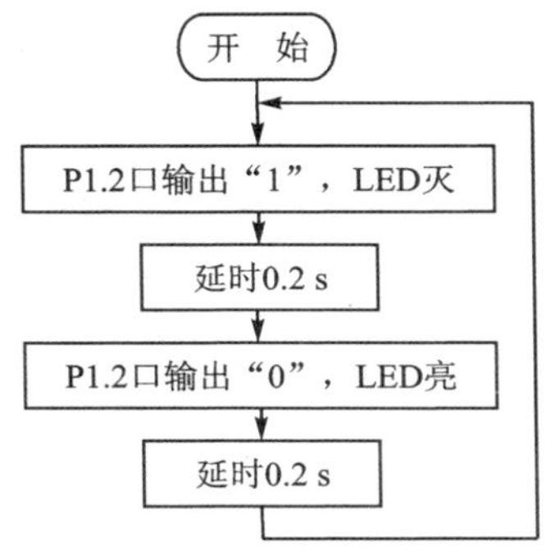

图 1－41　一个指示灯控制程序流程

图 1－42　P1 口输入/输出程序流程

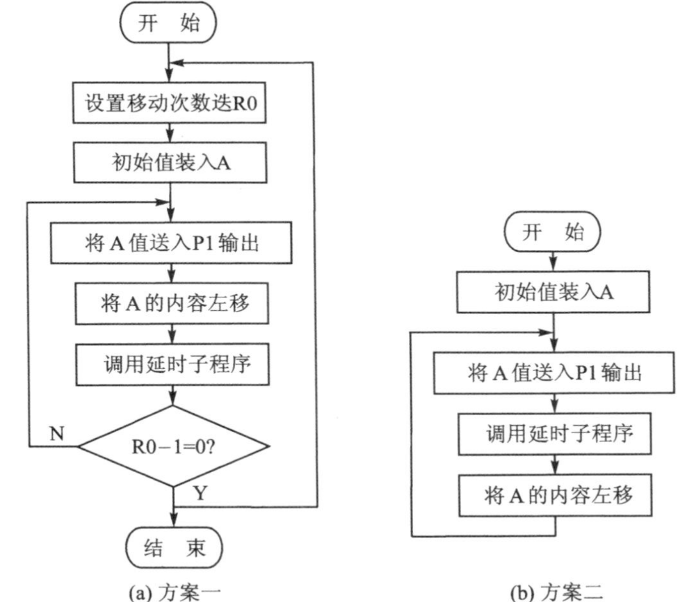

图 1－43　流水灯控制程序流程

3）参考程序

P1 口输出控制程序的设计主要包括控制输出程序设计与延时程序设计。

① 控制输出：当 P1.1 口输出低电平，即 P1.1＝0 时，LED 亮，反之，LED 灭。可以使用 P1.1＝0 指令使 P1.1 口输出低电平，同样利用指令使 P1.1 口输出高电平。

② 延时程序：单片机指令的执行时间是很短的，大多是微秒级，而实验要求的闪烁时间间隔为 0.2 s，相对于微秒来说差距太大，因此在执行某一指令时，插入延时程

序来解决这一问题。

③ 开关状态检测过程：单片机对开关状态的检测是从单片机的端口输入信号开始的，而输入的信号只有高电平和低电平两种。若要正确地输入信号，先使 P1.4～P1.7 置 1。可轮流检测每个开关状态，根据每个开关的状态让相应的二极管指示；也可以一次性检测四路开关状态，然后让其指示。

```
;T4_1.ASM:一个指示灯控制
        ORG     0000H
        LJMP    START
        ORG     0030H
START:  SETB    P1.2;P1.2 输出"1"
        ACALL   DELAY               ;调延时子程序
        CLR     P1.2                ;P1.2 输出"0"
        ACALL   DELAY               ;调延时子程序
        SJMP    START               ;反复循环
DELAY:  MOV     R5,#50              ;延时 0.2 s
DLY1:   MOV     R6,#100
DLY2:   MOV     R7,#100
        DJNZ    R7,$
        DJNZ    R6,DLY2
        DJNZ    R5,DLY1
        RET                         ;子程序返回
        END                         ;程序结束

;T4_21.ASM:流水灯控制(方案一)
        ORG     0000H
        LJMP    START
        ORG     0030H
START:  MOV     R0,#8               ;设右移 8 次
        MOV     A,  #01111111B      ;存入开始点亮灯位置
LOOP:   MOV     P1,A                ;传送到 P1 并输出
        ACALL   DELAY               ;调延时子程序
        RL      A                   ;右移一位
        DJNZ    R0,LOOP             ;判断移动次数
        SJMP    START               ;重新设定显示值
DELAY:  MOV     R5,#50              ;延时 0.2 s
DLY1:   MOV     R6,#100
DLY2:   MOV     R7,#100
        DJNZ    R7,$
        DJNZ    R6,DLY2
        DJNZ    R5,DLY1
        RET                         ;子程序返回
```

```
        END                          ;程序结束

;T4_22.ASM:流水灯控制(方案二)
        ORG     0000H
        LJMP    START
        ORG     0030H
START:  MOV     A,#0FEH
LOOP:   MOV     P1,A
        LCALL   DELAY
        RL      A
        SJMP    LOOP
DELAY:  MOV     R5,#50               ;延时 0.2 s
DLY1:   MOV     R6,#100
DLY2:   MOV     R7,#100
        DJNZ    R7,$
        DJNZ    R6,DLY2
        DJNZ    R5,DLY1
        RET                          ;子程序返回
        END                          ;程序结束

;P1 口输入输出 T4_3.ASM
        ORG     0000H
        LJMP    START
        ORG     0030H
START:  MOV     P1,#0F0H
        MOV     A,P1                 ;从 P1 口输入开关状态
        SWAP    A                    ;交换高、低 4 位
        MOV     P1,A                 ;输出
        SJMP    START
        END
```

6. 实验步骤

① 将仿真器的插针作为 CPU 插入设计线路板，将串行口线插在 PC 机的一个串行口上，之后打开电源。

② 启动计算机，打开 Keil 软件。首先进行仿真器的设置，选择仿真器型号、仿真头型号和 CPU 类型。选择通信端口，单击测试串行口，通信成功后便可退出设置，进入硬件仿真调试。

③ 在编辑窗口输入源程序并保存，文件名为 T4_1.ASM。对源程序进行编译，编译无误后，执行程序，观察 P1.2 口线上所接的 LED 状态变化，分析此现象。

④ 按上述实验步骤对源程序 T4_21.ASM 或 T4_22.ASM、T4_3.ASM 进行调

试，观察实验现象并分析实验现象作好记录。

⑤ 关于制作与实际连线在本小节中有详细的说明。

7. 思考题

① 在流水灯的控制设计中，若每个 LED 先闪 10 次再移位，如何设计程序？

② 模仿街景彩灯设计。状态 1：控制系统通电或复位后，8 个 LED 发光二极管从左到右依次逐个点亮。状态 2：8 个 LED 发光二极管全亮后，从右向左再依次将其逐个熄灭。状态 3：8 个 LED 发光二极管全灭后，从左右两边同时开始依次点亮 LED 发光二极管，全亮后，8 个 LED 发光二极管再明暗一起闪烁 2 次。如何设计程序？

③ 说明单片机的各个引脚的功能及作用，比较 P0 口和 P3 口引脚的异同。

④ 时钟周期、机器周期的关系是什么？在单片机外部晶振频率分别为 6 MHz 和12 MHz 时，下面的延时子程序延时了多少时间？

```
DELAY:MOV   R5,#08H
DL1:  MOV   R6,#00H
DL2:  MOV   R7,#80H
      DJNZ  R7,$
      DJNZ  R6,DL2
      DJNZ  R5,DL1
      RET
```

1.5.2 实验 5 单片机 I/O 口报警声输出

报警声在自动化设备的设计中经常用到。报警系统在工业控制系统中应用较为广泛，例如电加热锅炉系统中压力过高报警、锅炉水位过低报警、家用煤气泄漏报警、洗衣机缺水报警等。通常在设计报警控制系统时，一方面，系统检测到报警信号，通过蜂鸣器或扬声器发出报警，引起人们的注意；另一方面，系统必须能迅速切断可能引起事故的故障源，如切断电源、打开压电磁阀、关闭煤气等。

1. 实验目的

了解单片机发声原理、报警声设计的方法、报警控制系统设计的方法以及编程方法。

2. 实验仪器及设备

① PC 机、DICE－KEIL USB 仿真器、Keil 软件。

② DICE－5210K 单片机综合实验系统。

③ 蜂鸣器 1 个，放大器 1 个。

3. 实验要求

① 用软件延时方式使单片机的 I/O 口线产生方波，驱动蜂鸣器发出 1 kHz 的报

警声音。

② 用软件延时方式实现变频振荡报警，即P3.4口交替输出1 kHz和2 kHz的变频信号以示报警，每隔1 s交替变换1次（单片机产生多频率的报警声）。

③ 单片机报警控制系统设计：系统正常工作时，8个LED循环点亮，若有外部报警信号输入，则控制系统发生报警，蜂鸣器响；当报警解除，蜂鸣器停止蜂鸣，系统恢复正常工作。

4. 硬件设计

1 kHz的报警声输出电路设计如图1-44所示。单片机的P1.0引脚通过限流电阻R_1与三极管基极相接，集电极接蜂鸣器，发射极接+5 V电源。

报警同时LED闪烁电路设计如图1-45所示。单片机的P3.4引脚通过限流电阻R_2与三极管基极相接，集电极接蜂鸣器。P2.7引脚上接开关K，开关K的另一端接地。P1.7引脚接发光二极管LED，LED正极通过限流电阻R_1接+5 V电源。当P1.7输出低电平时LED导通发光。

89C51为核心的报警控制系统电路设计如图1-46所示。P1口接LED发光二极管，P3.2引脚接开关K1，P3.3引脚接脉冲输入，P3.5引脚通过9014放大器接蜂鸣器。

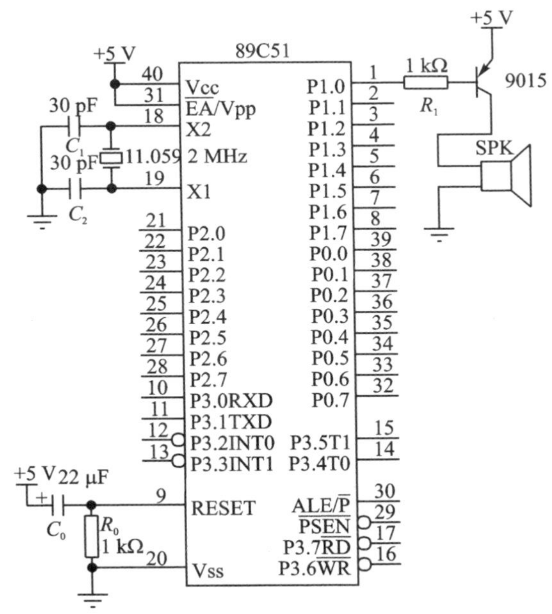

图1-44 1 kHz报警声输出电路

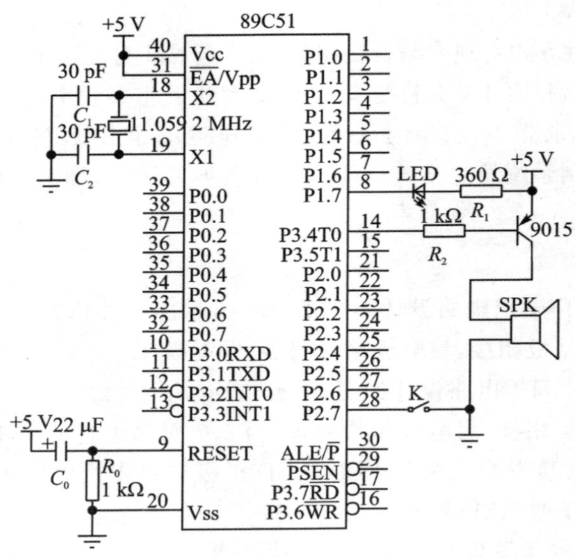

图 1－45　变频报警声电路

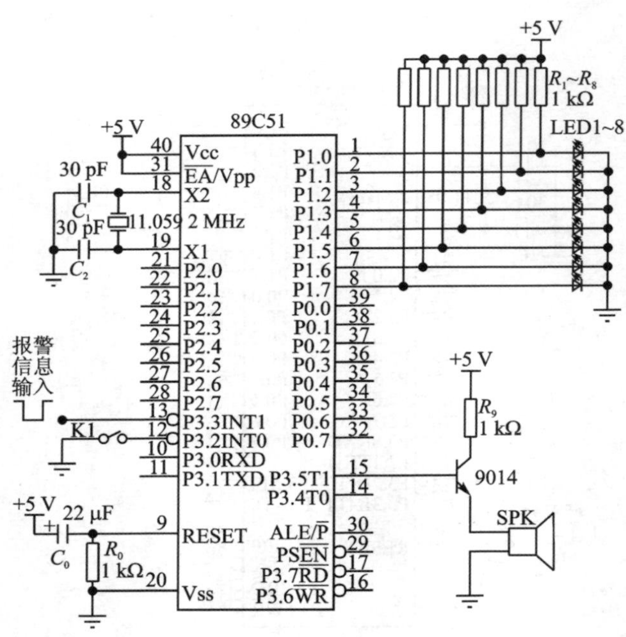

图 1－46　报警控制系统电路

5. 程序设计

1）工作原理

若使蜂鸣器发出 1 kHz 的声音，则需要使 P1.0 引脚产生 1 kHz 的方波，控制晶

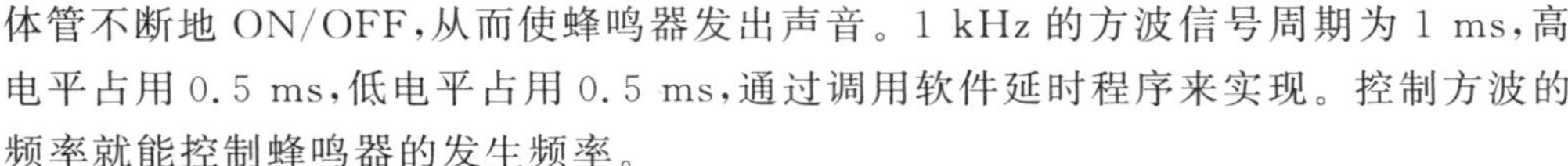

体管不断地 ON/OFF，从而使蜂鸣器发出声音。1 kHz 的方波信号周期为 1 ms，高电平占用 0.5 ms，低电平占用 0.5 ms，通过调用软件延时程序来实现。控制方波的频率就能控制蜂鸣器的发生频率。

在变频率的报警声设计时，将开关 K 作为发声控制按钮，当按下 K 后才能发出声音。

利用软件延时方法，使 P3.4 端口输出 1 kHz 和 2 kHz 的变频信号，每隔 1 s 交替变换 1 次。为了加强报警效果，在报警的同时增加了 LED 的闪烁功能(读者自行设计)。

报警控制系统是一个简易报警装置。系统正常工作时，8 个 LED 循环点亮；若有外部报警信息输入，则控制系统发生报警，蜂鸣器响；若报警解除，蜂鸣器停止蜂鸣，系统恢复正常工作。采用从 P3.3 输入的脉冲信号作为外部报警信号的输入，P3.5 作为蜂鸣器的驱动信号。当 P3.3 输入一个报警脉冲时，蜂鸣器响；当报警解除时(假设用 P3.2 控制，P3.2 为 0 时，表示报警解除)，蜂鸣器停止蜂鸣。

2) 流程图

流程图如图 1-47～图 1-49 所示。

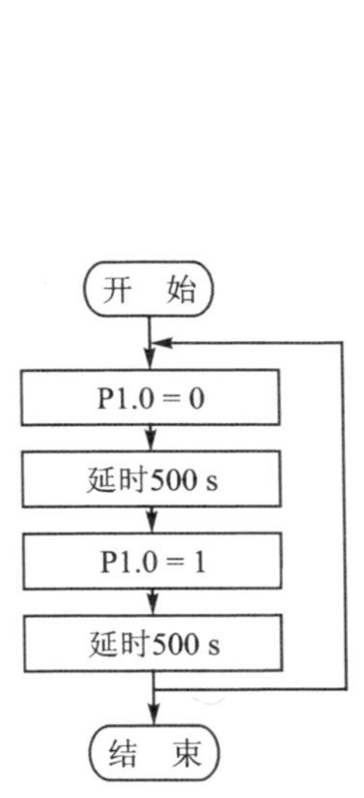

图 1-47　1 kHz 报警声程序流程

图 1-48　变频报警声程序流程

3) 参考程序

```
;T5_1.ASM:1 kHz 报警声
        ORG     0000H
        LJMP    START
```

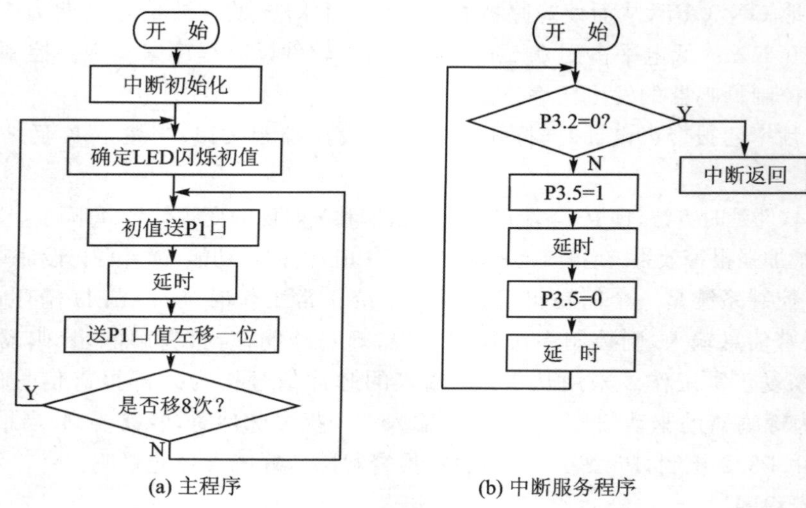

图 1-49　报警控制系统程序流程

```
        ORG     0030H
START:  CLR     P1.0
        ACALL   DELAY
        SETB    P1.0
        ACALL   DELAY
        SJMP    START
DELAY:  MOV     R0,#250            ;延时 500 μs 子程序(12 MHz 晶振)
        DJNZ    R0,$
        RET                        ;子程序返回
        END
;T5_2.ASM:变频报警声
        ORG     0000H
        LJMP    START
        ORG     0030H
START:  MOV     R0,#8              ;1 kHz 持续时间
LOOP1:  MOV     R1,#250
LOOP2:  CPL     P3.4               ;输出 1 kHz 方波
        ACALL   DELAY2             ;调延时 500 μs 子程序
        DJNZ    R1,LOOP2           ;持续 1 s
        DJNZ    R0,LOOP1           ;输出 1 kHz 方波
        MOV     R2, #16            ;2 kHz 持续时间
LOOP3:  MOV     R3, #250
LOOP4:  CPL     P3.4               ;输出 2 kHz 方波
        ACALL   DELAY1             ;调延时 250 μs 子程序
        DJNZ    R3,LOOP4           ;持续 1 s
```

```
        DJNZ    R2,LOOP3                ;输出 2 kHz 方波
        SJMP    START                   ;报警声反复循环
DELAY1: MOV     R4,#125                 ;延时 250 μs,子程序
        DJNZ R4,$
        RET
DELAY2: MOV     R5,#250                 ;延时 500 μs,子程序
        DJNZ    R5,$
        RET
        END                             ; 程序结束
;T5_3.ASM:报警控制系统
        ORG     0000H
        SJMP    START
        ORG     0013H
        LJMP    INT1                    ;转入中断服务程序
        ORG     0030H
START:  MOV     SP,#60H                 ;初始化堆栈
        SETB    IT1                     ;设 INT1 为边沿触发
        SETB    EX1                     ;允许 INT1 中断
        SETB    EA                      ;开放总允许
        MOV     A,#0FEH
LOOP:   MOV     P1,A
        LCALL   DELAY3
        RL      A
        SJMP    LOOP
-------------------------中断服务程序-------------------------
INT_1:  MOV     R1,#8                   ;1 kHz 持续时间
LOOP1:  MOV     R2,#250
LOOP2:  CPL     P3.5                    ;输出 1 kHz 方波
        ACALL   DELAY2                  ;调延时 500 μs 子程序
        DJNZ    R2,LOOP2                ;持续 1 s
        DJNZ    R1,LOOP1                ;输出 1 kHz 方波
        MOV     R3, #16                 ;2 kHz 持续时间
LOOP3:  MOV     R4, #250
LOOP4:  CPL     P3.5                    ;输出 2 kHz 方波
        ACALL   DELAY1                  ;调延时 250 μs 子程序
        DJNZ    R4,LOOP4                ;持续 1 s
        DJNZ    R3,LOOP3                ;输出 2 kHz 方波
        JNB     P3.2,LOOP5              ;是否解除报警声? 若是转 LOOP5
        SJMP    INT_1                   ;报警声反复循环
LOOP5:  RETI
DELAY1: MOV     R5,#125                 ;延时 250 μs,子程序
        DJNZ    R5,$
```

```
        RET
DELAY2: MOV     R6,#250             ;延时 500 μs,子程序
        DJNZ    R6,$
        RET
DELAY3: MOV     R6,#96H             ;延时 50 ms,子程序
LOOP6:  MOV     R7,#64H
        DJNZ    R7,$
        DJNZ    R6,LOOP6
RET
        END
```

6. 实验步骤

① 硬件仿真调试操作同本章实验 4。

② T5_1. ASM,注意蜂鸣器发声情况,分析此现象

③ T5_2. ASM,注意蜂鸣器声音变化及 LED 变化,分析此现象。

④ T5_3. ASM,注意 LED 变化;当有报警信号输入时,注意蜂鸣器声音变化,同时注意 LED 变化;当报警信号解除时,注意 LED 变化。分析各种现象。

7. 思考题

① 如果要求变频交替的时间更精确,程序该如何设计?

② 变频报警声设计中,如果在发出变频报警声的同时 LED 闪烁,程序该如何设计?

第2章 单片机内部功能单元

2.1 单片机内部功能单元简介

2.1.1 定时器/计数器

定时和计数是单片机用到的两种主要功能。89C51 内部有两个定时器/计数器 T0、T1。TL0、TH0 和 TL1、TH1 分别对应两个定时器/计数器的低 8 位和高 8 位，用于控制与管理定时器/计数器工作的两个寄存器 TCON 和 TMOD。设置它们相应位，可以对 T0、T1 进行各种控制。

寄存器 TCON 为控制寄存器，用于控制两个定时器/计数器的启动/停止，在溢出时设定标志位。TCON 中 TR0、TR1 是 T0、T1 对应的开始运行控制位，TF0、TF1 是溢出标志，剩下 4 位是两个外部中断 $\overline{\text{INT0}}$ 和 $\overline{\text{INT1}}$ 对应的方式控制位 IT0、IT1 和中断请求标志 IE0、IE1。

寄存器 TMOD 为工作方式控制寄存器，用来设置定时器/计数器的工作方式，并确定用于定时还是用于计数。TMOD 中每个定时器/计数器对应 GATE、C/T、M1、M0，共 4 位，GATE 是选通门控位，它决定 T0、T1 的开始运行是否要受外部中断输入引脚电平的控制；C/T 是定时器/计数器选择位，在定时器工作方式时，计数输入信号来自内部时钟，每个机器周期计数寄存器加 1，在计数器工作方式时，计数输入信号来自 T0、T1 引脚，输入信号每次从 1 到 0 跳变，计数寄存器加 1，要注意的是，输入信号的最高频率不得大于机器振荡频率的 1/24；M1、M0 是模式控制位，决定了 T0、T1 的四种工作模式，工作方式 0、工作方式 1、工作方式 2、工作方式 3。

在实验中，以定时器/计数器 T1 工作在方式 1，即 16 位定时/计数方式为例演练定时器/计数器的工作过程，根据需要设置 TDOM 及 TL0、TH0 的数值。开启定时或计数溢出时自动置溢出标志，并请求中断。工作方式 1 的逻辑电路结构图 2－1 所示。

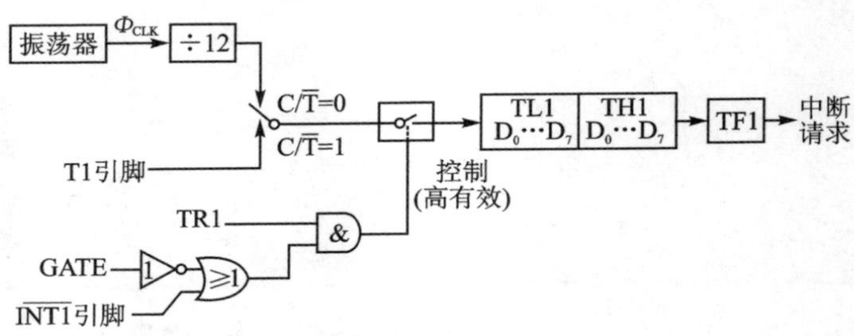

图 2-1 定时器 1 在工作方式 1 时的逻辑电路结构图

从图 2-1 中可以看出：当 C/$\overline{T}$=0 时，T1 为定时器，定时脉冲信号是经 12 分频后的振荡器脉冲信号；当 C/$\overline{T}$=1 时，T1 为计数器，计数脉冲信号来自引脚 T1 的外部信号。T1 能否启动工作，取决于 TR1、GATE、引脚 $\overline{INT0}$ 或 $\overline{INT1}$ 的状态。T0 工作方式 1 的情况相同。

当 GATE=0 时，只要 TR1 为 1(利用指令置位 TR1)就可启动 T1，不受 $\overline{INT0}$ 或 $\overline{INT1}$ 的控制；当 GATE=1 时，只有 $\overline{INT0}$ 或 $\overline{INT1}$ 引脚为高电平，且 TR1 置 1 时，才能启动 T1 工作。

T1 定时器/计数器启动后，定时或计数脉冲加到 TL1 的低 8 位，对已预置好的定时器/计数器初值不断加 1，在 TL1 计满后，进位给 TH1。TL1 和 TH1 都计满以后，置位 TF1，表明定时时间/计数次数已到。在满足中断条件时，向 CPU 申请中断。若需要继续进行定时或计数，则应用指令对 TL1 和 TH1 重置时间常数，否则下一次的计数会从 0 开始，造成计数量或定时时间不准。

单片机内部定时器/计数器的编程主要是完成时间常数的设置和有关控制寄存器的设置，具体操作见本章实验 1 程序设计中的工作原理及参考程序设计。

2.1.2 中断系统

89C51 单片机中断系统的主要组成部分及它们的功能如下所述。

有 5 个中断源，外部中断 INT0、定时器/计数器 T0、外部中断 INT1、定时器/计数器 T1 和串口 UART 中断，它们对应不同的中断矢量。

中断允许寄存器 IE 的功能是控制各个中断请求信号能否允许，它分别控制 CPU 对所有中断源的总允许或禁止，以及对每个中断源的中断允许/禁止状态，其中 EX0、ET0、EX1、ET1、ES 分别是上述 5 个中断的允许控制位，EA 位是中断总允许位，每个中断只有在相应中断允许且总中断也允许的情况下才能得到中断响应。

中断优先级控制寄存器 IP 的功能是设置每个中断的优先级。89C51 的 5 个中断都可以设为高、低 2 个优先级，其中的 PX0、PT0、PX1、PT1 和 PS 位分别对应 5 个中断的优先级设置，置“1”时设定为高级中断，为“0”时是低级中断。在有中断嵌套要求时，低优先级中断可被高优先级中断所中断。当同一级的中断同时到来时，先响应

中断矢量排在前面的中断。因此通过设置寄存器 IP 相应位的值,可以改变五个中断源的优先顺序。

中断源寄存器包括定时器/计数器控制寄存器 TCON 和串行通信口控制寄存器 SCON。

寄存器 TCON 的功能主要是接收外部中断源(INT0、INT1)和定时器/计数器(T0、T1)送来的中断请求信号。其中,IE0 和 IE1 它们分别是外部中断 0 和外部中断 1 的中断请求标志位。当外部有中断请求信号输入单片机的 INT0 引脚或 INT1 引脚时,寄存器 TCON 的 IE0 和 IE1 位会被置"1"。IT0 和 IT1 分别是外部中断 0 和外部中断 1 的输入方式控制位。寄存器 SCON 的功能主要是接收串行通信口送到的中断请求信号,寄存器 SCON 的 TI 位和 RI 位与中断有关,其他位用作串行通信控制。

2.1.3　串行口

89C51 内部有一个可编程全双工通信接口,它具有 UART 的全部功能。该接口不仅可以同时进行数据的接收和发送,也可作为同步移位寄存器使用。该串口有 4 种工作方式,帧格式有 8 位、10 位和 11 位,并能设置多种传送速率。

1. 89C51 串行通信接口

89C51 内部有两个独立的接收、发送缓冲器 SBUF,SBUF 属于特殊功能寄存器。发送缓冲器只能写入不能读出,接收缓冲器只能读出不能写入,二者共用 1 字节地址(99H)。接收/发送缓冲寄存器 SBUF,虽然使用同一个地址,但由于操作是独立的,不会冲突,一般通过 A 累加器操作。指令"MOV SBUF,A"启动一次数据发送,指令"MOV A,SBUF"完成一次数据接收。接收/发送数据,无论是否采用中断方式工作,每接收/发送一个数据都必须用指令对 RI/TI 清零,以备下一次接收/发送。

在串行通信时,用两个特殊功能寄存器 SCON、PCON 控制串行接口的工作方式和波特率。接收/发送双方都有对 SCON 的编程,SCON 用来控制串行口的工作方式、对接收/发送和串行接口的工作状态标志进行设置,其格式如表 2-1 所列。单片机复位时,其所有位全为 0。

表 2-1　SCON 的位定义

SCON	D7	D6	D5	D4	D3	D2	D1	D0
位名称	SM0	SM1	SM2	REN	TB8	RB8	TI	RI
位地址	9FH	9EH	9DH	9CH	9BH	9AH	99H	98H

◇ SM0、SM1:串行方式选择位,其定义如表 2-2 所列。

◇ SM2:多机通信控制位,主要用于方式 2 和方式 3 中。在接收状态,当 SM2=

1,且接收到的第 9 位数据 RB8 为 1 时,才把接收到的前 8 位数据送入 SBUF,且置 RI=1 发中断申请,否则会将接收到的数据放弃。当 SM2=0 时,不论接收到的第 9 位 RB8 为 0 还是为 1,都将前 8 位数据送入 SBUF,并发出中断申请。在方式 0 中,SM2=0;在方式 1 中,SM2=1,只有接收到有效的停止位时,才能置位 RI。

◇ REN:允许串行接收位。由软件置位或清零。REN=1 时,允许接收;REN=0 时,禁止接收。

◇ TB8:发送数据的第 9 位。在方式 2 和方式 3 中,由软件置位或复位,可作奇偶校验位。在多机通信中,可作为区别地址帧或数据帧的标识位,一般约定地址帧时 TB8 为 1,数据帧时 TB8 为 0 。

◇ RB8:接收数据的第 9 位,功能同 TB8。

◇ TI:发送中断标志位。在方式 0 中,发送完 8 位数据后,由硬件置位;在其他方式中,在发送停止位之初由硬件置位。因此,TI 是发送完一帧数据的标志,可以用指令"JBC TI,rel"来查询发送是否结束。TI=1 时,也可向 CPU 申请中断,响应中断后,必须由软件清除 TI。

◇ RI:接收中断标志位。在方式 0 中,接收完 8 位数据后,由硬件置位;在其他方式中,在接收停止位的中间由硬件置位。同 TI 一样,也可以通过"JBC RI,rel"来查询是否接收完一帧数据。RI=1 时,也可申请中断,响应中断后,必须由软件清除 RI。SCON 中的低两位与中断有关。

表 2-2　串行方式定义

SM0SM1	工作方式	功　能	波特率
00	方式 0	8 位同步移位寄存器	$f_{osc}/12$
01	方式 1	10 位 UART	可变
10	方式 2	11 位 UART	$f_{osc}/64$ 或 $f_{osc}/32$
11	方式 3	11 位 UART	可变

电源控制寄存器 PCON 没有位寻址功能,主要实现对单片机电源的控制管理,但 PCON 的最高位 SMOD 是串行口波特率系数控制位。

2. 89C51 串行通信波特率设置

单片机串行通信波特率是随着串行口的工作方式不同而改变的。波特率除了与单片机系统的振荡频率 f_{osc}、电源控制寄存器 PCON 的位有关外,还与定时器 T1 的设置状态有关。只有正确地进行波特率的设置才能使单片机正常工作。

① 不同工作方式的波特率计数如表 2-3 所列。

表 2-3　不同工作方式的波特率计数

工作方式	波特率计数
工作方式 0	波特率为时钟频率的 1/12，即 $f_{osc}/12$，固定不变
工作方式 1	波特率 $=2^{SMOD}\times$(T1 的溢出率)/32，波特率是可变的
工作方式 2	当 SMOD=1 时，波特率 $=(2^{SMOD}/64)\times f_{osc}=f_{osc}/32$； 当 SMOD=0 时，波特率 $=(2^{SMOD}/64)\times f_{osc}=f_{osc}/64$
工作方式 3	波特率 $=2^{SMOD}\times$(T1 的溢出率)/32，波特率是可变的

② 定时器 T1 的溢出率(是指在 1 s 内产生溢出的次数)计算。

定时器的溢出率与定时器的工作模式有关，在串行口通信中，一般都使定时器 T1 工作模式 2。在此模式下，T1 为 8 位自动载入定时器，由 TL1 进行计数。TL1 的计数输入来自于内部的时钟脉冲，每隔 12 个系统时钟周期(一个机器周期)，内部电路将产生一个脉冲使 TL1 加 1，当 TL1 增加到 FFH 时，再增加 1，TL1 就产生溢出。因此，定时器 T1 的溢出与系统的时钟频率 f_{osc} 有关，也与每次溢出后 TL1 重新装载值 N 有关。N 值越大，定时器的溢出率也就越大。定时器 T1 每秒所溢出的次数，即定时器 T1 的溢出率 $=f_{osc}/[12\times(2^8-N)]$。式中，$N$ 为时间常数，即 TL1 的预置初值。

③ 常用波特率与计数初值的关系如表 2-4 所列。

表 2-4　常用波特率与计数初值的关系

工作方式	波特率	时钟频率/MHz	SMOD	T1 工作方式	T1 初值
方式 0	1 Mbps	12			
方式 2	375 kbps	12	1		
方式 1 方式 3	62.5 kbps	12	1	2	0FFH
	19.2 kbps	11.059 2	1	2	0FDH
	9.6 kbps	11.059 2	0	2	0FDH
	4.8 kbps	11.059 2	0	2	0FAH
	2.4 kbps	11.059 2	0	2	0F4H
	1.2 kbps	11.059 2	0	2	0E8H
	137.5 kbps	11.059 2	0	2	1DH
	110 kbps	6	0	2	72H
	110 kbps	12	1	1	0FEEBH

2.2　单片机定时器/计数器

定时器/计数器作为 89C51 或其他型号单片机的基本结构单元，主要完成测控系统中定时或延时控制。当需要对外界事件进行计数时，就可以由计数器来完成。

2.2.1 实验 1 定时器/计数器

1. 实验目的

了解 51 单片机内部定时器/计数器的基本结构、工作原理和工作方式，掌握工作在定时和计数两种工作方式下的编程方法。

2. 实验仪器及设备

① PC 机、DICE－KEIL USB 仿真器、Keil 软件。

② DICE－5210K 单片机综合实验系统。

3. 实验内容

① 利用单片机内部定时器/计数器 T1 定时 50 ms，工作于方式 1，使连接到 I/O 口线上的 LED 状态发生一次反转，一直循环。利用单片机内部定时器/计数器 T0 定时 60 ms，工作于方式 1，使 P1 口所接的 LED1～LED8 轮流点亮，每个 LED 点亮时间为 60 ms。（如果采用方式 2，程序如何修改？）

② 长时间定时程序设计：P1 口所接的 LED1～LED8 轮流点亮，每个 LED 点亮时间为 1 s。

③ 利用内部定时器/计数器 T1，按计数模式工作于方式 1，对 P3.5 引脚进行计数，每计数 5 个脉冲，使 I/O 口线上的 LED 反转一次，反复循环。

4. 硬件设计

50 ms 定时功能电路设计如图 2－2 所示，将 1 个 LED 的阴极端与单片机 P1.2 引脚相连。轮流点亮时间间隔 60 ms 电路设计如图 2－3 所示，单片机 P1 端口与 8 个 LED 相接。计数功能电路设计如图 2－4 所示，1 个 LED 的阴极端与单片机 P1.2 引脚相连，单片机 P3.5 接脉冲。

5. 程序设计

1) 工作原理

单片机内部定时器/计数器编程时相关参数的计算。

内部定时器/计数器 T1，定时器模式工作于方式 1，定时时间 50 ms，定时初值计算如下：

$$\text{定时时间为}: t=(2^M-\text{定时初值 TC})\times\text{机器周期}$$

定时时间 50 ms，$f_{osc}=6$ MHz，机器周期为 2 μs，定时初值计算如下：

$$\text{定时初值}=2^{16}-(6\times10^6\times50\times10^3)/12=40\ 536=9E58H$$

定时时间 50 ms，$f_{osc}=12$ MHz，机器周期为 1 μs，定时初值计算如下：

$$\text{定时初值}=2^{16}-t=65\ 536-(50\times10^3)=65\ 536-50\ 000=15\ 536=3CB0H$$

在不同的工作方式下，计数器位数不同，计数器初值为：

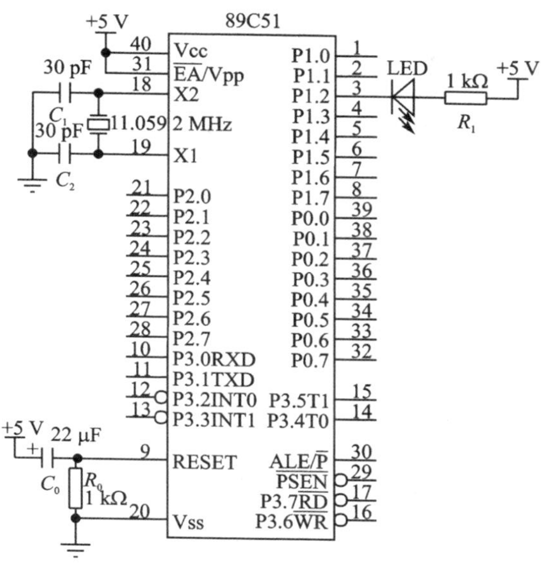

图 2－2　50 ms 定时功能电路

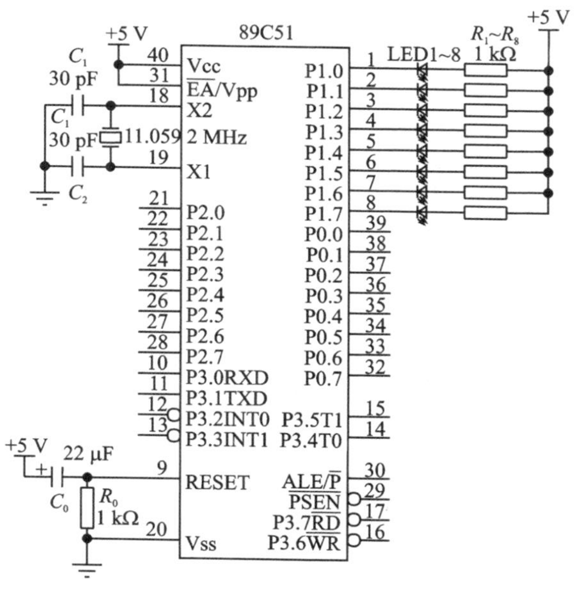

图 2－3　轮流点亮时间间隔 60 ms 电路

$$\mathrm{TC}=2^M-N \quad (M\text{ 为计数器位数},N\text{ 为要求的计数值})$$

内部定时器/计数器 T1，计数器模式工作于方式 1，对 P3.5 引脚进行计数，每计数 5 个脉冲，计数初值如下：

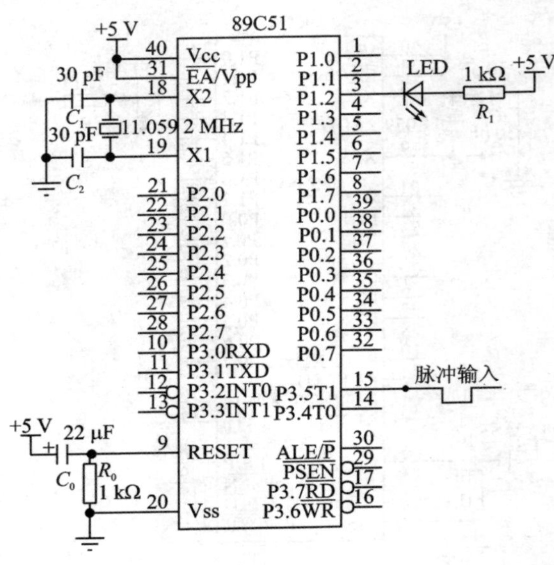

图 2-4　计数功能电路

$$计数初值=2^{16}-5=65\ 536-5=65\ 531=FFFBH$$

2）流程图

LED 轮流点亮程序流程图如图 2-5 所示。

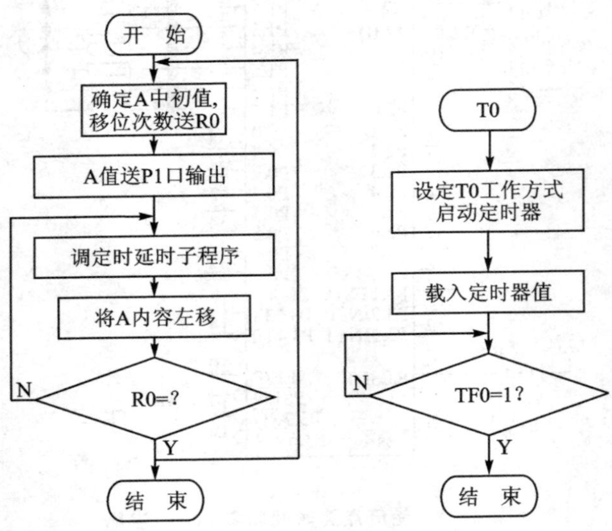

图 2-5　LED 轮流点亮程序流程(T0 定时 60 ms)

3）参考程序

```
;T1_11.ASM: 50 ms 定时功能(查询方式)
```

```
        ORG   0000H
        LJMP  START
        ORG   0030H
START:  MOV   P1,#0FFH              ;关所有灯
        MOV   TMOD,#10H             ;定时器/计数器 1 工作于方式 1
        MOV   TH1,#9EH
        MOV   TL1,#58H              ;9E58H 即十进制数 40 536
        SETB  TR1                   ;定时器/计数器 1 开始运行
WAIT:   JBC   TF1,NEXT              ;如果 TF1 等于 1,则清 TF1 并转 NEXT
        SJMP  WAIT                  ;否则,跳转到 WAIT 处运行
NEXT:   CPL   P1.2
        MOV   TH1,#9EH
        MOV   TL1,#58H              ;重置定时器/计数器的初值
        SJMP  WAIT
        END
```

```
;T1_12.ASM: 50ms 定时功能(中断方式)
        ORG   0000H
        SJMP  START
        ORG   001BH                 ;定时器 1 的中断向量地址
        LJMP  TIME1                 ;跳转到真正的定时器程序处
        ORG   0030H
START:  MOV   P1,#0FFH              ;关所有灯
        MOV   TMOD,#10H             ;定时器/计数器 1 工作于方式 1
        MOV   TH1,#9EH
        MOV   TL1,#58H              ;9E58H 即十进制数 40 536
        SETB  EA                    ;开总中断允许
        SETB  ET1                   ;开定时器/计数器 1 允许
        SETB  TR1                   ;定时器/计数器 1 开始运行
WAIT:   AJMP  WAIT
TIME1:  CPL   P1.2                  ;定时器/计数器 1 的中断处理程序
        MOV   TH1,#9EH
        MOV   TL1,#58H              ;重置定时常数
        RETI
        END
```

;间隔时间 60 ms LED 轮流点亮 T1_13.ASM:使用 T0,方式 1,先 P1 端口中的 P1.7 亮,定时器延时 60 ms,后 P1.6 亮,如此向右移动,移到最右端 P1.0 亮后,又回到最左端重新开始向右移动,不断循环。

```
        ORG   0000H
        LJMP  START                 ;查询方式
        ORG   0030H
```

```
START:MOV   SP,#60H                        ;初始化堆栈
      MOV   R0, #8                         ;设右移 8 次
      MOV   A, #01111111B                  ;存入开始点亮灯位置
 LOOP:MOV   P1, A                          ;传送到 P1 并输出
      ACALLDELAY                           ;调延时子程序
      RR    A                              ;右移一位
      DJNZ  R0, LOOP                       ;判断移动次数
      JMP   START                          ;重新设定显示值
DELAY:MOV   TMOD,#00000001B                ;设定 T0 工作在 MODE1
      SETB  TR0                            ;启动 T0 开始计时
      MOV   TL0,#LOW(65536 - 60000)        ;装入低位
      MOV   TH0,#HIGH(65536 - 60000)       ;装入高位
      JNB   TF0, $                         ;T0 没有溢出等待
      CLR   TF0                            ;产生溢出,清标志位
      RET                                  ;子程序返回
      END                                  ;结束
```

;长时间 1 s 定时 T1_2.ASM:这段程序采用了软件计数器的概念,先用定时器/计数器 1 做一个 50 ms 的定时器,定时时间到了以后并不是立即将 A 中的数送给 P1 端口,而是将 R2 中的值减 1。如果 R2 中的值为 0,再将 A 中的数送给 P1 端口,A 中的数左移一位,R2 中置初值,否则直接返回。这样,每产生 20 次定时中断才送数一次,每次的数不同(8 次一轮回),因此,定时时间就延长为 20×50 ms,即 1 000 ms。这里 R2 被称为“软件计数器”。

```
       ORG   0000H
       LJMP  START                         ;查询方式
       ORG   0030H
START: MOV   SP,#60H                       ;初始化堆栈
       MOV   P1,#0FFH
       MOV   TMOD,#10H
       MOV   TH1,#9EH
       MOV   TL1,#58H
       SETB  TR1
       MOV   A,#0FEH
       MOV   R2,#14H                       ;软件计数器置初值
WAIT:  JBC   TF1,NEXT
       SJMP  WAIT
NEXT:  MOV   TH1,#9EH
       MOV   TL1,#58H
       DJNZ  R2,WAIT                       ;R2 中的值为 0 了吗?
       MOV   P1,A
       RL    A
       MOV   R2,#14H                       ;软件计数器重置初值
       SJMP  WAIT
```

```
        END

;T1_3.ASM:计数功能
        ORG  0000H
        LJMP START                    ;查询方式
        ORG  0030H
START:  MOV  TMOD,#50H
        MOV  TH1,#0FFH
        MOV  TL1,#0FBH
        SETB TR1
WAIT:   JBC  TF1,NEXT
        SJMP WAIT
NEXT:   CPL  P1.2
        MOV  TH1,#0FFH
        MOV  TL1,#0FBH
        SJMP WAIT
        END
```

6. 实验步骤

① 观察 P1.2 口线所接的 LED 发光二极管的变化(分定时与计数功能观察 LED 的变化)。

② 观察 P1 口所接的 8 个 LED 发光二极管的变化。

③ 对上述现象进行分析。

7. 思考题

① 单片机内部定时器/计数器工作在不同工作方式,不用扩展时,最大定时时间分别是多少?

② 总结单片机内部定时器/计数器工作在不同工作方式时的编程技巧。

③ 在实验内容③中,如何用中断方式实现计数?

④ 总结实验过程中所遇到的问题与解决的办法。

2.2.2 实验 2　单片机歌曲演奏

1. 实验目的

掌握 89C51 单片机内部 T0 的溢出中断编程方法,掌握利用 T0 中断编制乐曲的方法,使单片机演奏一首或多首歌曲。

2. 实验仪器及设备

① PC 机、DICE-KEIL USB 仿真器、Keil 软件。

② DICE-5210K 单片机综合实验系统。

③ 蜂鸣器 1 个,放大器 1 个。

3. 实验内容

① 单片机单曲音乐演奏:"生日快乐"。

② 单片机多曲音乐演奏(读者自行设计)。

4. 硬件设计

单片机单曲音乐演奏,同时 LED 闪烁电路设计如图 2-6 所示。P1 口接 LED 发光二极管,P3.5 通过 9014 放大器接蜂鸣器。

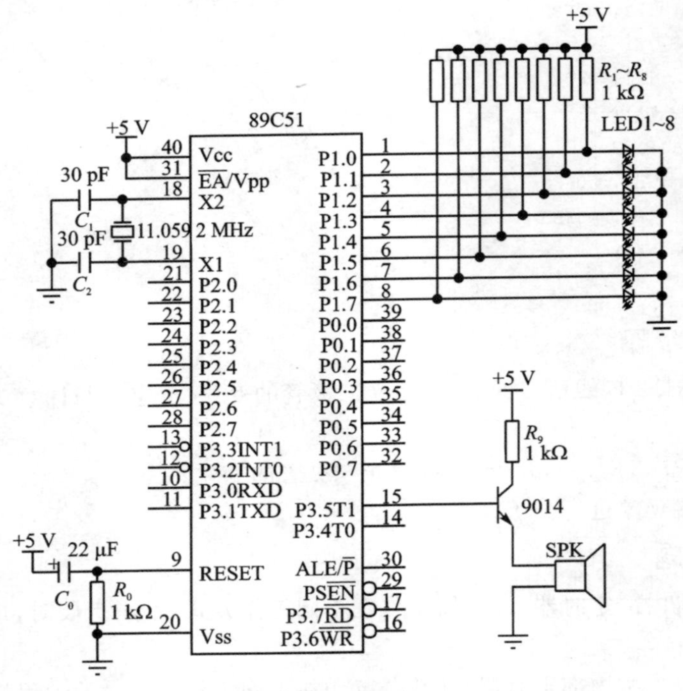

图 2-6 单曲音乐演奏电路

5. 程序设计

1) 工作原理

演奏音乐的原理:通过控制单片机定时器的定时时间产生不同频率的音频脉冲,经放大后驱动蜂鸣器发出不同音节的声音。用软件延时来控制发音时间的长短,控制节拍。把乐谱中的音符和相应的节拍变换为定时常数和延时常数,作为数据表格存放在存储器中,由程序查表得到定时常数和延时常数,分别用来控制定时器产生的脉冲频率和发出该音频脉冲的持续时间。单片机晶振频率为 12 MHz 时,乐曲中的音符、频率及定时常数之间的对应关系可制成一表格,如表 2-5 所列。

表 2-5　音符、频率及定时常数对应关系

C 调音符	频率/Hz	半周期/ms	定时值	C 调音符	频率/Hz	半周期/ms	定时值
低 1	262	1.90	F894H	5	784	0.64	FD80H
低 2	294	1.70	F95CH	6	880	0.57	FDC6H
低 3	330	1.51	FA1AH	7	988	0.51	FE02H
低 4	349	1.43	FA6AH	高 1	1046	0.47	FE2AH
低 5	392	1.28	FB00H	高 2	1175	0.42	FE5CH
低 6	440	1.14	FB8CH	高 3	1318	0.38	FE84H
低 7	494	1.01	FC0EH	高 4	1397	0.36	FE98H
1	523	0.95	FC4AH	高 5	1568	0.32	FEC0H
2	587	0.85	FCAEH	高 6	1760	0.28	FEE8H
3	659	0.76	FD08H	高 7	1967	0.25	FF06H
4	698	0.72	FD30H				

2）流程图

流程图如图 2-7 所示。

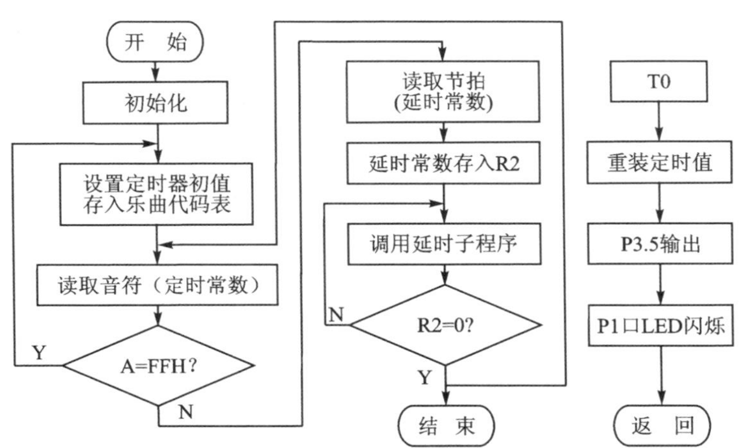

图 2-7　单曲音乐演奏程序流程

3）参考程序

```
;T2.ASM:"生日快乐"单曲演奏
        ORG     0000H              ;主程序起始地址
        LJMP    START              ;跳至主程序
        ORG     000BH              ;定时器 T0 中断入口
        LJMP    TIME0              ;跳至 T0 中断子程序
        ORG     0030H
START:  MOV     SP,#60H            ;初始化堆栈
```

```
        MOV     TMOD,#00000001B       ;设 T0 方式 1
        MOV     IE,#10000010B         ;允许 T0 中断
        MOV     P1,#00H               ;LED 灭
        MOV     DPTR,#TABLE           ;存表首地址
LOOP:   CLR     A                     ;清零
        MOVC    A,@A+DPTR             ;查表
        MOV     R1,A                  ;定时器高 8 位存 R1
        INC     DPTR                  ;指针加 1
        CLR     A                     ;清零
        MOVC    A,@A+DPTR             ;查表
        MOV     R0,A                  ;定时器低 8 位存 R0
        ORL     A,R1                  ;进行“或”运算
        JZ      NEXT1                 ;全 0 为休止符
        MOV     A,R0
        ANL     A,R1                  ;进行“与”运算
        CJNE    A,#0FFH,NEXT          ;全 1 表示乐曲结束
        SJMP    START                 ;从头开始循环演奏
NEXT:   MOV     TH0,R1                ;装入高位定时值
        MOV     TL0,R0                ;装入低位定时值
        SETB    TR0                   ;启动定时器 T0
        SJMP    NEXT2                 ;转移 NEXT2 处
NEXT1:  CLR     TR0                   ;关闭定时器停止发音
NEXT2:  CLR     A                     ;清零
        INC     DPTR                  ;指针加 1
        MOVC    A,@A+DPTR             ;查延时常数
        MOV     R2,A                  ;延时常数存入 R2
LOOP1:  ACALL   DELAY                 ;调延时子程序
        DJNZ    R2,LOOP1              ;控制延时次数
        INC     DPTR                  ;指针加 1
        SJMP    LOOP                  ;转移 LOOP 处
TIME0:  MOV     TH0,R1                ;重装定时值
        MOV     TL0,R0
        CPL     P3.5                  ;反相输出
        MOV     A,P1                  ;P1 口反相输出
        CPL     A
        MOV     P1,A
        RETI                          ;中断返回
DELAY:  MOV     R7,#02                ;延时 187 ms
D2:     MOV     R6,#187
D3:     MOV     R5,#248
        DJNZ    R5,$
        DJNZ    R6,D3
        DJNZ    R7,D2
        RET
```

```
TABLE: DB   0FDH,80H,03H,   0FDH,80H,01H
       DB   0FDH,0C6H,04H, 0FDH,80H,04H
       DB   0FEH,2AH,04H,   0FEH,02H,04H
       DB   00H,00H,04H
       DB   0FDH,80H,03H,   0FDH,80H,01H
       DB   0FDH,0C6H,04H, 0FDH,80H,04H
       DB   0FEH,5CH,04H, 0FEH,2AH,04H
       DB   00H,00H,04H
       DB   0FDH,80H,03H,   0FDH,80H,01H
       DB   0FEH,0C0H,04H, 0FEH,84H,04H
       DB   0FEH,2AH,04H, 0FEH,02H,04H
       DB   0FDH,0C6H,04H
       DB   0FEH,98H,03H, 0FEH,98H,01H
       DB   0FEH,84H,04H, 0FEH,2AH,04H
       DB   0FEH,5CH,04H, 0FEH,2AH,04H
       DB   00H,00H,04H
       DB   0FFH,0FFH                 ; 结束码
       END                            ; 程序结束
```

6. 实验步骤

观察蜂鸣器演奏一曲音乐情况。

7. 思考题

① 如何将音乐的节拍设计得更为准确一些?

② 音乐提示定时器设计:要求以单片机为核心设计一个音乐提示定时器,具备倒数计时、音乐演奏、启/停设置等功能。设置一个 5 min 倒计时按键,一旦按键则开始 5 min 的倒计时,当计时为 0 时则演奏一曲音乐,音乐演奏完毕则定时器停止工作,同时设置音乐演奏进行中的停止按键。若用开关(高、低电平两个状态)设计,可完成曲终停止及音乐演奏进行中的停止功能。

2.3　单片机中断系统

中断系统是计算机的重要组成部分,起着十分重要的作用,是现代计算机系统中广泛采用的一种实时控制技术,能对突发事件进行及时处理,例如实时控制、故障自动处理、计算机与外围设备间的数据传送等。中断系统的应用大大提高了计算机系统的实时性以及工作效率,使计算机的功能更强,效率更高。

2.3.1　实验 3　外部中断

1. 实验目的

了解 51 单片机的中断组成、中断原理、中断处理过程、外部中断的中断方式,掌握外部中断功能的编程方法。

2. 实验仪器及设备

① PC 机、DICE－KEIL USB 仿真器、Keil 软件。

② DICE－5210K 单片机综合实验系统。

3. 实验内容

① 在 INT0 引脚上接一个按钮或开关，用这个按钮或开关模拟外部中断信号的产生，采用下降沿触发方式，要求每当产生中断时，从 P1.4～P1.7 读入开关 K1～K4 状态，并从 P1.0～P1.3 所接的 LED1～LED4 输出。

② 编制 P1 口加 1 程序作为中断服务程序，主程序用低电平触发 INT0(P3.2)引脚，使 CPU 产生中断，进入中断服务程序。

③ 编制主程序将 P1 口所接的 8 个 LED 轮流点亮，INT0 中断信号产生时，P1 口所接的 8 个 LED 闪烁 5 次。

4. 硬件设计

有条件的 P1 口输入/输出电路设计如图 2－8 所示，单片机 P1 口低 4 位接 LED，高 4 位接开关。INT0 信号产生时 LED 变化电路设计如图 2－9 所示，K1 接在单片机 P3 口的 P3.2 引脚上，作为外部中断 INT0 的信号输入，P1 口接 8 个 LED 发光二极管。

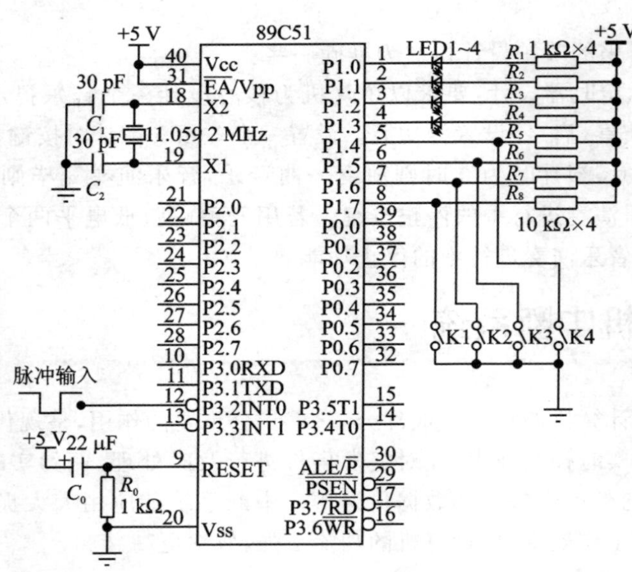

图 2－8　有条件的 P1 口输入/输出电路

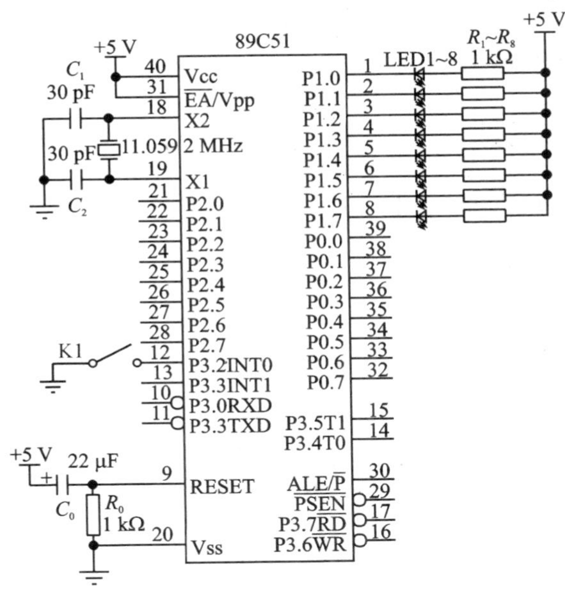

图 2-9　INT0 信号产生时 LED 变化电路

5．程序设计

1）工作原理

P1 口的高 4 位状态发生变化时，如果有 INT0 外部中断输入，P1 口低 4 位的 I/O 口线所接的 LED 才随之变化。如果没有 INT0 外部中断输入，即使 P1 口的高 4 位状态发生变化，P1 口低 4 位的 I/O 口线所接的 LED 也不会随之变化。

P1 口低 4 位 I/O 口线所接的 LED 的变化在中断服务程序中完成。

2）流程图

流程图如图 2-10 所示。

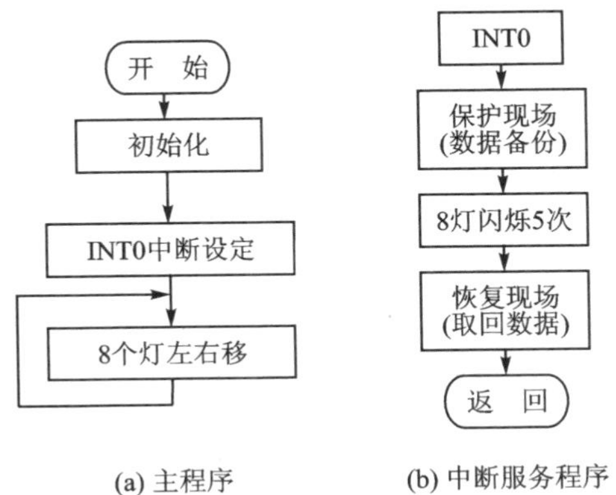

(a) 主程序　　(b) 中断服务程序

图 2-10　INT0 信号产生时 LED 变化程序流程

3）参考程序

```
;T3_1.ASM:有条件的 P1 口输入/输出
        ORG     0000H
        SJMP    START
        ORG     0003H
        LJMP    INT_0               ;转入中断服务程序
        ORG     0030H
START:  SETB    IT0                 ;设 INT0 为边沿触发
        SETB    EX0                 ;允许 INT0 中断
        SETB    EA                  ;开放总允许
        SJMP    $
------------------中断服务程序------------------
INT_0:  MOV     P1,#0FH             ;P1 口低 4 位作为输入时,先使此位置"1"
        MOV     A,P1                ;从 P1 口低 4 位输入开关状态
        SWAP    A                   ;交换高、低 4 位
        MOV     P1,A                ;P1 口高 4 位输出
        RETI
        END

;T3_2.ASM:P1 端口加 1 为中断服务程序
        ORG     0000H
        SJMP    START
        ORG     0003H
        LJMP    INT_0               ;转入中断服务程序
        ORG     0030H
START:  CLR     IT0                 ;设 INT0 为低电平触发(若 SETB INT0,设 INT0 为边沿触发)
        SETB    EX0                 ;允许 INT0 中断
        SETB    EA                  ;开放总允许
        MOV     A,#00H
        SJMP    $
------------------中断服务程序------------------
INT_0:  INC     A                   ;P1 口低 4 位作为输入时,先使此位置"1"
        MOV     P1,A                ;从 P1 口低 4 位输入开关状态
        RETI
        END

;T3_3.ASM:INT0 信号产生时 LED 变化
        ORG     0000H
        SJMP    START
        ORG     0003H
        LJMP    INT_0               ;转入外部中断 INT0 起始地址
```

```
        ORG     0030H
START:  MOV     SP,#60H         ;设堆栈
        SETB    IT0             ;设 INT0 为边沿触发
        SETB    EX0             ;允许 INT0 中断
        SETB    EA              ;开放总允许
        MOV     A,#0FEH
LOOP:   MOV     P1,A
        LCALL   DELAY
        RL      A
        SJMP    LOOP
-----------------中断服务程序-----------------
INT_0:  MOV     R3,#05H
LOOP1:  MOV     A,#00H
        MOV     P1,A
        LCALL   DELAY
        CPL     A
        MOV     P1,A
        LCALL   DELAY
        DJNZ    R3,LOOP1        ;闪烁 5 次(全亮,全灭计 10 次)
        RETI
DELAY:  MOV     R6,#96H
LOOP2:  MOV     R7,#64H
        DJNZ    R7,$
        DJNZ    R6,LOOP2
        RET
        END
```

6. 实验步骤

① 实验内容①中,改变开关 K1～K4 的状态,按动中断请求按钮,观察发光二极管的状态,分析各状态变化并作好记录。

② 实验内容②、③中,按动中断请求按钮,观察发光二极管的状态,分析各状态变化并作好记录。

7. 思考题

① 采用外部中断 INT0,P1 端口的 P1.2 接一个 LED 发光二极管,完成 LED 状态反转,用低电平触发一下 INT0(P3.2)引脚,或者用下降沿触发方式,在此两种方式下分析 LED 状态变化。

② 总结实验过程中所遇到的问题与解决的办法。

2.3.2 实验 4 多重中断

1. 实验目的

掌握 51 单片机多中断源的使用方法与编程方法。

2. 实验仪器及设备

① PC 机、DICE－KEIL USB 仿真器、Keil 软件。

② DICE－5210K 单片机综合实验系统。

3. 实验内容

① INT0、INT1 外中断同时存在：主程序使 P1 口所接的 8 个 LED 灯闪烁。当按开关 K1、产生外部中断 INT0 时，1 个灯左右移 3 次。当按开关 K2、产生中断 INT1 时，2 个灯左右移 4 次。外部中断处理之后，8 个 LED 灯恢复闪烁。

② 内部定时中断与外部中断同时存在：常态时，P1 口的 8 个 LED 灯每隔 1s 左移 1 次；按开关 K1、产生 INT0 时，8 个 LED 灯闪烁 5 次。

4. 硬件设计

INT0、INT1 外中断同时存在的电路设计如图 2－11 所示。在图 2－12 基础上增加了开关 K2，K2 接在单片机 P3 口的 P3.3 引脚上，作为外部中断 INT1 的信号输入。计时中断与外部中断同时存在的电路设计如图 2－12 所示。

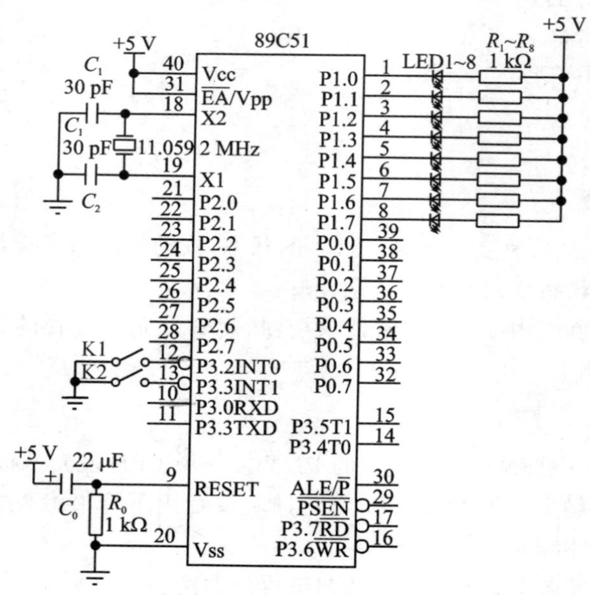

图 2－11 INT0、INT1 外中断同时存在电路

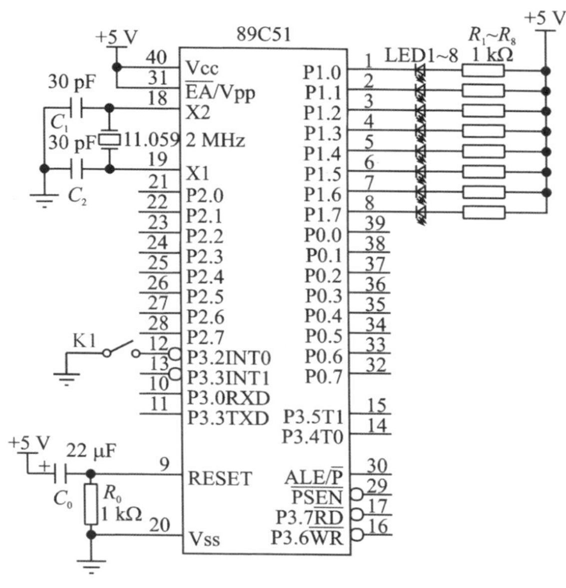

图 2－12　计时中断与外部中断同时存在电路

5．程序设计

1）工作原理

（1）两个中断同时存在时，设置 IP 寄存器（中断优先）有两种方法。

① 同一层中断：IP＝00000000B，先按者先中断，后按者后中断，不分高低中断优先。

② 高低中断优先：IP＝00000100B，两个中断同时产生时（或即使 INT0 已产生中断），INT1 先中断（INT0 停止中断），执行中断子程序后，再产生 INT0 中断（INT0 必须为下降沿触发）。

（2）TCON 的设定不同，也会造成不同的结果。

① TCON＝00000000B，INT0、INT1 均为电平触发。

◇ 若 INT0、INT1 同时中断，则跳至 INT_1 中断子程序执行后再返回主程序。

◇ 若 INT0 中断期间，INT1 产生中断，则 INT0 中断暂停，跳至 INT_1 中断子程序执行后，再跳至 INT_0 中断子程序执行未完的程序，然后返回主程序。

◇ 若 INT1 中断期间，INT0 产生中断，对 INT1 中断不影响，执行 INT_1 中断子程序后返回主程序。

② TCON＝00000001B，INT1 为电平触发，INT0 为下降沿触发。

◇ 若 INT0、INT1 同时中断，则跳至 INT_1 中断子程序执行后，再跳至 INT_0 中断子程序执行，然后返回主程序

◇ 若 INT0 中断期间，INT1 产生中断，则 INT0 中断暂停，跳至 INT_1 中断子

程序执行后，再跳至 INT_0 中断子程序执行未完的程序，然后返回主程序。

◇ 若 INT1 中断期间，INT0 产生中断，对 INT1 中断不会产生影响，执行 INT_1 中断子程序后，再跳至 INT_0 中断子程序执行，然后返回主程序。

2）流程图

流程图如图 2－13 所示。

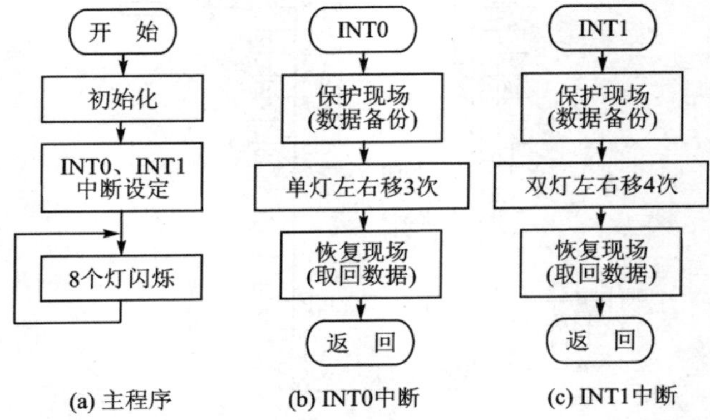

图 2－13　INT0、INT1 中断同时存在程序流程

3）参考程序

```
;T4_1.ASM:INT0、INT1 中断同时存在
        ORG    0000H              ;主程序起始地址
        SJMP   START              ;跳到主程序 START
        ORG    0003H              ;INT0 中断子程序起始地址
        LJMP   INT_0              ;跳至中断子程序 INT_0
        ORG    0013H              ;INT1 中断子程序起始地址
        LJMP   INT_1              ;跳至中断子程序 INT_1
        ORG    0030
START:  MOV    SP, #70H           ;设定堆栈在(70H)
        MOV    IE, #10000101B     ;中断开通
        MOV    IP, #00000100B     ;INT1 优先中断
        MOV    TCON, #00000000B   ;INT0、INT1 为电平触发
        MOV    A, #00H            ;设初始值
LOOP:   MOV    P1,A               ;使 P1 闪烁
        LCALL  DELAY              ;调延时子程序
        CPL    A                  ;将 A 的值反相
        SJMP   LOOP               ;重复循环
INT_0:  PUSH   ACC                ;将 A 值压入堆栈
        PUSH   PSW                ;将 PSW 值压入堆栈
        SETB   RS0
        CLR    RS1                ;设置寄存器组 1
```

```
        MOV    R3,#03          ;左右移 3 次
LOOP1:  MOV    R0, #08         ;设置左移位数
        MOV    A,#0FEH         ;设置左移初值
LOOP2:  MOV    P1, A           ;输出至 P1
        ACALL  DELAY           ;调延时子程序
        RL     A               ;左移一位
        DJNZ   R0, LOOP2       ;判断移动位数
        MOV    R0,#07          ;设置右移位数
LOOP3:  RR     A               ;右移一位
        MOV    P1, A           ;输出至 P1
        LCALL  DELAY           ;调延时子程序
        DJNZ   R0, LOOP3       ;右移 7 位?
        DJNZ   R3,LOOP1        ;左右移 3 次?
        POP    PSW             ;从堆栈取回 PSW 值
        POP    ACC             ;从堆栈取回 A 值
        RETI                   ;返回主程序
INT_1:  PUSH   ACC             ;将 A 值压入堆栈
        PUSH   PSW             ;将 PSW 值压入堆栈
        SETB   RS1             ;设工作组 2,RS1 = 1
        CLR    RS0             ;RS0 = 0
        MOV    R3,#04          ;左右移 4 次
LOOP4:  MOV    R0,#06          ;设置左移位数
        MOV    A,#0FCH         ;设置左移初值
LOOP5:  MOV    P1, A           ;输出至 P1
        ACALL  DELAY           ;调延时子程序
        RL     A               ;左移一位
        DJNZ   R0, LOOP5       ;判断移动位数
        MOV    R0,#06          ;设置右移位数
LOOP6:  RR     A               ;右移一位
        MOV    P1, A           ;输出至 P1
        LCALL  DELAY           ;调延时子程序
        DJNZ   R0, LOOP6       ;判断
        DJNZ   R3,LOOP4        ;左右移 4 次?
        POP    PSW             ;从堆栈取回 PSW 值
        POP    ACC             ;从堆栈取回 A 值
        RETI                   ;返回主程序
DELAY:  MOV    R5, #20         ;延时 0.2 s 子程序
DLY1:   MOV    R6, #20
DLY2:   MOV    R7, #248
        DJNZ   R7, $
        DJNZ   R6, DLY2
        DJNZ   R5, DLY
```

```
        RET
        END

;T4_2.ASM:内部定时中断与外部中断同时存在
        ORG   0000H
        SJMP  START               ;跳至主程序
        ORG   001BH
        LJMP  TIME1               ;转入定时器 T1 中断起始地址
        ORG   0003H
        LJMP  INT_0               ;转入外部中断 INT0 起始地址
        ORG   0030H
START:  MOV   SP,#70H             ;设定堆栈在(70H)
        MOV   TMOD,#10H           ;T1 工作在模式 1
        MOV   TH1,#9EH            ;装入定时初值
        MOV   TL1,#58H
        SETB  EA                  ;开放总中断允许
        SETB  IT0                 ;设 INT0 为边沿触发
        SETB  EX0                 ;开外部中断 INT0
        SETB  ET1                 ;开定时器 T1 中断
        SETB  TR1                 ;启动定时器 T1
        MOV   R1,#14H             ;软件计数器置初值,产生 20 次 50 ms 定时中断,得 1 s 定时
        MOV   R2,#0FEH            ;置 P1 口显示初值
WAIT:   SJMP  WAIT                ;无穷循环
TIME1:  PUSH  ACC                 ;将 A 的值暂存入堆栈
        PUSH  PSW                 ;将 PSW 的值暂存入堆栈
        MOV   TH1,#9EH            ;重装入定时初值
        MOV   TL1,#58H
        DJNZ  R1,LOOP             ;R1 为 0,1 s 定时到
        MOV   A,R2                ;读入 P1 的数据至 A
        MOV   P1,A
        RL    A                   ;将 A 左移一位
        MOV   R2,A                ;存入左移初值
        MOV   R1,#14H             ;重设 R1 = 14H
LOOP:   POP   PSW                 ;至堆栈取回 A 的值
        POP   ACC                 ;至堆栈取回 PSW 的值
        RETI
INT_0:  PUSH  ACC                 ;将 A 的值暂存入堆栈
        PUSH  PSW                 ;将 PSW 的值暂存入堆栈
        MOV   R3,#05H
LOOP1:  MOV   A,#00H
        MOV   P1,A
        LCALL DELAY
```

```
        CPL   A
        MOV   P1,A
        LCALL DELAY
        DJNZ  R3,LOOP1          ;闪烁 5 次(全亮,全灭计 10 次)
        POP   PSW               ;至堆栈取回 A 的值
        POP   ACC               ;至堆栈取回 PSW 的值
        RETI
DELAY:  MOV   R6,#96H
LOOP2:  MOV   R7,#64H
        DJNZ  R7,$
        DJNZ  R6,LOOP2
        RET
        END
```

6. 实验步骤

观察多中断信号输入时,各状态的变化情况,分析各状态变化并作好记录。

7. 思考题

① 主程序将 P1 口所接的 8 个 LED 轮流点亮。按 INT0 中断时使 P1 口所接的 8 个 LED 左边 4 个闪烁 5 次,右边 4 个闪烁 5 次,按 INT1 中断时使 P1 口所接的 8 个 LED 闪烁 5 次。

② 51 单片机外部中断源的扩展方法有哪些? 如何实现?

③ 总结实验过程中所遇到的问题与解决的办法。

2.4 单片机串行口

51 单片机内部有一个串行通信 I/O 口,通过它可以实现与其他单片机系统、PC 机系统之间的串行通信。串行通信技术是构建单片机应用系统,尤其是构建网络控制单片机应用系统的关键技术。

2.4.1 实验 5 UART 作串行输出端口/输入端口

1. 实验目的

了解 89C51 单片机串行口(UART)的结构,掌握单片机 UART 做串行输出端口或做串行输入端口使用的方法以及编程的方法。

2. 实验仪器及设备

① PC 机、DICE - KEIL USB 仿真器、Keil 软件。

② DICE - 5210K 单片机综合实验系统。

3. 实验内容

① 将单片机串行口设定在模式 0 工作状态下，并将 RXD(P3.0)和 TXD(P3.1)接 74LS164 芯片，扩展成 8 个输出端口，接 8 个 LED 发光二极管。8 个 LED 中每 4 个为一组，先由里向外左移、右移各 1 次，再从外向里左移、右移各 1 次，然后闪烁 2 次，不断地循环。(请读者设计使 8 个 LED 轮流点亮的控制程序。)

② 利用一个并入串出的移位寄存器 74LS166 芯片与单片机串行口相连，扩展成 8 个输入端口。74LS166 芯片连接 8 个拨动开关，作为单片机的数据输入端，来控制单片机输出端口 P1 所接 8 个 LED 的亮与灭。

4. 硬件设计

UART 作串行输出端口电路设计如图 2-14 所示。单片机的 RXD(P3.0)引脚与 74LS164 芯片的串行输入端 A 和 B 相连，单片机的 TXD(P3.1)引脚与 74LS164 芯片的时钟脉冲输入端 CLK 相连，向芯片提供脉冲信号。74LS164 芯片的输出口 QA～QH 接 LED，第 9 脚接+5 V，第 7 脚接地。

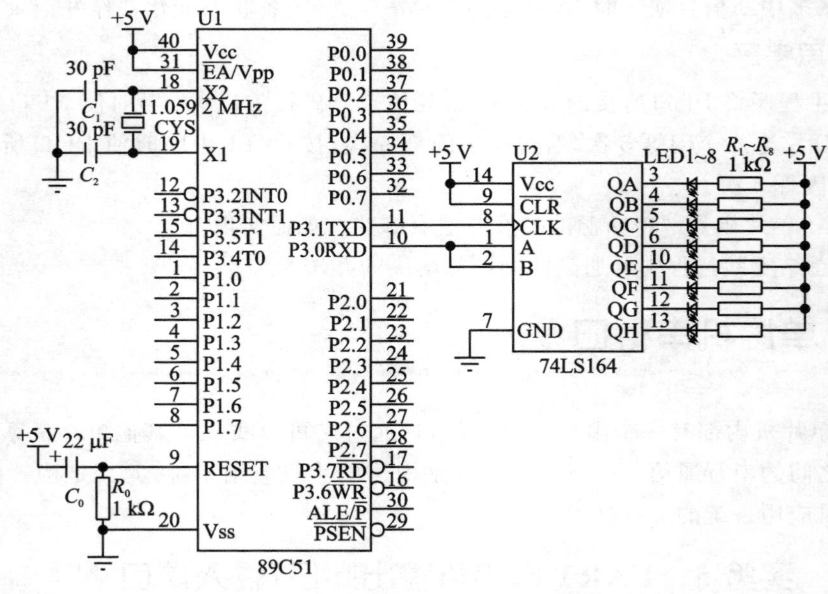

图 2-14 UART 作串行输出端口电路

UART 作串行输入端口电路设计如图 2-15 所示。单片机的 RXD(P3.0)作为串行输入端与 74LS166 芯片的串行输出端 QH 相连，TXD(P3.1)作为移位脉冲输出端与 74LS166 芯片的移位脉冲输入端 CLK 相连，P3.2 用来控制 74LS166 芯片的位移与置位(SH/LD 脚)，时钟禁止端 INH 接地，芯片的 Vcc 端接+5 V，并行输入端接 8 个开关，单片机的 P1 口接 8 个 LED。

74LS164 芯片是串行输入、并行输出的移位寄存器：QA～QH 为并行输出端；

A、B为串行输入端；CLR为清除端，低电平时使74LS164输出清零；CLK为时钟脉冲输入端，在脉冲的上升沿实现位移。74LS166芯片是并行输入、串行输出8位移位寄存器：A～H为并行输入端；QH为串行输出端；CLK为时钟脉冲输入端，在脉冲的上升沿实现位移；INH为时钟禁止端；SH/LD为位移与置位控制端；SER为扩展多个74LS166的首尾连接端。

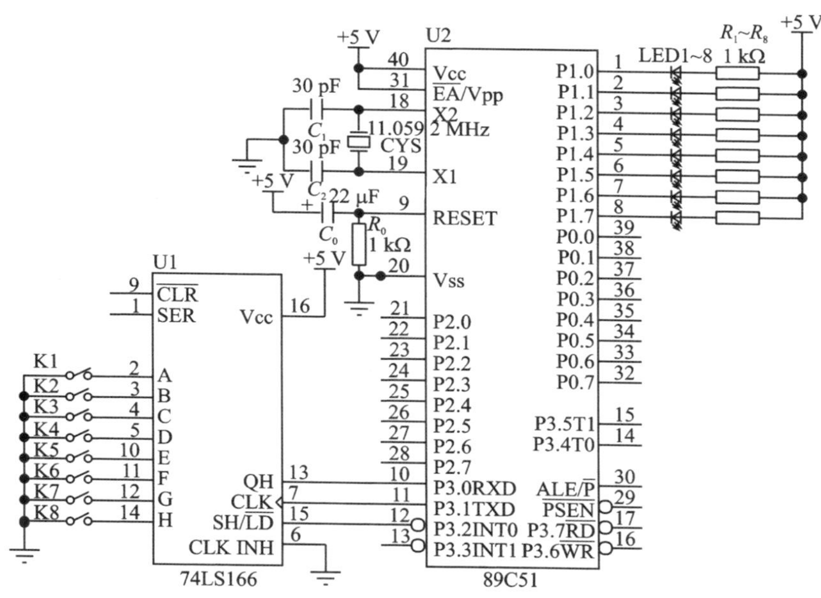

图2-15 UART作串行输入端口电路

5. 程序设计

1）工作原理

单片机内部的串行口在方式0工作状态下使用74LS164移位寄存器芯片扩展出8个输出口QA～QH，接入8个LED输出显示。在方式0下，TXD(P3.0)引脚既是输入端也是输出端。

串行口作串行输入端口扩展时，一般需要进行如下工作：

① 设定工作方式0，并将允许串行接收位置1，即REN=1，允许接收。

② 将数据从SBUF中读出，其语句为“MOV A,SBUF”。

③ 数据发送后，将中断标志位清零。

利用单片机通信功能可以对串行输入端口进行扩展，扩展时需要使用移位寄存器芯片，如74LS164和74LS166芯片等，是串入并出和并入串出接口芯片，可扩展更多输入/输出端口。

2）流程图

流程图如图2-16所示。

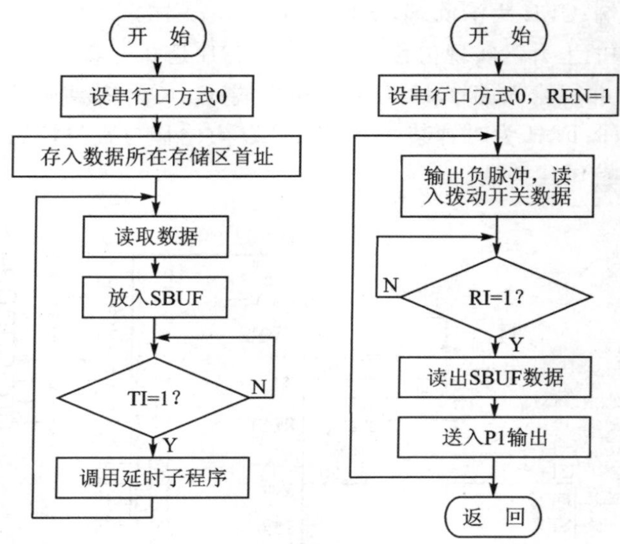

图 2-16 UART 作串行输出端口和串行输入端口程序流程

3)参考程序

```
;T5_1.ASM:UART 作串行输出端口
        ORG    0000H
        LJMP   MAIN
        ORG    0030H
MAIN:   MOV    SCON, #00000000B        ;设串行口方式 0
STAT:   MOV    DPTR, #TABLE            ;存入数据所在存储器首地址
LOOP:   CLR    A                       ;清除 ACC
        MOVC   A, @A+DPTR              ;按地址取代码并存入 A
        CJNE   A, #03H,A1              ;是否为 03H? 不是则跳到 A1
        SJMP   STAT                    ;是,则跳到程序开始处
A1:     MOV    SBUF, A                 ;将 A 值存入 SBUF
LOOP1:  JBC    TI, LOOP2               ;检测 TI=1? 是则跳到 LOOP2
        SJMP   LOOP1                   ;不是再检测
LOOP2:  ACALL  DELAY                   ;调延时子程序
        INC    DPTR                    ;数据指针加 1
        SJMP   LOOP                    ;跳到 LOOP 处
DELAY:  MOV    R5, #20                 ;延时 0.2 s 子程序
DLY1:   MOV    R6, #20
DLY2:   MOV    R7, #248
        DJNZ   R7, $
        DJNZ   R6, DLY2
        DJNZ   R5, DLY1
        RET                            ;延时子程序返回
```

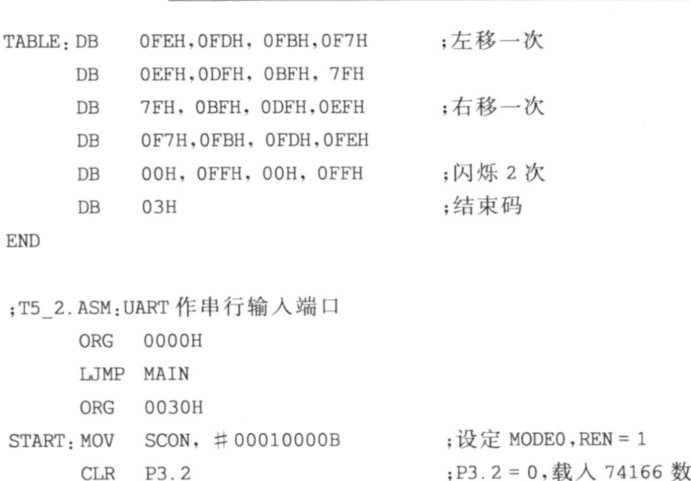

```
TABLE: DB    0FEH,0FDH, 0FBH,0F7H        ;左移一次
       DB    0EFH,0DFH, 0BFH, 7FH
       DB    7FH, 0BFH, 0DFH,0EFH        ;右移一次
       DB    0F7H,0FBH, 0FDH,0FEH
       DB    00H, 0FFH, 00H, 0FFH        ;闪烁 2 次
       DB    03H                         ;结束码
END

;T5_2.ASM:UART 作串行输入端口
       ORG   0000H
       LJMP  MAIN
       ORG   0030H
START: MOV   SCON, #00010000B            ;设定 MODE0,REN = 1
       CLR   P3.2                        ;P3.2 = 0,载入 74166 数据
       ACALL DELAY                       ;调用延时子程序
       SETB  P3.2                        ;P3.2 = 1,74166(移位串出)
       CLR   RI                          ;RI = 0,清除接收中断标志
       JNB   RI, $                       ;动态停机,等待接收完毕
       MOV   A, SBUF                     ;将 SBUF 数据装入 A
       MOV   P1,A                        ;将 A 中数据送入 P1 口输出
       SJMP  START                       ;程序循环执行
DELAY: MOV   R7,#02
       DJNZ  R7, $
       RET
       END
```

6. 实验步骤

① 实验台没有扩展电路部分，所以需要实验者先按电路图组装扩展电路部分，再与单片机连接，确认连接无误后接通电源，并拨动开关，观察相应的发光二极管点亮与熄灭。

② 通过读取存于首地址为 TABLE 存储器中的数据，观察发光二极管的变化。

7. 思考题

① 74LS164 接一个 LED 数码管，并在数码管上循环显示 0,1,2,…,9 数字，电路原理图如何设计？程序如何设计？

② 虚拟 UART 方式 0 串行扩展接口与 UART 方式 0 的区别在哪里？

③ 总结实验过程中所遇到的问题与解决的办法。

2.4.2　实验 6　单片机单工及全双工双机通信

1. 实验目的

了解 89C51 单片机串行口(UART)的结构、串行通信的原理和数据交换过程，掌握单片机在不同串行通信制式(单工双机通信或全双工双机通信)下的工作原理及编程方法。

2. 实验仪器及设备

① PC机、DICE－KEIL USB仿真器、Keil软件。

② DICE－5210K单片机综合实验系统。

3. 实验内容

① 两个89C51单工双机通信:由89C51－T读入P1开关的数据载入SBUF,后经由TXD传给89C51－R(RXD)。当89C51－R(RXD)接收的数据存入SBUF时,再由SBUF载入累加器,并输出至P1使其相对应的LED亮。

② 两个89C51全双工双机通信:利用UART工作在MODE1下全双工传输。两个89C51的程序完全相同。当89C51－A的P1口开关发生变化时,会将开关的值通过其TXD发送出去。当89C51－B的RXD接收到数据时,会将接收到的数据显示在89C51－B的P2。同理,当89C51－B的P1口开关发生变化时,也会将其发送给89C51－A,使其显示在P2。

4. 硬件设计

单片机单工双机通信电路设计如图2－17所示。89C51－T的P1口接开关,89C51－R的P1口接LED,89C51－T的TXD与89C51－R的RXD相接,89C51－T的RXD与89C51－R的TXD相接。

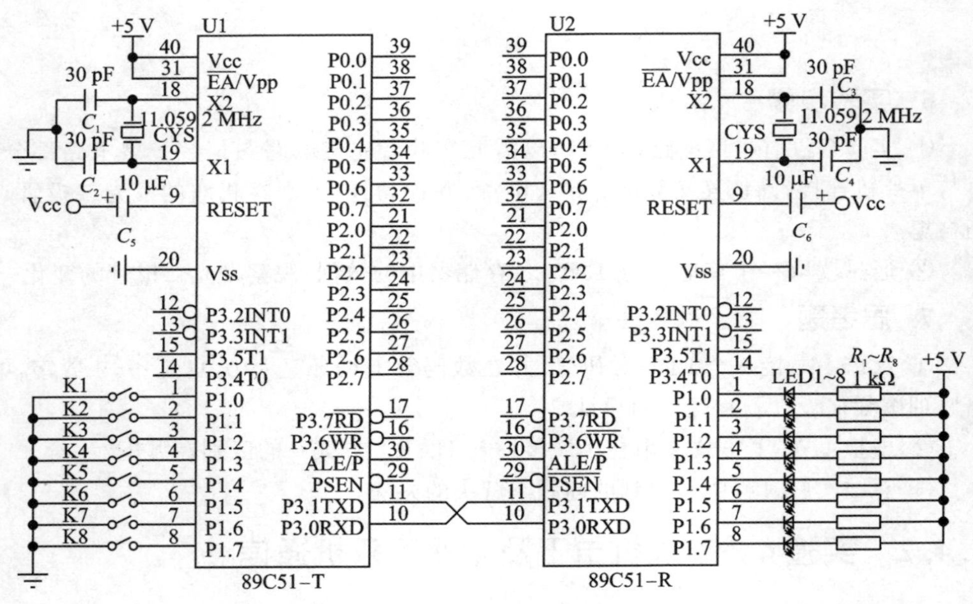

图2－17 单片机单工双机通信电路

单片机全双工双机通信电路设计如图 2－18 所示。89C51－A 与 89C51－B 的 P1 口均接开关，P2 口均接 LED，89C51－A 的 TXD 与 89C51－B 的 RXD 相接，89C51－A 的 RXD 与 89C51－B 的 TXD 相接。

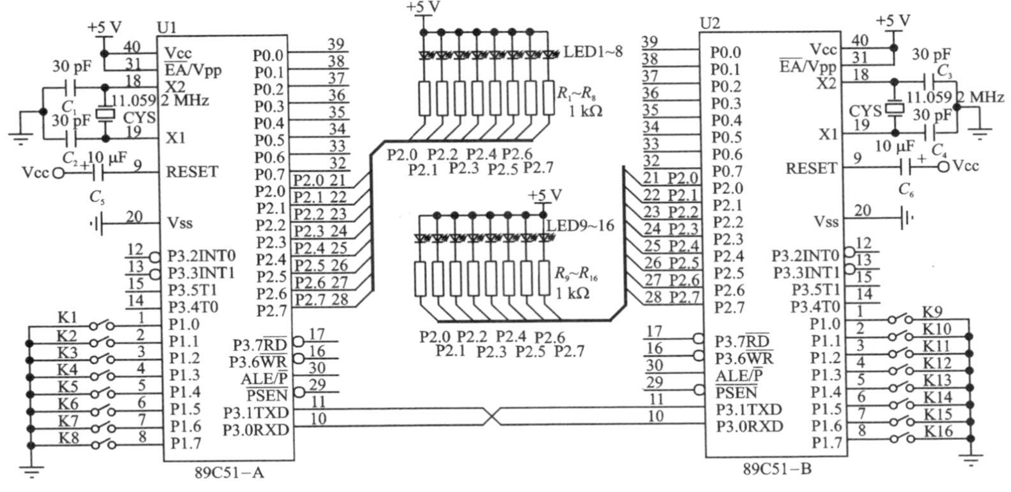

图 2－18　单片机全双工双机通信电路

5. 程序设计

1）工作原理

在单工制式下，通信线的一端接发送器，一端接接收器，数据只能按照一个固定方向传送，如图 2－17 所示，89C51－T 的开关状态在 89C51－R 的 LED 上显示。

在全双工通信系统中，每端都有发送器和接收器，可以同时发送和接收，即数据可以在两个方向上同时传送。如图 2－18 所示，A 机、B 机的开关状态可同时在 B 机、A 机的 LED 上显示。

2）参考程序

```
;单片机单工双机通信
;T6_11.ASM:89C51 - T
        ORG   0000H
        SJMP  START
        ORG   0030H
START:  MOV   SP,#60H            ;设定堆栈
        MOV   SCON,#50H          ;UART 工作在 MODE1
        MOV   TMOD,#20H          ;TIMER1 工作在 MODE2
        MOV   TH1,#0E6H          ;波特率 1 200 bps
        SETB  TR1                ;启动 TIMER1 计时
        MOV   30H,#0FFH          ;设开关初始值
SCAN0:  MOV   A,P1               ;读入开关值
```

```
        CJNE  A,30H,KEYIN           ;判断与前次是不是相同? 不同则转至 KEYIN
        SJMP  SCAN0
 KEYIN: MOV   30H,A                 ;存入开关新值
        MOV   SBUF,A                ;载入 SBUF 发送
  WAIT: JBC   TI,SCAN0              ;是否发送完毕?
        SJMP  WAIT
        END
;T6_12.ASM:89C51 - R
        ORG   0000H
        SJMP  START
        ORG   0030H
START:  MOV   SP,#60H               ;设定堆栈
        MOV   SCON,#50H             ;UART 工作在 MODE1
        MOV   TMOD,#20H             ;TIMER1 工作在 MODE2
        MOV   TH1,#0E6H             ;波特率 1 200 baud/s
        SETB  TR1                   ;启动 TIMER1 计时
SCAN0:  JB    RI,UART               ;是否接收到数据? 是则转至 UART
        SJMP  SCAN0
UART:   MOV   A,SBUF                ;将接收到的数据载入累加器
        MOV   P1,A                  ;输出至 P1
        CLR   RI                    ;清除 RI = 0
        SJMP  SCAN0
        END
;T6_2.ASM:单片机全双工双机通信
        ORG   0000H
        SJMP  START
        ORG   0030H
START:  MOV   SP,#60H               ;设定堆栈
        MOV   SCON,#50H             ;UART 工作在 MODE1,SM1 = 1,REN = 1
        MOV   TMOD,#20H             ;TIMER1 工作在 MODE2
        MOV   TH1,#0F3H             ;波特率 2 400 bps
        SETB  TR1                   ;启动 TIMER1 计时
        MOV   30H,#0FFH             ;设开关初始值
SCAN:   JB    RI,UART               ;检测 SCON 的 RI 是否为 1? 是表示接收到
        MOV   A,P1                  ;读入开关值
        CJNE  A,30H,KEYIN           ;开关值是否有变化? 有则转至 KEYIN
        SJMP  SCAN                  ;没有变化
KEYIN:  MOV   30H,A                 ;存入开关新值
        MOV   SBUF,A                ;载入 SBUF 发送出去
WAIT:   JBC   TI,SCAN               ;发送完毕? TI = 1?
        SJMP  WAIT
UART:   MOV   A,SBUF                ;将 SBUF 的值载入 ACC
```

```
MOV   P2,A             ;输出至 P2
CLR   RI               ;清除 RI = 0
SJMP  SCAN
END
```

6. 实验步骤

拨动开关，观察相应的发光二极管状态变化，分析此现象。

7. 思考题

① 数据传送采用中断方式如何编程？

② 总结实验过程中所遇到的问题与解决的办法。

2.4.3　实验 7　单片机与单片机点对点的通信

1. 实验目的

了解 89C51 单片机串行口(UART)的结构、串行通信的原理和数据交换过程，掌握单片机与单片机点对点的通信原理及编程方法。

2. 实验仪器及设备

① PC 机、DICE-KEIL USB 仿真器、Keil 软件。

② DICE-5210K 单片机综合实验系统。

3. 实验内容

① 编写 A 机和 B 机点对点通信程序，要求：当 89C51-A 的 P1 口开关发生变化时，会将开关的值通过其 TXD 发送出去；当 89C51-B 的 RXD 接收到数据时，将接收到的数据显示在 89C51-B 的 P2(P2 口接 LED，通过 LED 状态显示出来)。同理，当 89C51-B 的 P1 口开关发生变化时，也会将其发送给 89C51-A，使其显示在 P2。

② 编写甲机和乙机点对点通信程序，要求甲机工作在一位数码管倒计时状态(9,8,7,…,0,之后反复)，并将计时结果在甲机和乙机的显示器上同时显示出来。设有启动/停止功能开关：P1.0 接 K1 停止，P1.1 接 K2 启动。

③ 编写甲机和乙机点对点通信程序，要求甲机工作在四位数码管倒计时状态，并将计时结果在甲机和乙机的显示器上同时显示出来。甲机由 K2 设置倒计时的百位和千位，K3 设置倒计时的十位和个位，K1 作为倒计时的启动按钮，倒计时计到零自然停止，波特率为 1 200 bps。

4. 硬件设计

甲机和乙机点对点通信(四位数码管倒计时)电路设计如图 2-19 所示。两个单片机的晶振频率选择为 11.059 2 MHz。89C51-甲机的 TXD 与 89C51-乙机的 RXD

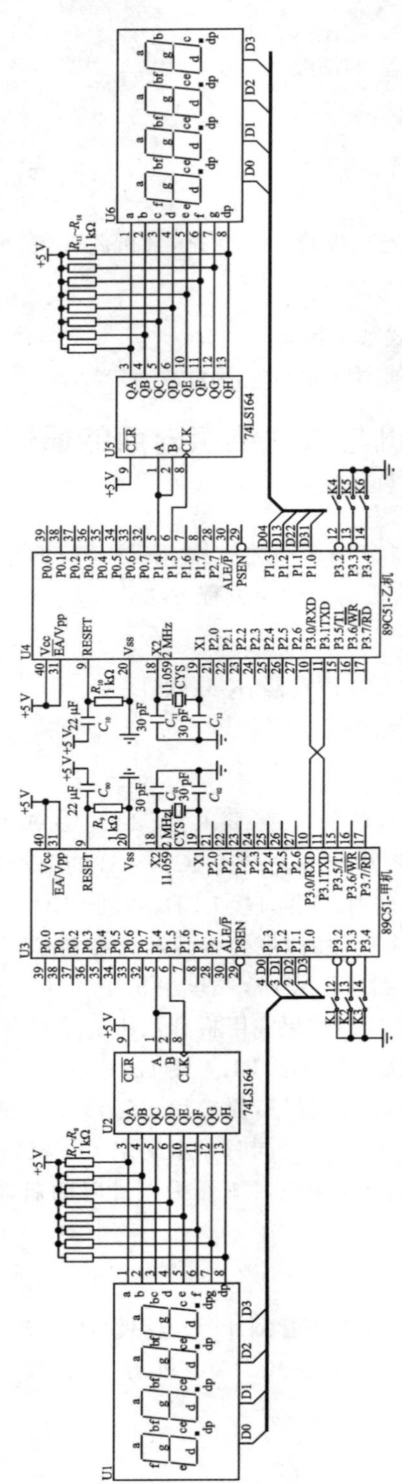

图2-19　甲机和乙机点对点通信（四位数码管倒计时）电路

相接，89C51－甲机的 RXD 与 89C51－乙机的 TXD 相接，89C51－甲机的 P3.2～P3.4 接 K1～K3，89C51－乙机的 P3.2～P3.4 接 K4～K6，89C51－甲机与 89C51－乙机通过 P1.4～P1.5 经 74LS164 接数码管的段选，P1.0～P1.3 接数码管的位选。甲机和乙机点对点通信（一位数码管倒计时）电路设计：89C51－甲机的 TXD 与 89C51－乙机的 RXD 相接，89C51－甲机的 RXD 与 89C51－乙机的 TXD 相接，89C51－甲机的 P1.0、P1.1 接 K1、K2，89C51－乙机的 P1.0、P1.1 接 K3、K4，89C51－甲机与 89C51－乙机通过各自 P0 端口接数码管的段选，数码管的公共端接地。请读者画出甲机和乙机点对点通信（一位数码管倒计时）电路原理图。

5. 程序设计

```
;T7_1.ASM:A 机和 B 机点对点通信
        ORG   0000H
        SJMP  MAIN
        ORG   0023H
        LJMP  JTXD2
        ORG   0030H
MAIN:   MOV   PCON,#0
        MOV   SCON,#10010000B     ;置工作方式 2,允许接收
        MOV   TMOD,#20H           ;定时器波特率初始化
        MOV   TL1,#0F4H           ;11.059 3 MHz 晶振频率,通信频率 2.4 kHz
        MOV   TH1,#0F4H
        SETB  TR1
        SETB  EA
        SETB  ES
        MOV   SP,#0A0H
        MOV   P1,#0FFH
A1:     MOV   A,P1
        CLR   C
        SUBB  A,#0FFH             ;判断是否有键按下
        JZ    A1
        MOV   R7,#248             ;延时去抖
A2:     MOV   R6,#4
A3:     NOP
        DJNZ  R6,A3
        DJNZ  R7,A2
        CJNE  A,#0FFH,NEXT
        SJMP  A1
NEXT:   MOV   R7,P1
        ACALL FASONG              ;有键按下则发送
        SJMP  A1
```

```
-------------------发送数据段----------------------
FASONG: CLR   TB8              ;发送数据
        MOV   A,R7
        MOV   SBUF,A
        JNB   TI,$             ;等待发送结束
        CLR   TI
        RETI
------------------中断接收段----------------------
JTXD2:  CLR   TB8              ;接收数据
        JNB   RI,$
        MOV   A,SBUF
        MOV   P2,#0FFH
        MOV   P2,A             ;送 P2 口显示
        CLR   RI
        RET
        END

;T7_2.ASM:甲机和乙机点对点通信
        ORG   0000H
        SJMP  MAIN
        ORG   0023H
        LJMP  JTXD2
        ORG   0030H
 MAIN:  MOV   PCON,#0
        MOV   SCON,#10010000B   ;置工作方式 2,允许接收
        MOV   TMOD,#20H         ;定时器波特率初始化
        MOV   TL1,#0F4H         ;11.059 3 MHz 晶振频率,通信频率 2.4 kHz
        MOV   TH1,#0F4H
        SETB  TR1
        SETB  EA
        SETB  ES
        MOV   SP,#0A0H
        MOV   7AH,#00H
        MOV   P1,#0FFH
   A1:  ACALL DISPLAY
        MOV   A,P1
        CLR   C
        SUBB  A,#0FFH           ;判断是否有键按下
        JNC   A1
   A2:  MOV   R7,#248           ;延时去抖
        MOV   R6,#2
   A3:  NOP
```

```
        DJNZ  R6,A3
        DJNZ  R7,A2
        CJNE  A,#0FFH,NEXT
        SJMP  A1
NEXT:   MOV   A,P1
        CPL   A
        MOV   R7,A
        ACALL FASONG              ;有键按下则发送
        SJMP  A1
;------------显示----------------------
DISPLAY:
        MOV   A,7AH
        CLR   C
        SUBB  A,#01H
        JC    EN1
        MOV   DPTR,#TABLE
        MOV   R5,#10
   XX:  MOV   A,R5
        MOVC  A,@A+DPTR
;----------延时,便于观察----------------
        MOV   R7,#0FH
DELEY:  MOV   R6,#0B8H
   DL:  NOP
        DJNZ  R6,DL
        DJNZ  R7,DELEY
;-------------------------------------
        MOV   P0,A
        DJNZ  R5,XX
  EN1:  RETI
;-------------数据发送-----------------
FASONG: CLR   TB8                 ;发送数据
        MOV   A,R7
        MOV   7AH,A
        MOV   SBUF,A
        JNB   TI,$                ;等待发送结束
        CLR   TI
        RETI
;--------------数据接收----------------
JTXD2:  CLR   TB8                 ;接收数据
        JNB   RI,$
        MOV   A,SBUF
        MOV   7AH,A
```

```
        CLR   C
        SUBB  A,＃01H
        JC    EN2
        MOV   P0,＃0FFH
        MOV   7AH,A                 ;命令代码存入命令代码缓冲区
  EN2:  CLR   RI
        RET
TABLE:  DB    3FH,06H,5BH,4FH       ;定义段码 0,1,2,3
        DB    66H,6DH,7DH,07H       ;定义段码 4,5,6,7
        DB    7FH,6FH,              ;定义段码 8,9
        END
```

```
;T7_31.ASM:甲机(发送)
-------------------------文件头-------------------------
        K1    EQU   P3.2            ;定义 K1
        K2    EQU   P3.3            ;定义 K2
        K3    EQU   P3.4            ;定义 K3
        SDATA BIT   P1.4            ;定义 74LS164 串行移位数据端
        SCLK  BIT   P1.5            ;定义 74LS164 串行移位时钟端
        DIS   EQU   P1              ;定义显示口
-----------------------系统复位程序-----------------------
        ORG   0000H
        LIMP  MAIN                  ;转主程序
-----------------------T0 入口程序-----------------------
        ORG   000BH
        LIMP  T0INT                 ;转 T0 中断服务程序
-------------------------主程序-------------------------
        ORG   0030H
 MAIN:  MOV   SP,＃60H              ;设置栈区首地址
        MOV   30H,＃20              ;50 ms 计时单元
        CLR   A                     ;清预置计数单元
        MOV   38H,A                 ;个位
        MOV   39H,A                 ;十位
        MOV   3AH,A                 ;百位
        MOV   3BH,A                 ;千位
        SETB  EA
        SETB  ET0                   ;允许 T0 中断
        MOV   SCON,＃01000000B      ;设置串口为方式 1
        MOV   TMOD,＃2 1H           ;T0 方式,T1 方式 2,作为波特率发生器
        MOV   TL0,＃00              ;定时 50 ms
        MOV   TH0, ＃4CH
        MOV   TL1, ＃0E8H           ;波特率 1 200 bps
```

```
        MOV    TH1, #0E8H
        SETB   TR1                ;启动波特率发生器
KS3:    MOV    B,#38H             ;显示预置数字
        LCALL SEND                ;发送到乙机
        LCALL DISP                ;显示
        JB     K3,KS2             ;判断 K3 是否被按下
        LCALL DISP                ;显示
        JNB    K3, $ -3           ;等待 K3 释放
        INC    38H
        MOV    A,38H
        CJNE   A,#0AH,KS2         ;判断个位是否大于 9
        MOV    38H,#0             ;若大于 9,则清零
        INC    39H                ;对十位加 1
        MOV    A,39H
        CJNE   A,#0AH,KS2         ;判断十位是否大于 9
        MOV    39H,#0             ;若大于 9,则清零
KS2:    MOV    B,#38H             ;显示预置数字
        LCALL SEND                ;发送到乙机
        LCALL DISP                ;显示
        JB     K2,KS1             ;判断 K2 是否被按下
        LCALL DISP                ;显示
        JNB    K2, $ -3           ;等待 K2 释放
        INC    3AH                ;对百位加 1
        MOV    A,3AH
        CJNE   A,#0AH,KS1         ;判断百位是否大于 9
        MOV    3AH,#0             ;若大于 9,则清零
        INC    3BH                ;对千位加 1
        MOV    A,3BH
        CJNE   A,#0AH,KS1         ;判断千位是否大于 9
        MOV    3BH,#0             ;若大于 9,则清零
KS1:    MOV    B,#38H             ;显示预置数字
        LCALL SEND                ;发送到乙机
        LCALL DISP                ;显示
        JB     K1,KS3             ;判断 K1 是否被按下
        LCALL DISP                ;显示
        JNB    K1, $ -3           ;等待 K1 释放
        MOV    20H,#0             ;清标志 02H,03H,04H,05H
        MOV    A,3BH
        MOV    37H,A              ;将预置数据送计数单元
        JNZ    X1                 ;判断千位是否为零
        SETB   02H                ;若为零,则置"千位 0"标记位
X1:     MOV    A,3AH
```

```
        MOV   36H,A              ;将预置数据送计数单元
        JNZ   X2                 ;判断百位是否为 0
        JNB   02H,X2             ;判断"千位 0"标志位 02H 是否为 1
        SETB  03H                ;若百位为 0,且"千位 0"为 1,则置"百位 0"标志位
   X2:  MOV   A,39H
        MOV   35H, A             ;将预置数据送计数单元
        JNZ   X3                 ;判断十位是否为 0
        JNB   03H,X3             ;判断"百位 0"标志位 03H 是否为 1
        SETB  04H                ;若十位为 0,且"百位 0"为 1,则置"十位 0"标志位
   X3:  MOV   A,38H
        MOV   34H, A             ;将预置数据送计数单元
        JNZ   X4                 ;判断个位是否为 0
        JNB   04H,X4             ;判断"十位 0"标志位 04H 是否为 1
        SETB  05H                ;若个位为 0,且"十位 0"为 1,则置"个位 0"标志位
   X4:  JNB   05H,X5             ;若"个位 0"不为 1,则开始计数
        LJMP  KS3                ;等待调整计数值
   X5:  SETB  TR0                ;启动定时器 0
        SETB  ET0                ;允许 T0 中断
 DOWN:  MOV   B,#34H             ;发送并显示计算值
        LCALL SEND               ;发送到乙机
        LCALL DISP               ;显示
        JNB   05H,DOWN           ;若"个位 0"标志为 0,则继续计数,发送,显示
        CLR   TR0                ;否则,停止计数
        CLR   ET0                ;禁止 T0 中断
        LJMP  KS3                ;等待调整计数值
-------------------------T0 中断服务子程序--------------------------
T0INT:  MOV   TL0,#00H           ;50 ms 定时
        MOV   TH0,#4CH
        PUSH  ACC                ;保护现场
        DJNZ  30H,EXIT           ;判断 1 s 是否到
        MOV   30H ,#20           ;清 50 ms 计数单元
        DEC   34H                ;个位减一
        MOV   A,34H
        CJNE  A,#0FFH,EXIT       ;判断个位减一后是否等于 0FFH
        JB    04H,LP1            ;若等于 0FFH,再判断"十位 0"标志是否为 1
        MOV   34H,#9             ;若"十位 0"不等于 1,则置个位为 9
        DEC   35H                ;十位减一
        MOV   A,35H
        CJNE  A,#0FFH,EXIT       ;判断十位减一后是否等于 0FFH
        JB    03H,LP2            ;若等于 0FFH,再判断"百位 0"标志是否为 1
        MOV   35H,#9             ;若"百位 0"不等于 1,则置十位为 9
        DEC   36H                ;百位减一
```

```
        MOV     A,36H
        CJNE    A,#0FFH,EXIT         ;判断百位减一后是否等于 0FFH
        JB      02H,LP3              ;若等于 0FFH,再判断“千位 0”标志是否为 1
        MOV     36H,#9               ;若“千位 0”标志不为 1,则置百位为 9
        DEC     37H                  ;千位减一
        MOV     A,37H
        CJNE    A,#0FFH,EXIT         ;判断千位减一后是否等于 0FFH
        MOV     37H,#0               ;若等于 0FFH,则对千位清零
        SETB    02H                  ;同时置“千位 0”标志
EXIT:   POP     ACC                  ;恢复现场
        RETI                         ;T0 中断返回
LP1:    CLR     TR0                  ;全部减到零,则关闭计算器
        CLR     ET0                  ;同时禁止 T0 中断
        MOV     34H,#0               ;清个位
        SETB    05H                  ;并置“个位数 0”标志
        SJMP    EXIT                 ;T0 中断返回
LP2:    SETB    04H                  ;“百位 0”为 1 且十位减到 0 时,则置“十位 0”
        MOV     35H,#0               ;同时清十位
        SJMP    EXIT                 ;T0 中断返回
LP3:    SETB    03H                  ;“千位 0”为 1 且百位减到 0 时,则置“百位 0”
        MOV     36H,#0               ;同时清百位
        SJMP    EXIT                 ;T0 中断返回
------------------------串行口发送子程序------------------------
SEND:   MOV     A,#53H               ;发送同步标志
        MOV     SBUF,A               ;开始发送
        LCALLL  DISP                 ;调用显示程序
        JNB     TI,$ - 3             ;等待一个字节发送完毕,并刷新显示器
        CLR     T1                   ;清发送完标志
        MOV     R1,B                 ;置待发送的数据首地址
        MOV     R7,#4                ;待发送的字节数
SEND1:  MOV     A,@R1                ;取待发送数据
        MOV     SBUF,A               ;发送
        LCALL   DISP                 ;调用显示程序
        JNB     T1,$ - 3             ;等待一个字节发完毕,同时刷新显示器
        CLR     TI                   ;清发送完标志
        INC     R1                   ;指向下一个待发送的数据
        DJNZ    R7,SEND1             ;判断数据是否全部发送完毕
        RET                          ;发送子程序返回
------------------------动态显示子程序------------------------
DISP:   MOV     R0,B                 ;显示缓冲首地址
        MOV     R2,#11111110B        ;对应个位的字位码
        MOV     DPTR,#WORDTAB        ;送字形表首地址
```

```
DISP1:   ORP   DIS,#00001111B        ;关显示器
         MOV   R3,#20                ;40 μs 时间常数
         DJNZ  R3,$                  ;延时 40 μs
         MOV   A,@R0                 ;取待显示的数字
         MOVC  A,@A+DPTR             ;查字形
WORDOUT: MOV   R3,#8                 ;传送字形码到 74LS164
NEXTB:   RLC   A                     ;取待发送位
         MOV   SDATA,C               ;送数据到数据口
         SETB  SCLK                  ;产生时钟,上升沿有效
         CLR   SCLK                  ;为下一个时钟做准备
         DJNZ  R3,NEXTB              ;继续发送下一位
         INC   R0                    ;指向下一位显存
         MOV   A,R2                  ;取字位码
         ANL   DIS,A                 ;送显示器
         LCALL DELAY                 ;延时 1 ms
         MOV   A,R2                  ;修改字位码
         RL    A
         MOV   R2,A
         JB    ACC.4, DISP1          ;判断显示器是否扫描一遍
DEXIT:   RET                         ;显示子程序返回
------------------------字形表------------------------
WORDTAB DB 3FH,06H,58H,4FH           ;"0""1""2""3"
        DB 66H,6DH,7DH,07H           ;"4""5""6""7"
        DB 7FH,6FH,77H,7CH           ;"8""9""A""B"
        DB 39H,5EH,79H,71H           ;"C""D""E""F"
------------------------1 ms 延时子程序----------------
DELAY:   MOV   R3,#5                 ;延时 1 ms
         MOV   R4,#100
         DJNZ  R4,$
         DJNZ  R3,$ -4
         RET                         ;1 ms 延时子程序.
         END

;T7_32.ASM:乙机(接收)
------------------------文件头------------------------
         K4    EQU    P3.2           ;定义 K4
         K5    EQU    P3.3           ;定义 K5
         K6    EQU    P3.4           ;定义 K6
         SDATA BIT    P1.4           ;定义 74LS164 串行移位数据端
         SCLK  BIT    P1.5           ;定义 74LS164 串行移位时钟端
         DIS   EQU    P1             ;定义显示口
------------------------系统复位程序--------------------
```

```
        ORG    0000H
        LIMP   MAIN                ;转主程序
----------------------- 主程序 -----------------------
        ORG    0030H
MAIN:   MOV    SP,#50H             ;设置栈区首地址
        MOV    R1,#70H             ;显示首地址
        CLR    A                   ;清显存
        MOV    70H,A               ;显存个位
        MOV    71H,A               ;显存十位
        MOV    72H,A               ;显存百位
        MOV    73H,A               ;显存千位
        MOV    SCON,#40B           ;串口方式 1,允许接收
        MOV    TMOD,#20H           ;T1 方式 2,作为波特率发生器
        MOV    TL1, #0E8H          ;波特率 1 200 bps
        MOV    TH1, #0E8H
        SETB   TR1                 ;启动波特率发生器
        SETB   REN                 ;允许接收数据
SCAN:   LCALL  DISP                ;调用显示程序
        JNB    RI,SCAN             ;等待一个字节接收完成,同时刷新显示器
        CLR    RI                  ;清接收完成标志
        MOV    A,SBUF              ;取所接收的数据
        CJNE   A,#53,SCAN          ;同步标志
START:  LCALL  DISP                ;开始正式接收数据
        JNB    RI,START            ;等待一个字节接收完成,同时刷新显示器
        CLR    RI                  ;清接收完成标志
        MOV    A,SBUF              ;取所接收的数据
        MOV    @R1,A               ;将接收到的数据送显存
        INC    R1                  ;指向下一位显存
        CJNE   R1,#74H,START       ;判断 4 个数据是否接收完成
        MOV    R1,#70H             ;若接收完成,则准备再接收后 4 个数据
        SJMP   SCAN                ;监视串口的状态
----------------------- 动态显示子程序 -----------------------
DISP:   MOV    R0,#70H             ;显示缓冲区首地址
        MOV    R2,#11111110B       ;对应个位的字位码
        MOV    DPTR,#WORDTAB       ;送字形表首地址
DISP1:  ORL    DIS,#00001111B      ;关显示器
        MOV    R3,#20              ;40 μs 延时时间常数
        DJNZ   R3,$                ;延时 40 μs
        MOV    A,@R0               ;取待显示数字
        MOVC   A,@A+DPTR           ;查字形
WORDOUT:MOV    R3,#8               ;传送字形码到 74LS164
NEXTB:  RLC    A                   ;取待发送位
```

```
        MOV   SDATA,C             ;送数据到数据口
        SETB  SCLK                ;产生时钟,上升沿有效
        CLR   SCLK                ;为下一个时钟做准备
        DJNZ  R3,NEXTB            ;继续发送下一位
        INC   R0                  ;指向下一位显存
        MOV   A,R2                ;取字位码
        ANL   DIS,A               ;送显示器
        LCALL DELAY               ;延时 1 ms
        MOV   A,R2                ;修改字位码
        RL    A
        MOV   R2,A
        JB    ACC.4,DISP1         ;判断显示器是否扫描一遍
DEXIT:  RET                       ;显示子程序返回
------------------------字形表--------------------------
WORDTAB:DB 3FH,06H,5BH,4FH        ;"0","1","2","3",
        DB 66H,6DH,7DH,07H        ;"4","5","6","7"
        DB 7FH,6FH,77H,7CH        ;"8","9","A","B"
        DB 39H,5EH,79H,71H        ;"C","D","E","F"
------------------------延时 1 ms 子程序-------------------
DELAY:  MOV   R3,#5               ;延时 1 ms
        MOV   R4,#100
        DJNZ  R4,$
        DJNZ  R3,$ - 4
        RET
        END
```

6. 实验步骤

① 在实验内容①中,拨动开关,观察 A 机和 B 机 LED 发光二极管的变化。

② 在实验内容②中,观察甲机和乙机一位数码管的变化。

③ 在实验内容③中,设置好计时值,启动按钮 K1,观察四位数码管数据变化,分析此现象。

7. 思考题

① 如何实现双工通信? 试编写双工通信程序。

② 如何用中断方式实现串行通信? 试编写通信程序。

2.4.4 实验 8 单片机与 PC 机通信

单片机与 PC 机通信(串行通信)是指单片机和计算机间使用一根数据信号线(另外需要地线,还需要控制线),数据在一根数据信号线上一位一位地进行传输,每一位数据都占据一个固定的时间长度。这种通信方式使用的数据线少,在远距离通

信中可以节约通信成本。目前，在 IBM PC 机上都有两个串行口 COM1、COM2，就是 RS232C 接口。

如图 2－20 所示，PC 机的串行接口是符合 EIA RS232C 规范的外部总线标准接口。RS232C 采用的是负逻辑，即逻辑“1”：－5 V～－15 V；逻辑“0”：＋5 V～＋15 V。CMOS 电平为：逻辑“1”为 4.99 V，逻辑“0”为 0.01 V；TTL 电平的逻辑“1”和“0”则分别为 2.4 V 和 0.4 V。因此，在用 RS－232C 总线进行串行通信时需要外接电路实现电平转换。在发送端用驱动器将 TTL 或 CMOS 电平转换为 RS－232C 电平，在接收端用接收器将 RS－232C 电平再转换为 TTL 或 CMOS 电平。

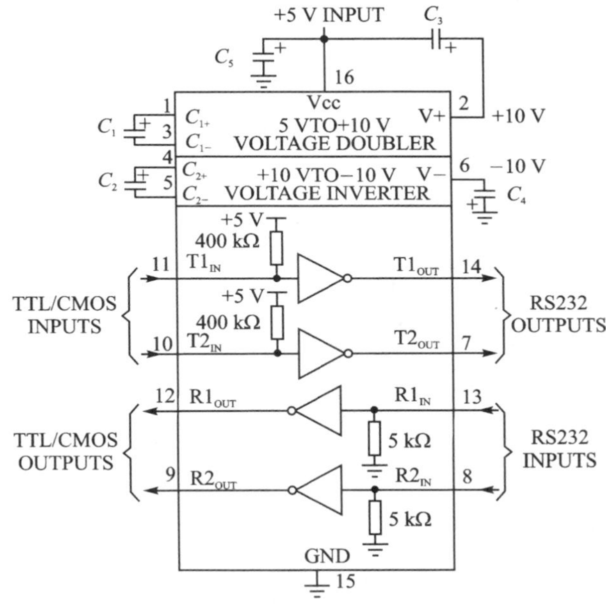

图 2－20　RS232C 逻辑电平定义

PC 机和 RS232C 接口的连接非常简单，在一般的应用中，只需要 3 条线即可完成通信，分别是第 2 脚 RXD、第 3 脚 TXD、第 5 脚 GND。

下面介绍串行异步传送要求。

字符格式：双方要事先约定字符的编码形式、奇偶校验形式及起始位和停止位的规定。例如用 ASCII 码通信，有效数据为 7 位，加 1 个奇偶校验位、1 个起始位和 1 个停止位共 10 位。当然停止位也可大于 1 位。

波特率：波特率就是数据的传送速率，即每秒钟传送的二进制位数。在设计中要注意发送端与接收端的波特率必须一致。

1. 实验目的

了解 89C51 单片机串行口(UART)的结构、PC 机串行通信的基本要求、串行通信的原理和数据交换过程，单片机与 PC 机间进行串行通信的编程方法。

2. 实验仪器及设备

① PC 机、DICE－KEIL USB 仿真器、Keil 软件。

② DICE－5210K 单片机综合实验系统。

3. 实验内容

① 接收功能：在串口调试软件 SSCOM V3.0 窗口的字符串输入框中，输入数字 0～9 中的任一个数字，单击“发送”按钮，单片机接收到数字后，会在数码管 LED 上显示出来。

② 发送功能：按单片机控制板上的 4 个按键 S1、S2、S3 或 S4 中的任何一个，在 PC 机的串口调试软件中会显示按下的是哪个按键。

4. 硬件设计

单片机与计算机通信示意图如图 2－21 所示。单片机与 PC 机通信电路设计如图 2－22 所示。

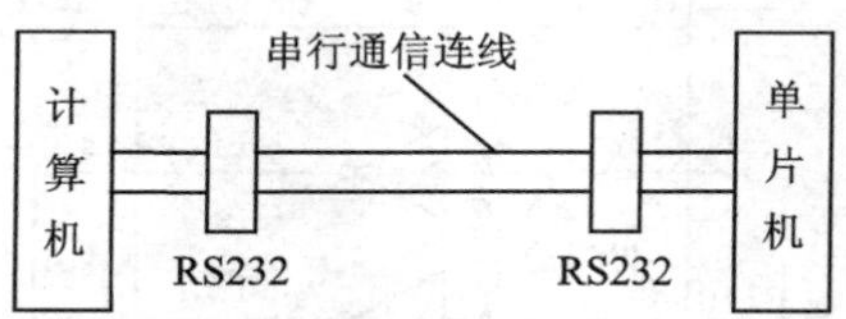

图 2－21 单片机与计算机通信示意图

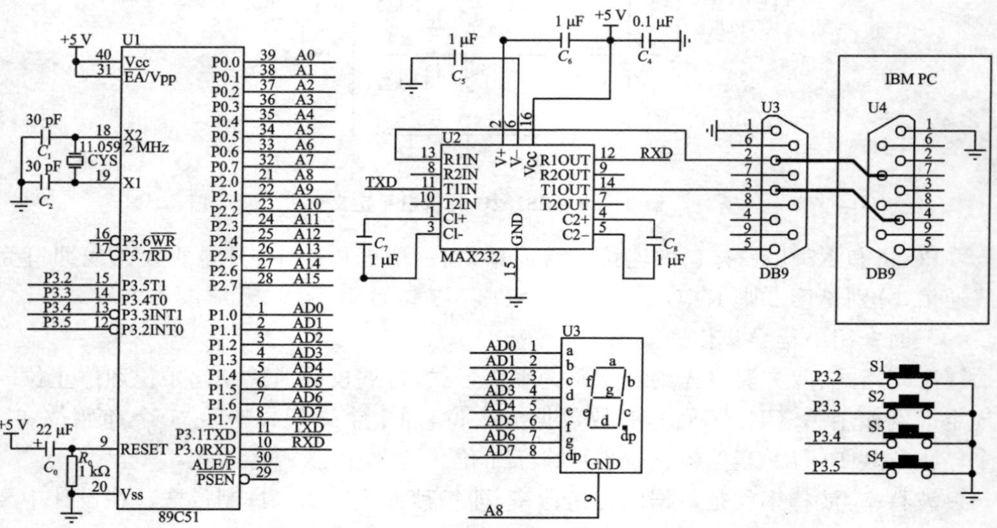

图 2－22 单片机与 PC 机通信电路

5. 程序设计

1) 工作原理

完整的控制电路图包括：

① 串口电平转换电路。由 MAX232 芯片来完成相应的电平转换功能，并将接收、发送口分别连接到单片机和 PC 机的 RXD 和 TXD 接口。

② 数码管显示电路。将一个数码管的段码连接到单片机的 P0 口，位口控制线接到单片机的 P2.0 口，用来显示通过串口接收到的数字。

③ 按键电路。4 个按键 S1、S2、S3、S4 连接到单片机的 P3.2、P3.3、P3.4、P3.5，作为单片机的发送启动按键。按相应的键，则 PC 机的串口调试软件会收到相应字符串，并告知按下的是哪个按键。

2) 参考程序

```
;T8.ASM:单片机与 PC 机通信
        ORG   0000H
        AJMP  LOOP
        ORG   0030H
START:  MOV   20H,#00H             ;设置串口工作方式
        MOV   TMOD,#22H
        MOV   SCON,#40H
        MOV   TH1,#0F3H            ;设置波特率 4 800 bps,(晶振频率 12 MHz)
        MOV   PCON,#80H
        SETB  TR1
        SETB  REN                  ;允许接收
        MOV   P2,#0FFH             ;初始化,P2 口置高
        CLR   P2.0                 ;开数码管
        MOV   P3,#0FFH             ;初始化,P3 口置高
LOOP:   JNB   P3.2,L3              ;检测键盘,如果 P3.2 按下则执行 L3
        JNB   P3.3,L4
        JNB   P3.4,L5
        JNB   P3.5,L6
        JBC   RI,REC
        MOV   P0,#0FFH
REC:    MOV   A,SBUF               ;缓冲数据送到 A
        MOV   P1,A
        CJNE  A,#00110001B,T00     ;比较接收到的数据
        MOV   P0,#07EH             ;数码管显示 1
        MOV   P0,#0FFH
T00:    CJNE  A,#00110010B,T2
        MOV   P0,#0A2H             ;数码管显示 2
        MOV   P0,#0FFH
```

```
    T2: CJNE A,#00110011B,T3
        MOV  P0,#62H
    T3: CJNE A,#00110100B,T4
        MOV  P0,#74H
    T4: CJNE A,#00110101B,T5
        MOV  P0,#61H
    T5: CJNE A,#00110110B,T6
        MOV  P0,#21H
    T6: CJNE A,#00110111B,T7
        MOV  P0,#7AH
    T7: CJNE A,#00111000B,T8
        MOV  P0,#20H
    T8: CJNE A,#00111001B,T9
        MOV  P0,#60H
    T9: CJNE A,#00110000B,T10
        MOV  P0,#28H
   T10: LJMP L1
    L3: MOV  DPTR,#OK1          ;置表头 1
SENDA3: CLR  A
        MOVC A,@A+DPTR
        CJNE A,#'$',SENDA_3
        AJMP LOOP               ;遇到$则从头开始执行
SENDA_3:MOV  SBUF,A             ;发送数据
        JNB  TI,$
        CLR  TI
        INC  DPTR
        LJMP SENDA3
    L4: MOV  DPTR,#OK2          ;置表头 2
        AJMP SENDA3
    L5: MOV  DPTR,#OK3          ;置表头 3
        AJMP SENDA3
    L6: MOV  DPTR,#OK4          ;置表头 4
        AJMP SENDA3
        OK1: DB 0DH,0AH,0DH,0AH,"你按的是 P3.2 键",0DH,0AH,'$'
        OK2: DB 0DH,0AH,0DH,0AH,"你按的是 P3.3 键",0DH,0AH,'$'
        OK3: DB 0DH,0AH,0DH,0AH,"你按的是 P3.4 键",0DH,0AH,'$'
        OK4: DB 0DH,0AH,0DH,0AH,"你按的是 P3.5 键",0DH,0AH,'$'
        END
```

6. 实验步骤

① 先调试好单片机控制板,并检测单片机的串口是否完好,可编写简单的程序进行测试。测试完毕用串口线连接好单片机和 PC 机的串口,将编制好的程序烧写

到 8051 单片机中，并将单片机插到单片机控制板的单片机插口内，接通电源。

② 打开 PC 机中的串口调试软件，验证串口的收发功能(如图 2-23 所示)。

接收过程：在串口调试软件的字符串输入框中输入 1，然后单击“发送”按钮，单片机控制板的数码管则显示 1；输入 2 则显示 2。

发送过程：分别按下单片机控制板中 S1、S2、S3、S4 四个按键，可以看到串口调试工具分别收到 4 句话：你按的是 P3.2 键；你按的是 P3.3 键；你按的是 P3.4 键；你按的是 P3.5 键。

③ 验证比较简单直接，可以通过数码管和串口调试软件直接显示接收或发送的数据。

图 2-23　串口调试软件窗口

7. 思考题

总结实验过程中所遇到的问题与解决的办法。

第3章 单片机系统扩展

51系列单片机内部有4个双向的并行I/O口:P0～P3,共占32根脚。P0口的每一位可以驱动8个TTL负载,P1～P3口的负载能力分别为4个TTL负载。一般情况下,这些I/O口并不能完全提供给用户,只有对于片内有程序存储器的8051/8751/89C51-2-5单片机,在无片外数据存储器及程序存储器扩展的系统中,在不扩展外部资源并且不使用串行口、外中断、定时器/计数器时,这4个端口才能作为双向通用I/O口使用。在具有片外数据存储器及程序存储器扩展的系统中,当采用8051/8751/89C51-2-5作为核心部件时,P0口分时地作为低8位地址线和数据线,P2口作为高8位地址线,这时P0口和P2口无法再作为I/O口使用。P3口具有第二功能,在应用系统中常被使用。因此,在大多数的应用系统中,真正能够提供给用户使用的只有P1口。所以,51单片机的I/O端口通常需要扩充,以便和更多的外设(如显示器、键盘)进行联系。

在51单片机中扩展的I/O口采用与片外数据存储器相同的寻址方法,所有扩展的I/O口,以及通过扩展I/O口连接的外设都与片外RAM统一编址,因此,对片外I/O口的输入/输出指令就是访问片外RAM的指令,即:

```
MOVX @DPTR,A
MOVX @Ri,A
MOVX A,@DPTR
MOVX A,@Ri
```

因此,当单片机内部功能部件不能满足应用系统要求时,就需要进行系统扩展。系统扩展包括外部存储器的扩展、I/O口扩展、定时器/计数器扩展、中断系统扩展及其他系统功能扩展等。所有外部芯片扩展是通过片外引脚组成的三总线——数据总线、地址总线、控制总线来实现。单片机系统扩展有并行扩展和串行扩展。下面对单片机外部存储器扩展、单片机常用I/O口扩展器件接口扩展、键盘/显示器接口扩展、单片机信号转换器接口扩展等等常用扩展芯片的基本用法、各类外围扩展电路及基本编程方法进行具体介绍。

3.1　单片机外部存储器扩展

3.1.1　Flash 外部程序存储器

Flash 具有 ISP(In System Program，在系统可编程)功能，使其兼具了 RAM 和 ROM 的特点，即可在线擦除、改写，又能够在掉电以后不丢失数据。下面以 AT-MEL 公司的 AT29C010A 为例，对其进行简要介绍。

1. 基本特性

AT29C010A 的基本特性：容量 128 KB，8 位，1 024 个区，128 B/区，两个带锁定的 8 KB 启动区；访问时间 70 ns；单一 5 V 电源；在线闪速可编程和擦除，可以重复擦写 10 000 次，擦除和重写在一个周期内完成。AT29C010A 引脚图如图 3 - 1 所示。引脚说明如表 3 - 1 所列。

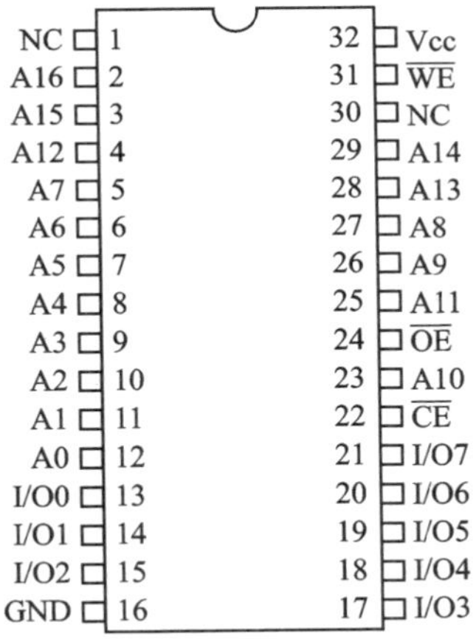

引脚	序号	序号	引脚
NC	1	32	Vcc
A16	2	31	$\overline{WE}$
A15	3	30	NC
A12	4	29	A14
A7	5	28	A13
A6	6	27	A8
A5	7	26	A9
A4	8	25	A11
A3	9	24	$\overline{OE}$
A2	10	23	A10
A1	11	22	$\overline{CE}$
A0	12	21	I/O7
I/O0	13	20	I/O6
I/O1	14	19	I/O5
I/O2	15	18	I/O4
GND	16	17	I/O3

图 3 - 1　AT29C010A 引脚图

表 3 - 1　引脚说明

引脚名	功　能
A0～A16	地址
$\overline{CE}$	片选
$\overline{OE}$	输出使能端
$\overline{WE}$	写使能端
I/O0～I/O7	数据输入/输出
NC	无连接
Vcc	电源
GND	电源地

2. 内部结构

AT29C010A 内部逻辑结构如图 3 - 2 所示。

3. 操作原理

1) 读操作

当进行读操作时，$\overline{CE}$、$\overline{OE}$ 为低电平，WR 为高电平（$\overline{WR}$ 表示低电平有效），数据从 IO0～IO7 端输出。$\overline{CE}$、$\overline{OE}$ 为高电平，则数据口为高阻状态。AT29C010A - 15 读操作时序如图 3 - 3 所示。AT29C010A - 15 的读操作时序参数如表 3 - 2 所列。

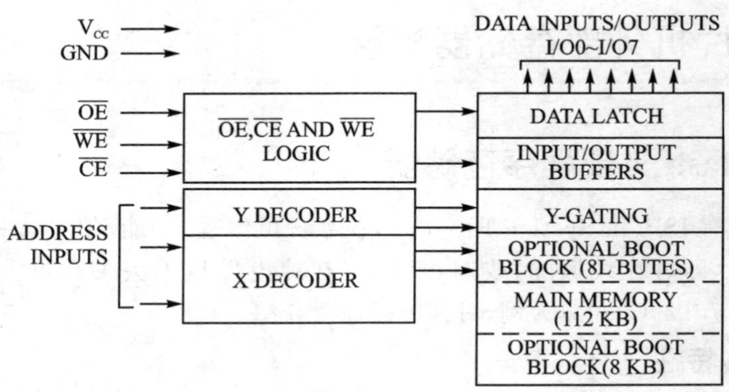

图 3-2　AT29C010A 内部逻辑

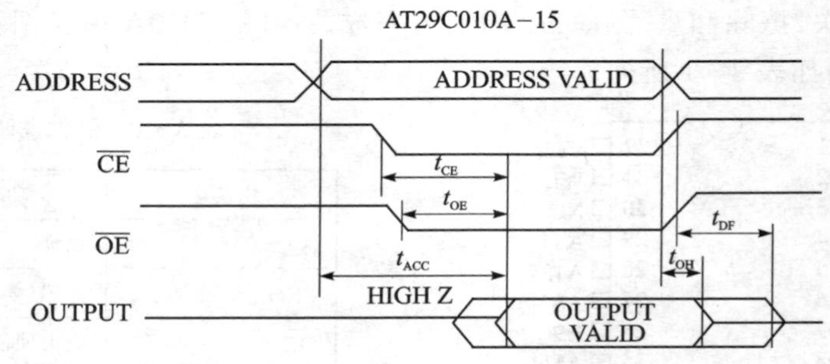

图 3-3　AT29C010A-15 读操作时序

表 3-2　AT29C010A-15 的读操作时序参数

符　号	参　数	最小值/ns	最大值/ns
t_{ACC}	地址到输出延迟		150
t_{CE}	CE 到输出延迟		150
t_{OE}	OE 到输出延迟	0	70
t_{DF}	CE 或 OE 到输出浮动	0	40
t_{OH}	输出保持到 OE, CE 或地址任意一个最先有效	0	

2）字节写操作

当进行字节写操作时，$\overline{CE}$、$\overline{WR}$ 为低电平，$\overline{OE}$ 为高电平，数据从 IO0～IO7 端输入。$\overline{CE}$ 或 $\overline{WR}$ 的下降沿锁存地址，上升沿锁存数据。

AT29C010A-15 字节写操作时序如图 3-4 所示。AT29C010A-15 写时序参数如表 3-3 所列。

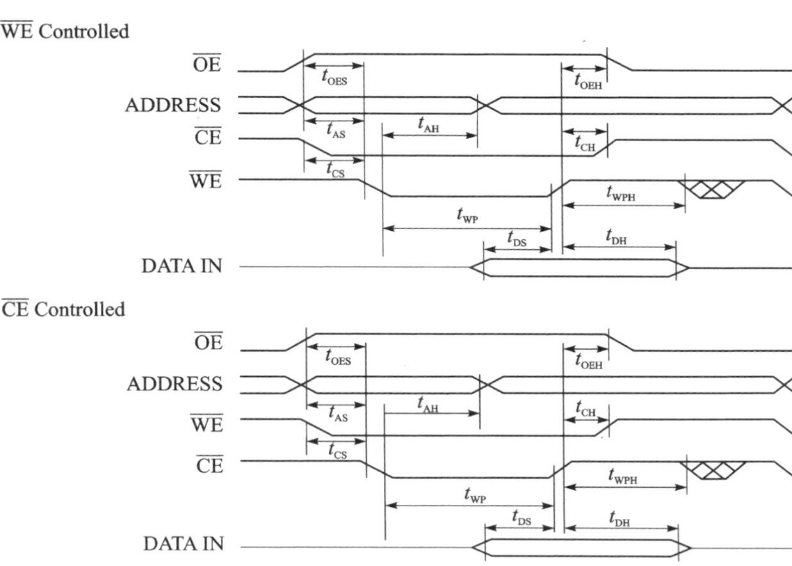

图3-4　AT29C010A-15字节写操作时序

表3-3　AT29C010A-15写时序参数

符　号	参　数	最小值/ns
t_{AS},t_{OES}	地址和 $\overline{OE}$ 建立时间	0
t_{AH}	地址保持时间	50
t_{CS}	片选建立时间	0
t_{CH}	片选保持时间	0
t_{WP}	写脉冲宽度($\overline{WE}$ 或 $\overline{CE}$)	90
t_{DS}	数据建立时间	35
t_{DH},t_{OEH}	数据和 $\overline{OE}$ 保持时间	0
t_{WPH}	写脉冲高电平宽度	100

3）编程操作

编程必须对整个区块进行操作，即使仅仅改变1字节，也必须重写整个区块。编程时序如图3-5所示。

A7～A16指定区块地址，在 $\overline{WE}$ 或 $\overline{CE}$ 的每个下降沿都需要指定A7～A16。在 $\overline{WE}$ 和 $\overline{CE}$ 同时为低电平时，$\overline{OE}$ 必须是高电平。若在区块编程时某些字节没有写入，则这些字节的状态是不确定的。编程时序参数如表3-4所列。

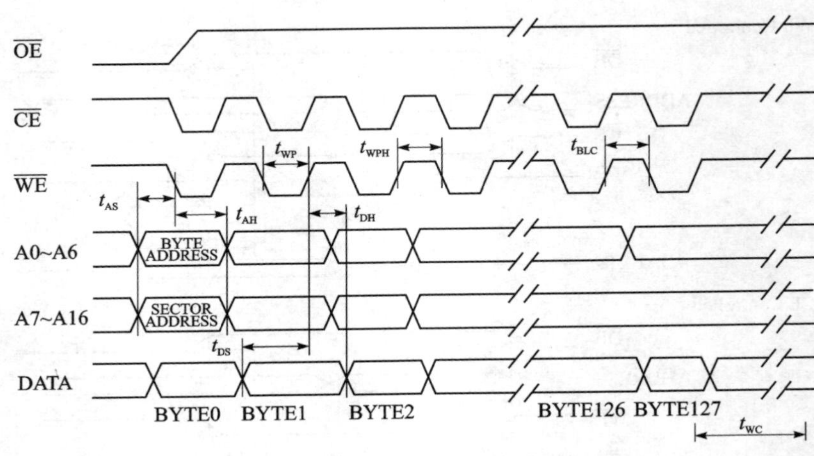

图 3-5　AT29C010A-15 编程时序

表 3-4　编程时序参数

符号参数	最小值	最大值
t_{WC} 写周期		10 ms
t_{AS} 地址建立时间	0 ns	
t_{AH} 地址保持时间	50 ns	
t_{DS} 数据建立时间	35 ns	
t_{DH} 数据保持时间	0 ns	
t_{WP} 写脉冲低电平宽度	90 ns	
T_{BLC} 字节载入时间		150μs
T_{WPH} 写脉冲高电平宽度	100 ns	

4）软件数据保护

在新的芯片中保护没有激活，在写入 3 个特定的命令后，该器件可以被保护，从而不容许非法的编程操作，除非给出正确的命令，或者重新取消保护。

在写入 3 个指定地址的数据后，就可以开启保护。

5）硬件数据保护

AT29C010A-15 在硬件数据保护方面具有以下特性：

◇ 若电源电压低于 3.8 V，则程序将终止运行；

◇ 若电源上升太慢，则自动 5 ms；

◇ 若 $\overline{OE}$ 低电平，$\overline{CE}$、$\overline{WE}$ 高电平，则无法编程；

◇ $\overline{WE}$、$\overline{CE}$ 上的周期小于 15 ns 的脉冲不会导致编程。

3.1.2　实验 1　Flash 外部程序存储器扩展

1. 实验目的

了解 Flash 的工作原理和结构；掌握单片机与外部 Flash ROM 接口的设计方法。

2. 实验仪器及设备

① PC 机、DICE－KEIL USB 仿真器、Keil 软件。

② DICE－5210K 单片机综合实验系统。

③ 外部 Flash 程序存储器扩展模块。

3. 实验内容

连接单片机最小系统与 Flash ROM 组成的电路，编写程序，将一组发光管闪烁的编码在线编写到 Flash 中，将闪烁编码从 Flash 中取出并使发光二极管按照编码规律闪烁。

4. 硬件设计

Flash 中循环闪烁电路设计如图 3－6 所示。将 A16 接地，片选线接地。

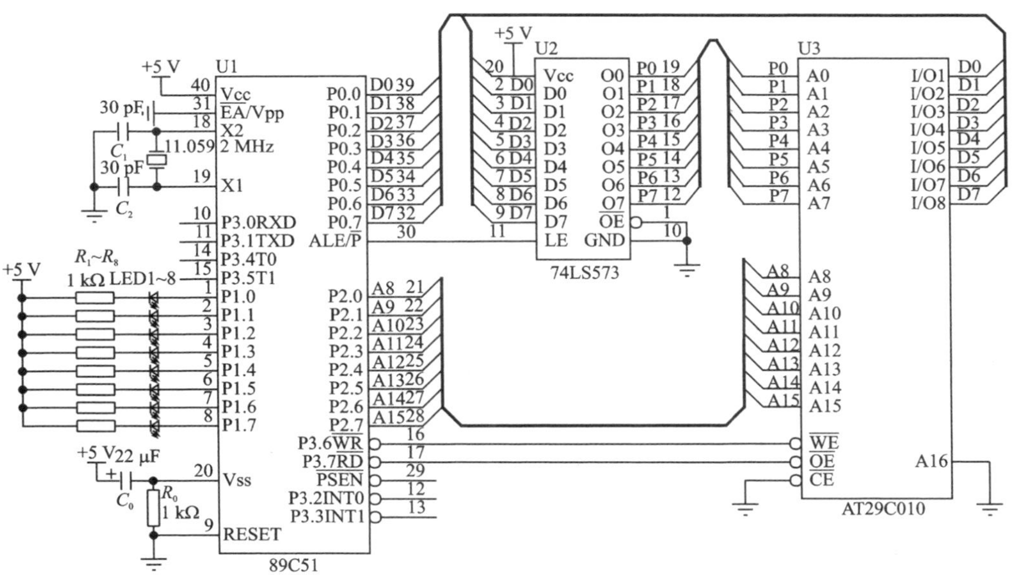

图 3－6　Flash 中循环闪烁电路

注意： 将单片机 $\overline{WR}$ 接至 Flash ROM 的 $\overline{WE}$ 脚，这个脚为低电平时即可对 Flash ROM 进行在线编程，这是 Flash ROM 最大的特点。

5. 程序设计

1) 工作原理

寻址空间为 32 KB,地址范围为 8000H～FFFFH。低地址空间 0000H～7FFFH 可以作为外部 SRAM 的地址空间,且 P2.7 可以直接作为外部 SRAM 的片选。除非外部 RAM 和 Flash ROM 芯片使用独立的 I/O 口作为片选,否则它们是不可重复编址的,因为它们都有“写操作”,在写外部 Flash ROM 时,也要用到 MOVX 指令,这时的 PSEN 不会有作用。

也可以将片选 CE 接到单片机的其他端口(如 P3.0,或需要运行外部程序时接至 PSEN,或再加一个锁存器扩展 P2 口),这样可寻址的外部 Flash ROM 空间扩展到 64 KB,地址范围为 0000H～FFFFH。

另外,Flash ROM 应该按照区块(128 B)写入,在写入之前必须加入一段初始化代码。

2) 参考程序 T1. ASM

将编码在线编写到 Flash(第一个区块)中:

```
        MOV     DPTR,#5555H                 ;注意:这是 Flash 初始化程序
        MOV     A,#0AAH
        MOVX    @DPTR,A
        acall   pause
        MOV     DPTR,#2AAAH
        MOV     A,#55H
        MOVX    @DPTR,A
        acall   pause
        MOV     DPTR,#5555H
        MOV     A,#0A0H
        MOVX    @DPTR,A
        acall   pause
begin:
        MOV     DPTR,#8300H                 ;指向外部 Flash 空间地址 8300H
        MOV     R0,#0fEH                    ;二极管闪烁编码
        MOV     R1,#128                     ;128 B 一组编码(1 个区块)
LOOP1:  MOV     A,R0
        MOVX    @DPTR,A                     ;在线编程,写入外部 Flash
        acall   pause
        RL      A
        MOV     R0,A
        INC     DPTR
        ;LCALL  DELAY 10 ms
        DJNZ    R1,LOOP1
        LCALL   DELAY 10 ms
```

```
        lcall   delay
        MOV     DPTR,#8300H             ;指向外部 Flash 空间地址 8000H
        MOV     R7,#128
LOOP2:
        MOVX    A,@DPTR
        ;MOVC   A,@A+DPTR               ;从 Flash 读出数据
        INC     DPTR
        MOV     P1,A
        ACALL   DELAY
        DJNZ    R7,LOOP2
……
```

6. 思考题

① 对接口电路原理图进行简要工作原理分析。

② 简述 Flash ROM 的特点和工作原理。

③ 给出根据实验要求编写的程序清单,并给予适当注释。

④ 如果电路中需要再增加一个 32 KB 的外部数据存储器,电路应该怎样修改?画出电路示意图,并加以说明。

3.2　单片机常用器件 I/O 口扩展

实际应用中,单片机常用 I/O 口扩展的方法有 3 种:简单的 I/O 口扩展、可编程的并行 I/O 口芯片扩展,以及串行口并行 I/O 口扩展。本节只介绍前两种:简单的 I/O 口扩展通常通过数据缓冲器和锁存器来实现,其结构简单;价格低,功能相应也简单;可编程的并行 I/O 口扩展,其电路复杂,价格相对较高,功能强大,使用灵活。串行口并行 I/O 口扩展已经在第 2 章中介绍过了,这里不再赘述。

3.2.1　实验 2　简单 I/O 口 74LS244、74LS273 扩展

通过数据缓冲器、锁存器来扩展简单 I/O 口。例如,74LS373、74LS244、74LS273、74LS245 等芯片都可以作为简单 I/O 口扩展。实际上,只要具有输入三态、输出锁存的电路,通过单片机 P0 口就可以扩展 I/O 口。

1. 实验目的

了解单片机简单 I/O 口扩展的工作原理;掌握单片机简单 I/O 口扩展的电路设计和程序设计。

2. 实验仪器及设备

① PC 机、DICE - KEIL USB 仿真器、Keil 软件。

② DICE - 5210K 单片机综合实验系统。

3. 实验内容

① 74LS244 作为输入口，读取开关状态，并将此状态通过 74LS273 所接的 LED 发光二极管显示出来。

② 使 74LS273 所连接的 LED 发光二极管轮流点亮。

4. 硬件设计

简单的 I/O 口电路设计图如图 3－7 所示。用 74LS244 作为扩展输入、74LS273 作为扩展输出。74LS244 和 74LS273 芯片为 TTL 电路，其中，74LS244 是一个常用的三态输出八缓冲器及单向总线驱动器，其负载能力强，可直接驱动小于 130 Ω 的负载。$\overline{G1}$、$\overline{G2}$ 为低电平有效的允许端，当二者之一为高电平时，输出为高阻态。74LS273 为 8D 触发器。$\overline{CLR}$ 为低电平有效的清除端，当 $\overline{CLR}$=0 时，输出全为 0 且与其他输入无关；$\overline{CLK}$ 端是时钟信号，当 $\overline{CLK}$ 由低电平向高电平跳变时，D 端输入数据传送到 Q 输出端。

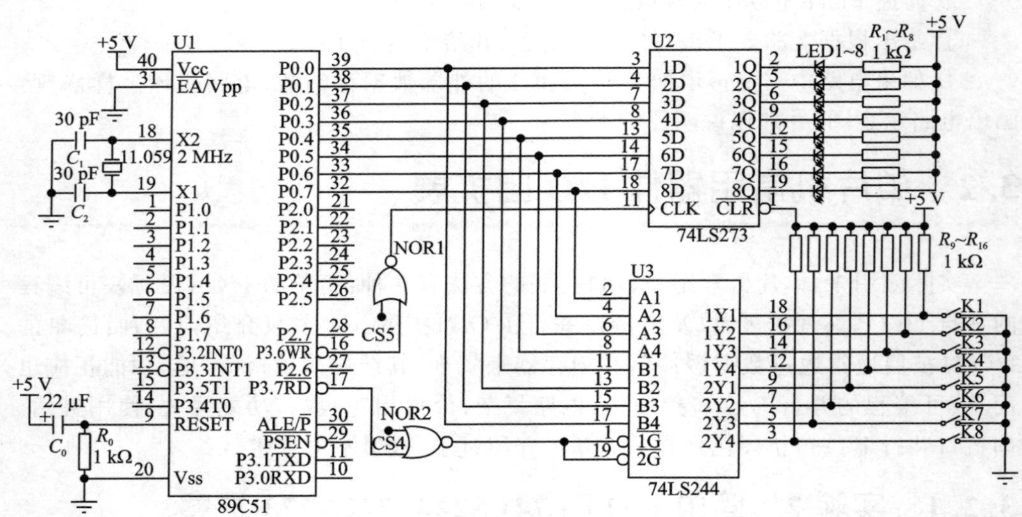

图 3－7 简单的 I/O 口电路图

5. 程序设计

1）工作原理

图 3－7 中 P0 口作为双向 8 位数据线，既能够从 74LS244 输入数据，又能够从 74LS273 输出数据。

输入控制信号由 CS4 和 $\overline{RD}$ 相“或”后形成(地址为 CFC0H)。当二者都为 0 后，74LS244 的控制端有效，选通 74LS244，外部的信息输入到 P0 数据总线上。若与 74LS244 相连的开关都没合上，则输入全为 1；若合上，则输入全为 0。执行“MOVX A，@DPTR”指令可产生 $\overline{RD}$ 信号，将数据读入单片机。

输出控制信号由 CS5 和 $\overline{WR}$ 相"或"后形成(地址为 CFC8H)。当二者都为 0 后,74LS273 的控制端有效,选通 74LS273,P0 上的数据锁存到 74LS273 的输出端,控制发光二极管 LED。当某线输出为 0 时,相应的 LED 发光。执行"MOVX @DPTR,A"类指令可产生 $\overline{WR}$ 信号,将数据写入 74LS273。

尽管 51 单片机外部扩展空间很大,但数据总线口和控制信号线的负载能力是有限的。若需要扩展的芯片较多,则 51 单片机总线口的负载过重,而 74LS244 是一个扩展输入口,同时也是一个单向驱动器,可以减轻总线口的负担。

程序中加了一段延时程序,以减少总线口读/写的频繁程度,延时时间约为 0.01 s,不会影响显示的稳定。

2) 流程图

流程图如图 3-8 所示。

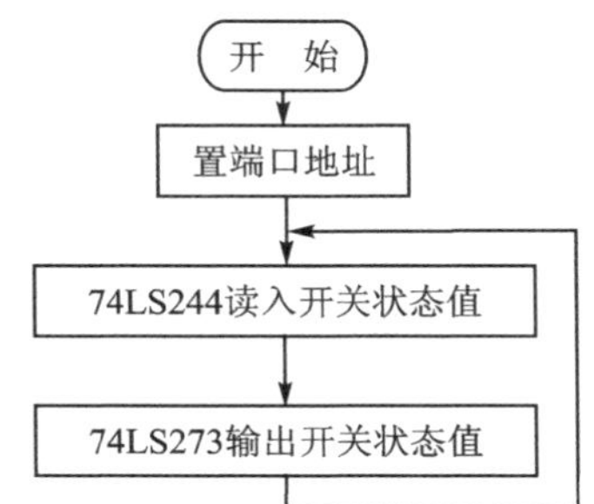

图 3-8 I/O 口输入/输出程序流程

3) 参考程序

```
;T2_1.ASM:I/O 输入/输出
INPORT  EQU   0CFC0H              ;74LS244 端口地址
OUTPORT EQU   0CFC8H              ;74LS273 端口地址
        ORG   0000H
        SJMP  START
        ORG   0030H
START:  MOV   DPTR,#INPORT
LOOP:   MOVX  A,@DPTR             ;读开关状态值
        MOV   DPTR,#OUTPORT
        MOVX  @DPTR,A             ;写入开关状态值并显示
        MOV   R7, #10H            ;延时
DEL0:   MOV   R6, #0FFH
DEL1:   DJNZ  R6, DEL1
        DJNZ  R7,DEL0
        SJMP  START
        END

;T2_2.ASM:LED 轮流点亮
OUTPORT EQU   0CFC8H              ;74LS273 端口地址
        ORG   0000H
        SJMP  START
        ORG   0030H
START:  MOV   R0, #8              ;设右移 8 次
        MOV   DPTR,#OUTPORT       ;置输出端口地址
```

```
        MOV   A,   #01111111B ;存入开始点亮灯位置
LOOP:   MOVX  @DPTR,A         ;传送到 OUTPORT 并输出
        ACALL DELAY           ;调延时子程序
        RL    A               ;右移一位
        DJNZ  R0, LOOP        ;判断移动次数
        SJMP  START           ;重新设定显示值
DELAY:  MOV   R5,#50
DLY1:   MOV   R6,#100
DLY2:   MOV   R7,#100
        DJNZ  R7,$
        DJNZ  R6,DLY2
        DJNZ  R5,DLY1
        RET                   ;子程序返回
        END                   ;程序结束
```

6. 实验步骤

① 74LS244 的 IN0～IN7 接开关的 K1～K8,片选信号 CS244 接 CS4。

② 74LS273 的 O0～O7 接发光二极管的 LED1～LED8,片选信号 CS273 接 CS5。

③ 对 T2_1. ASM 进行编译等工作,全速执行。

④ 拨动开关 K1～K8,观察发光二极管状态的变化。

⑤ 对 T2_2. ASM 进行编译等工作,全速执行。观察发光二极管状态的变化。

7. 思考题

① 掌握简单 I/O 口电路在单片机系统扩展中的应用方法。

② 总结实验过程中所遇到的问题与解决的办法。

3.2.2 实验 3 可编程并行 I/O 口 8255A 扩展

可编程实际上就是具有可选择性,并且用编程的方法进行选择。可编程的接口芯片是指其功能可由单片机的指令来加以改变的接口芯片。利用编程的方法,可以使一个接口芯片执行不同的接口功能。例如,选择芯片中的哪一个或哪几个数据口与外设连接;选择端口中的哪一位或哪几位作输入,哪一位或哪几位作输出;选择端口与 CPU 之间采用哪种方式传送数据等:均可由用户在程序中写入方式字或控制字来指定。因此,它具有广泛的适用性及很高的灵活性,在单片机系统中得到广泛应用。

8255A 是一个典型可编程通用并行 I/O 口芯片,是 51 系列单片机常用的并行接口扩展芯片之一。8255A 和 51 系列单片机相连,可以为外设提供 3 个 8 位的 I/O 口:A 口、B 口和 C 口(C 口高/低 4 位),3 个端口的功能完全由编程来决定。其有 3 种工作方式,适用 CPU 与 I/O 口之间多种数据传送方式的情况;内容丰富的两条命令(方式字和控制字)可使 8255A 构成多种接口电路,为单片机应用系统提供了灵活

方便的编程环境，是单片机与各种外设连接的接口电路。通常将A端口作为输入用，B端口作为输出用，C端口作为辅助控制用。8255A复位时，所有端口(A、B、C)均被置为基本输入方式，如果这种工作方式不符合应用系统的要求，就必须通过编程来改变，例如向8255A控制寄存器写入一个控制字，以确定各端口的工作方式、I/O方向等。

1. 实验目的

了解8255A可编程并行接口芯片的基本工作原理、特性及应用；掌握89C51单片机与8255A的接口电路设计和程序设计。

2. 实验仪器及设备

① PC机、DICE-KEIL USB仿真器、Keil软件。

② DICE-5210K单片机综合实验系统。

3. 实验内容

① 8255A的A口作为输入口与逻辑电平开关相连，8255A的B口作为输出口与发光二极管相连，8255A工作于基本输入/输出方式0。编写程序，使得逻辑电平开关的变化在发光二极管上显示出来。(若用8255A的C口作输出，如何修改程序及硬件电路?)

② 8255A的B口所接的发光二极管轮流点亮。轮流点亮时间间隔为1 s，利用软件延时或单片机内部定时器延时实现。8255A工作于基本输入/输出方式0。

③ 将89C51以选通方式(或中断方式)与8255A进行数据交换。8255A的A口接逻辑电平开关，B口接发光二极管LED，PC4接按钮(或开关)，A口输入，工作在方式1，B口输出，工作在方式0。CPU采用查询方式，通过查询状态字中的INTR或IBF位是否置位，从而使LED显示状态与开关状态相呼应。(若B口以方式1输出，A口以方式0输入，同样使LED显示状态与开关状态相呼应，如何修改程序及硬件电路?)

4. 硬件设计

可编程并行I/O口8255A电路设计如图3-9所示。8255A的PA口接开关，PB口接LED发光二极管，PC4接开关。

5. 程序设计

1) 工作原理

8255A接口芯片的A口设置为输入，B口设置为输出，均工作在方式0，控制字为90H。

当8255A中断选通时，A口设置为输入，工作在方式1，B口设置为输出，工作在方式0，此时控制字为10110000B。

2) 流程图

8255A基本输入/输出及PB口所接LED轮流点亮程序流程图如图3-10所示。

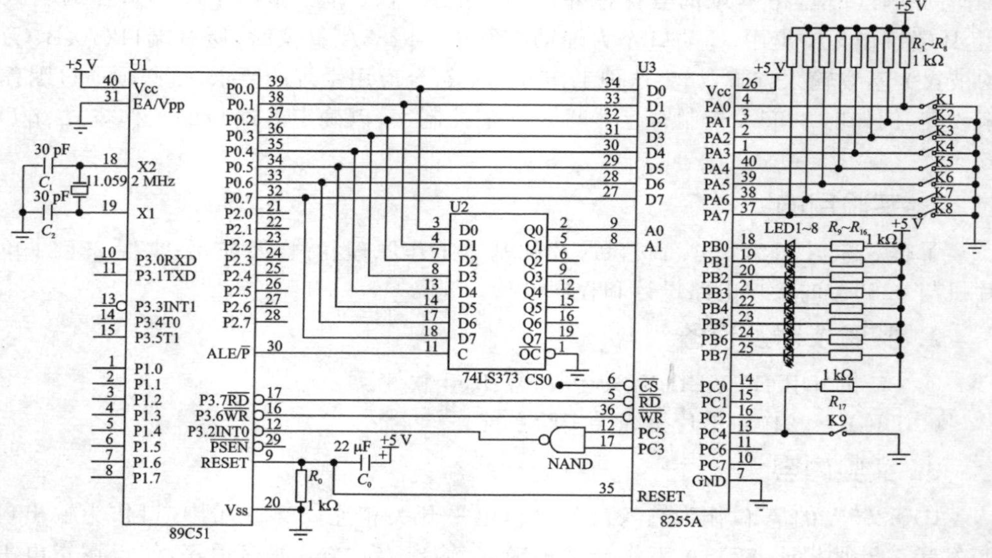

图 3-9　可编程并行 I/O 口 8255A 电路

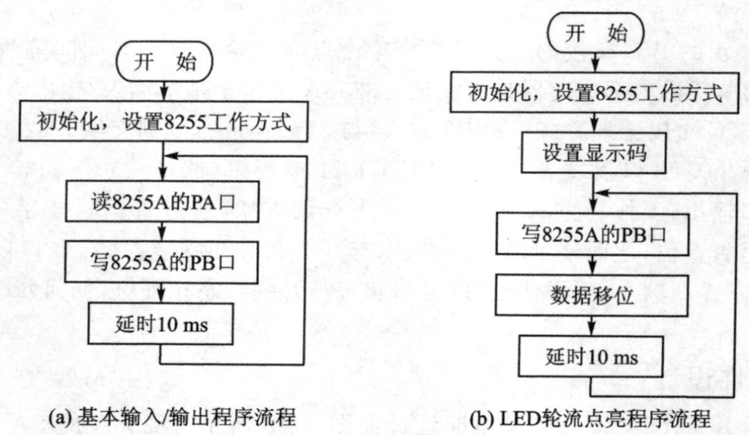

(a) 基本输入/输出程序流程　　(b) LED轮流点亮程序流程

图 3-10　8255A 基本输入/输出及 PB 口所接 LED 轮流点亮程序流程

3）参考程序

```
;T3_1.ASM:8255A 基本输入/输出
        PA      EQU   CFA0H
        PB      EQU   CFA1H
        PC      EQU   CFA2H
        PCTL    EQU   CFA3H
        ORG     0000H
        LJMP    START
```

```
        ORG     0030H
START:  MOV     DPTR,#PCTL      ;置8255A控制字,PA、PB口均工作
                                ;方式0,PA口为输入,PB口为输出
        MOV     A,#90H
        MOVX    @DPTR,A
LOOP:   MOV     DPTR,#PA        ;读8255A的PA口(开关状态值)
        MOVX    A,@DPTR
        MOV     DPTR,#PB        ;写8255A的PB口(开关状态值显示)
        MOVX    @DPTR,A
        MOV     R7,#10H         ;延时10 ms
DEL0:   MOV     R6,#0FFH
DEL1:   DJNZ    R6,DEL1
        DJNZ    R7,DEL0
        SJMP    LOOP
        END
```

```
;T3_2.ASM:8255A的PB口所接LED轮流点亮
        PA      EQU   CFA0H
        PB      EQU   CFA1H
        PC      EQU   CFA2H
        PCTL    EQU   CFA3H
        ORG     0000H
        LJMP    START
        ORG     0030H
START:  MOV     DPTR,#PCTL      ;置8255A控制字,PA、PB口均工作在方式0,PA口为输入,
                                ;PB口为输出
        MOV     A,#90H
        MOVX    @DPTR,A
        MOV     A,#0FEH
LOOP:   MOV     DPTR,#PB        ;写8255A的PB口
        MOVX    @DPTR,A
        LCALL   DEDLAY
        RL      A
        SJMP    LOOP
DELAY:  MOV     R7,#10H         ;延时10 ms
DEL0:   MOV     R6,#0FFH
DEL1:   DJNZ    R6,DEL1
        DJNZ    R7,DEL0
        RET
        END
```

```
;T3_3.ASM:8255A选通输入/输出,PA工作在方式1
        PA      EQU   CFA0H
        PB      EQU   CFA1H
```

```
        PC      EQU   CFA2H
        PCTL    EQU   CFA3H
        ORG     0000H
        LJMP    START
        ORG     0030H
START:  MOV     DPTR,#PCTL
        MOV     A,10110000B        ;10110000B,PA 口输入,方式 1;PB 口输出,方式 0
        MOVX    @DPTR,A
        MOV     A,00001001B        ;置 PA 口的 INTE = 1,允许产生 PA 口的中断标志 INTR
        MOVX    @DPTR,A            ;PC4 接开关(PB 口输出,方式 1;PC2 接开关)
        MOV     DPTR,#PB
        MOV     A,0FFH
        MOVX    @DPTR,A
WAIT:   MOV     DPTR,#PC
        MOVX    A,@DPTR
        JNB     ACC.3,WAIT         ;检查 PA 口的 INTR 和 PC3 是否为 1(PB 口输出,方式 1,PC0 是否为 1)
                                   ;为 0 表示无新数据输入
        MOV     DPTR,#PA
        MOVX    A,@DPTR
        MOV     DPTR,#PB
        MOVX    @DPTR,A
        SJMP    WAIT
        END                        ;(B 口输出,方式 1;A 口输入,方式 0:10010100B、00000101B、
                                   ;00000001B )
```

6. 实验步骤

1) 在实验内容①中

① CS0 接 CS8255;PA0～PA7 接 K1～K8;PB0～PB7 接发光二极管 LED1～LED8。

② 对 T3_1. ASM 进行编译等工作,全速执行。

③ 全速执行后拨动开关,观察发光二极管的变化。当开关某位置于 L 时,对应的发光二极管点亮,置于 H 时熄灭。

2) 在实验内容②中

① CS0 接 CS8255;PB0～PB7 接发光二极管 LED1～LED8。

② 对 T3_2. ASM 进行编译等工作,全速执行。

③ 观察 LED 变化,改变 LED 的闪烁变化(轮流点亮的速度、方向等),如何实现? 分析现象并作好记录。

3) 在实验内容③中

① CS0 接 CS8255;PA0～PA7 接 K1～K8;PB0～PB7 接发光二极管 LED1～LED8。

② PC4 接 K9。

③ 对 T3_3.ASM 进行编译等工作。

④ 先置 K1～K8 为不同状态，全速执行，然后观察拨动开关 K9 前后，发光二极管的变化；重新设置 K1～K8 的状态，再执行程序，重复观察拨动开关 K9 前后，发光二极管的变化。分析发光二极管的变化。

7. 思考题

① 总结可编程芯片 8255A 在单片机系统扩展中应用方法。

② 总结实验过程中所遇到的问题与解决的办法。

3.2.3　实验 4　可编程并行 I/O 口 8155 扩展

可编程接口芯片 8155 不仅具有两个 8 位的 I/O 口（A 口和 B 口）和一个 6 位的 I/O 口（C 口），而且还可以提供 256 B 的静态 RAM 存储器和一个 14 位定时器/计数器。8155 和单片机的接口非常简单，不需要增加任何硬件逻辑。由于 8155 既有 I/O 又有 RAM，所以被广泛应用，是单片机系统中最常用的外围接口芯片之一。

1. 实验目的

了解 8155 可编程并行接口芯片的基本工作原理、特性及应用；掌握 89C51 单片机与 8155 的接口电路设计和程序设计。

2. 实验仪器及设备

① PC 机、DICE－KEIL USB 仿真器、Keil 软件。

② DICE－5210K 单片机综合实验系统。

3. 实验内容

① PA 口设定为输出口，接 8 个 LED；PB 口设定为输入口。当 PB0 为高电平时，PA 口作单一灯的左移；当 PB0 为低电平时，PA 口作单一灯的右移。PA 口所接的 LED 轮流点亮，点亮时间间隔为 1 s，利用软件延时或单片机内部定时器延时或 8155 内部定时器延时实现。

② 8155 的 RAM 应用：先将十六进制值 00H、01H、02H、…、FFH 共 256 个值存入 8155 RAM 的 00H～FFH 地址，然后再从 8155 的 RAM 取出并输出至 PA 口，使 PA 口所接的 8 个 LED 显示相对应的二进制值，亮为 0，不亮为 1。

③ 8155 定时器/计数器应用：利用 8155 芯片扩展 I/O 口、外部数据区，并控制定时器/计数器，使其发出周期为 2 s 的方波。

4. 硬件设计

8155 为输入/输出及 RAM 应用电路设计如图 3－11(a)所示，8155 的 PA 口接发光二极管 LED，PB0 接开关 K。8155 为定时器/计数器应用电路设计如图 3－11(b)所示，8155 的 PA 口接发光二极管 LED，PB 口与单片机 P1 口相接，单片机 P3.0 接 8155 的 TIMERIN，8155 的 TIMEROUT 接 LED。

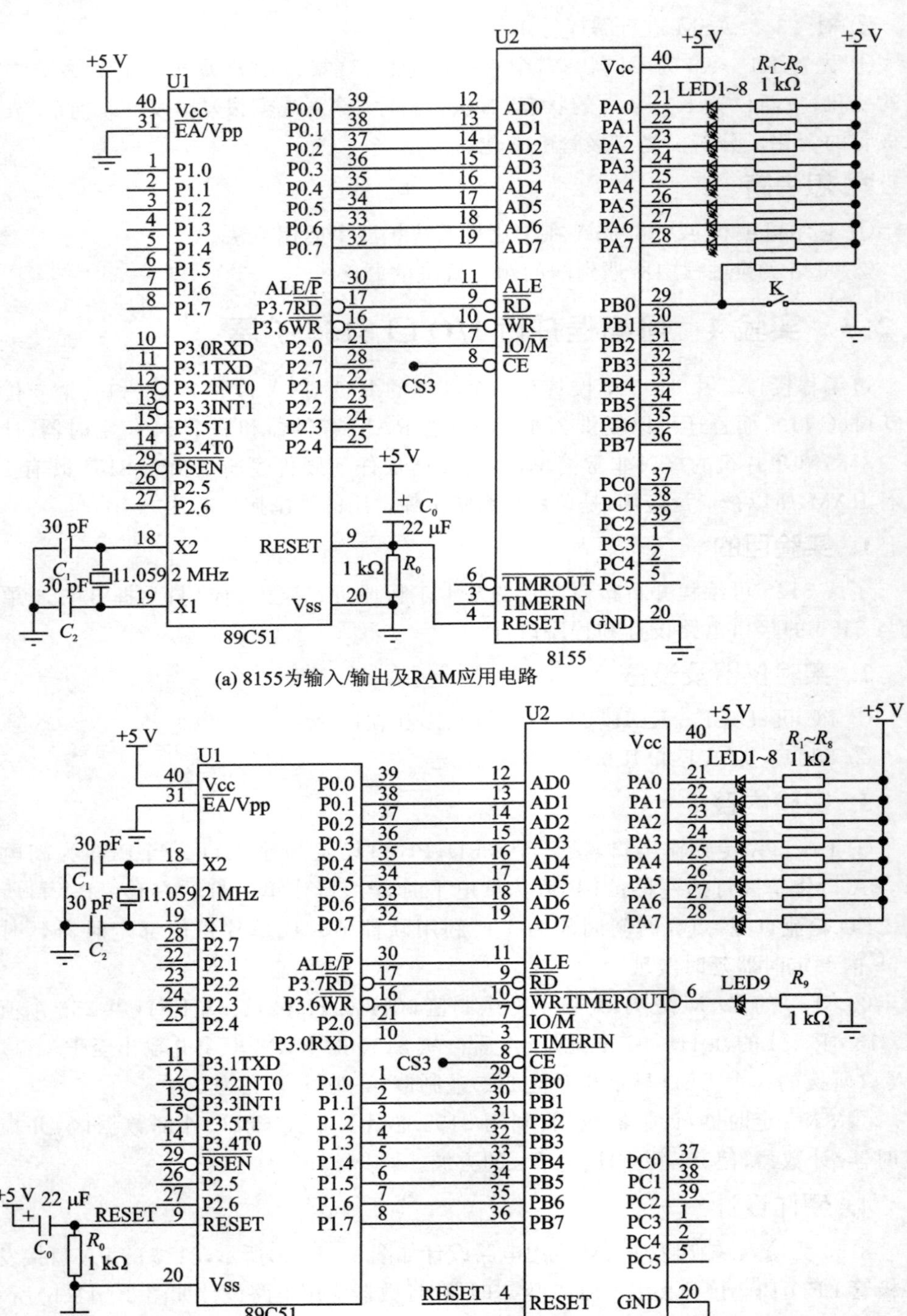

图 3-11　8155 应用电路设计

5. 程序设计

1) 工作原理

8155 芯片含有 256 B 的静态 RAM,2 个可编程序并行口 PA 和 PB,一个 6 位并行口 PC 及一个 14 位定时器/计数器。要求 8155 输出 2 s 的方波,这里可以通过单片机本身的中断产生一定频率的方波信号,由 P3.0 输出,再把它直接送给 8155 的 TIMERIN,使 8155 的 14 位定时器/计数器再作相应的分频即可,接上小灯能直接反映出来。PA 口将作为输出端口,通过小灯的亮灭来表现其输出功能;PB 口将作为输入端口,输入数据来源于单片机的 P1 口。把从 PB 口读入的数据与 P1 口输出的数据作比较,可反映出 PB 口的数据输入功能。

2) 流程图

流程图如图 3-12 所示。

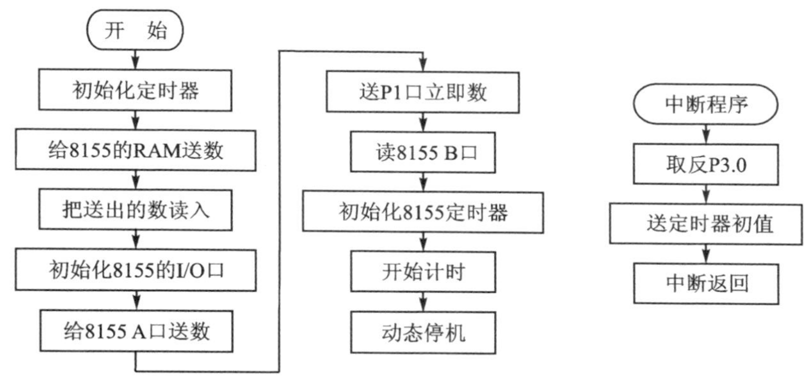

图 3-12 8155 为定时器/计数器应用程序流程

3) 参考程序

```
;T4_11.ASM :8155 输出控制(PB0 控制 LED 闪烁)
        PC      EQU   CFBBH
        PB      EQU   CFBAH
        PA      EQU   CFB9H
        PCTL    EQU   CFB8H
        ORG     0000H
        SJMP    START
        ORG     0030H
START:  SETB    P2.0            ;8155 IO/M = 1 选择使用在输出/输入口
        MOV     DPTR,#0CFB8H    ;命令/状态寄存器地址 00H
        MOV     A,#01H          ;设定命令/状态寄存器 PA 为输出,PB 为输入
        MOVX    @DPTR,A
A1:     MOV     DPTR,#0CFBAH    ;PB 口地址
        MOVX    A,@DPTR         ;读入 PB 值
```

```
        JB      ACC.0,A2        ;判断 PB0
        CJNE    A,#00H,A2       ;PB0 = 1 或 0
        MOV     R2,#0FEH        ;PB0 = 0 作右移
        MOV     R3,#08H
        MOV     DPTR,#0CFB9H    ;PA 地址
B1:     MOV     A,R2
        MOVX    @DPTR,A         ;输出至 PA
        RR      A
        MOV     R2,A
        CALL    DELAY
        DJNZ    R3,B1
        JMP     A1
A2:     MOV     R2,#07FH        ;PB0 = 1 作左移
        MOV     R3,#08H
        MOV     DPTR,#0CFB9H    ;PA 地址
B2:     MOV     A,R2
        MOVX    @DPTR,A         ;输出至 PA
        RL      A
        MOV     R2,A
        CALL    DELAY
        DJNZ    R3,B2
        SJMP    A1
DELAY:  MOV     R4,#200         ;延时
C:      MOV     R5,#248
        DJNZ    R5,$
        DJNZ    R4,C
        RET
        END

;T4_12.ASM :8155 输出控制 LED 轮流点亮
        PC      EQU   CFBBH
        PB      EQU   CFBAH
        PA      EQU   CFB9H
        PCTL    EQU   CFB8H
        ORG     0000H
        SJMP    START
        ORG     0030H
START:  SETB    P2.0            ;8155 IO/M = 1 选择使用在输出/输入口
        MOV     DPTR,#0CFB8H    ;命令/状态寄存器地址 00H
        MOV     A,#01H          ;设定命令/状态寄存器 PA 为输出、PB 为输入
        MOVX    @DPTR,A
A1:     MOV     R2,#07FH        ;左移轮流点亮
```

```
        MOV     R3,#08H
        MOV     DPTR,#0CFB9H        ;PA 地址
B2:     MOV     A,R2
        MOVX    @DPTR,A             ;输出至 PA
        RL      A
        MOV     R2,A
        CALL    DELAY
        DJNZ    R3,B2
        SJMP    A1
DELAY:  MOV     R6,#10              ;1 s 延时
D2:     MOV     R4,#200
D1:     MOV     R5,#248
        DJNZ    R5,$
        DJNZ    R4,D1
        DJNZ    R6,D2
        RET
        END

;T4_2.ASM:8155 的 RAM 应用
        PC      EQU     CFBBH
        PB      EQU     CFBAH
        PA      EQU     CFB9H
        PCTL    EQU     CFB8H
        ORG     0000H
        SJMP    START
        ORG     0030H
START:  MOV     DPTR,#0CFB8H        ;命令/状态寄存器地址 00H
        MOV     A,#01H              ;设定命令/状态寄存器 PA 为输出,PB 为输入
        MOVX    @DPTR,A
        CLR     P2.0                ;8155 IO/M=0 选择作为存取内部 RAM
        MOV     R0,#00H             ;8155 RAM 地址 00H
        MOV     R2,#00H             ;存入 8155 RAM 初值
        MOV     R3,#00H             ;256 个 RAM 及数据
A1:     MOV     A,R2
        MOVX    @R0,A               ;将累加器的值存入 8155 的 RAM
        INC     R0                  ;存下一个 RAM
        INC     R2                  ;存下一个 RAM 的数据
        DJNZ    R3,A1
A3:     MOV     R0,#00H             ;8155 RAM 地址 00H
        MOV     DPTR,#0CFB9H        ;PA 口地址
        MOV     R3,#00H             ;取 256 个 RAM 的值并输出
A2:     CLR     P2.0                ;8155 IO/M=0 存取 RAM
```

```
        MOVX   A,@R0          ;取内部 RAM 的值
        SETB   P2.0           ;8155 IO/M = 1 作输入/输出口
        CPL    A              ;输出为低电平动作
        MOVX   @DPTR,A        ;输出至 PA
        INC    R0             ;取下一个 RAM 的数据
        CALL   DELAY
        DJNZ   R3,A2
        JMP    A3
DELAY:  MOV    R6,#10         ;1 s 延时
D2:     MOV    R4,#200
D1:     MOV    R5,#248
        DJNZ   R5,$
        DJNZ   R4,D1
        DJNZ   R6,D2
        RET
        END
;T4_3.ASM:8155 定时器/计数器应用
        PC     EQU   CFBBH
        PB     EQU   CFBAH
        PA     EQU   CFB9H
        PCTL   EQU   CFB8H
        ORG    0000H
        SJMP   START
        ORG    001BH
        CPL    P3.0           ;中断输出周期为 40 ms 的方波
        MOV    TH0,#0B8H
        MOV    TL0,#00H
        RETI
START:  MOV    IE,#82H        ;初始化定时器 0
        MOV    TMOD,#01H
        MOV    TH0,#0B8H
        MOV    TL0,#00H
        MOV    DPTR,#6000H    ;8155 数据区的地址,内部有 256 B 的 RAM 可供用户使用。
        MOV    A,#38H
        MOVX   @DPTR,A        ;向 8155 内部数据区 0000H 单元中写入立即数 9DH
        MOVX   A,@DPTR
        MOV    30H,A          ;把外部数据区 0000H 单元中的内容读入并放在内部数区的
                              ;30H 单元中,看是否正确
        MOV    P1,#56H
        MOV    DPTR,#0CFB8H   ;命令/状态口地址
        MOV    A,#0C5H        ;A 口为基本输出口,B 口为基本输入口
        MOVX   @DPTR,A
```

```
LIGTH: MOV    DPTR,#0CFB9H     ;A 口地址
       MOV    A,#0FH           ;前 4 盏灯亮
       MOVX   @DPTR,A
       LCALL  DELAY-1s         ;1 s 延时
       MOV    A,#0F0H          ;后 4 盏灯亮
       MOVX   @DPTR,A
       LCALL  DELAY-1s         ;1 s 延时
       MOV    A,#0FFH          ;8 盏灯全亮
       MOVX   @DPTR,A
       LCALL  DELAY-1s         ;1 s 延时
       MOV    A,#00H           ;8 盏灯全灭
       MOVX   @DPTR,A
       LCALL  DELAY-1s         ;1 s 延时
       MOV    A,#0FH
       MOV    DPTR,#0CFBAH     ;B 口的地址
       LCALL  DELAY-1s         ;1 s 延时
       MOVX   A,@DPTR          ;把 P1 口的数据读入看是否与其输出相符
       MOV    30H,A
       MOV    DPTR,#0CFBCH     ;计数器低 8 位地址
       MOV    A,#064H
       MOVX   @DPTR,A
       MOV    30H,A
       MOV    DPTR,#0CFBDH     ;计数器高 6 位地址
       MOV    A,#040H
       MOVX   @DPTR,A
       SETB   TR0
       SJMP   $
DELAY-1s:
       MOV    TMOD,#01H        ;延时程序
       MOV    R2,#20
DELAYX:MOV    TH0,#0DCH
       MOV    TL0,#00H
       SETB   TR0
       CLR    TF0
       JNB    TF0,$
       DJNZ   R2,DELAYX
       CLR    TR0
       CLR    TF0
       RET
       END
```

6. 实验步骤

在实验内容①中

① CS3 接 CS8155;PA0～PA7 接发光二极管 LED1～LED8;PB0 接 K。

② 对 T4_11. ASM 进行编译等工作,全速执行。

③ 不断拨动开关,观察发光二极管的变化。

7. 思考题

① 总结可编程芯片 8155 在单片机系统扩展中应用方法。

② 总结实验过程中所遇到的问题与解决的办法。

3.3 单片机键盘/显示器接口

单片机应用系统中,最常用的显示器有 LED 状态显示器(俗称"发光二极管")、LED 七段显示器(俗称"数码管")和 LCD 显示器(液晶显示器),这些显示器可显示数字、字符及各种信息状态。它们的驱动电路简单、易于实现且价格低廉,因此,得到了广泛的应用。键盘是最常用的输入设备,操作人员一般都是通过键盘向单片机系统输入指令、地址和数据,实现简单的人机通信。

LED 数码管通常有两种显示方式:静态显示方式与动态显示方式。

LED 静态显示是指数码管显示某一字符时,相应的发光二极管恒定导通或恒定截止,各数码管的段选线分别与 I/O 接口线相连,若要显示字符,直接在 I/O 线发送相应的字段码即可,公共端固定接地(共阴极)或接正电源(共阳极),这种显示方式的各位数码管相互独立。静态显示结构简单,显示方便,若要显示某个字符,直接在 I/O 线发送相应的字段码即可。一个数码管需要 8 根 I/O 线。如果数码管数目少,这时用起来方便;但如果数码管数目较多,就要占用很多的 I/O 线。故数码管数目较多时,往往采用动态显示方式。

LED 动态显示是一位一位地轮流点亮各位数码管,这种逐位点亮显示器的方式称为位扫描。它是将所有的数码管的段选线并在一起,用一个 I/O 接口线控制,公共端不是直接接地(共阴极)或电源(共阳极),而是通过另外的 I/O 接口线控制。动态方式显示是利用定时扫描的方式让数码管一位一位地轮流点亮。各数码管分时轮流选通,要使其稳定显示必须采用扫描方式,即在某一时刻只选通一位数码管,并送出相应的段码,在另一时刻选通另一数码管,并送出相应的段码。依次规律循环,即可使各位数码管显示要显示的字符。虽然这些字符是在不同的时刻分别显示,但由于人眼存在视觉暂留效应,只要每位显示间隔适当就可以给人以同时显示的感觉。动态显示所用的 I/O 接口线少,线路简单,但软件开销大,需要 CPU 周期性地对它刷新,因此会占用大量的 CPU 时间。

键盘的结构形式一般有两种:独立式键盘与矩阵式键盘。

独立式键盘就是各按键相互独立，每个按键各接一根 I/O 接口线，每根 I/O 接口线上的按键都不会影响其他的 I/O 接口线，因此，通过检测 I/O 接口线的电平状态就可以很容易地判断哪个按键被按下。独立式键盘的电路配置灵活，软件简单，但每个按键要占用一根 I/O 接口线，在按键数量较多时，I/O 接口线浪费很大，故在按键数量不多时，常采用这种形式。独立式键盘有查询工作方式与中断工作方式。

矩阵式键盘又叫行列式键盘。用 I/O 接口线组成行、列结构，键位设置在行、列的交点上。行、列线分别连接到按键开关的两端，行线通过上拉电阻接+5 V，当没有键位按下时，被钳位在高电平状态。4×4 的行、列结构可组成 16 个键的键盘，比一个键位用一根 I/O 接口线的独立式键盘少用一半的 I/O 接口线。所以在按键数量较多时，往往采用矩阵式键盘。矩阵式键盘有查询工作方式、定时扫描工作方式与中断工作方式。

矩阵式键盘或 LED 数码管显示器的接口连接方式有多种形式，可直接连接于单片机的 I/O 口；可连接扩展的并行 I/O 口；也可连接可编程的键盘/显示器接口芯片(如 8279)等。其中，连接扩展的并行 I/O 口方便灵活，在单片机应用系统中比较常用。

3.3.1　实验 5　LED 数码管显示器

1. 实验目的

掌握 LED 数码管显示器不同显示方式的工作原理，掌握 89C51 与 LED 数码管显示器的接口方法及程序设计方法。

2. 实验仪器及设备

① PC 机、DICE-KEIL USB 仿真器、Keil 软件。

② DICE-5210K 单片机综合实验系统。

3. 实验内容

① 利用 1 个 LED 数码管，该数码管公共端接地，静态显示数字“8”；循环显示数字 0,1,…,9，数字变换时间间隔为 1 s。

② 利用 2 个 LED 数码管，采用扫描方式，动态显示，两位数 00,01,02,…,99，反复循环。(改为 99,98,…,00 倒计数呢？程序如何修改？)

③ 拉幕式数码显示，要求在 6 位数码管上从右向左循环显示“123456”，并且能够看到比较平滑地拉幕的效果。

4. 硬件设计

静态数字显示电路设计如图 3-13(a)所示，单片机的 P0 口连接一只共阴极数码管。

动态数字显示电路设计如图 3-13(b)所示，单片机的 P0 口并行连接两只共阴极数码管，R 是限流电阻。

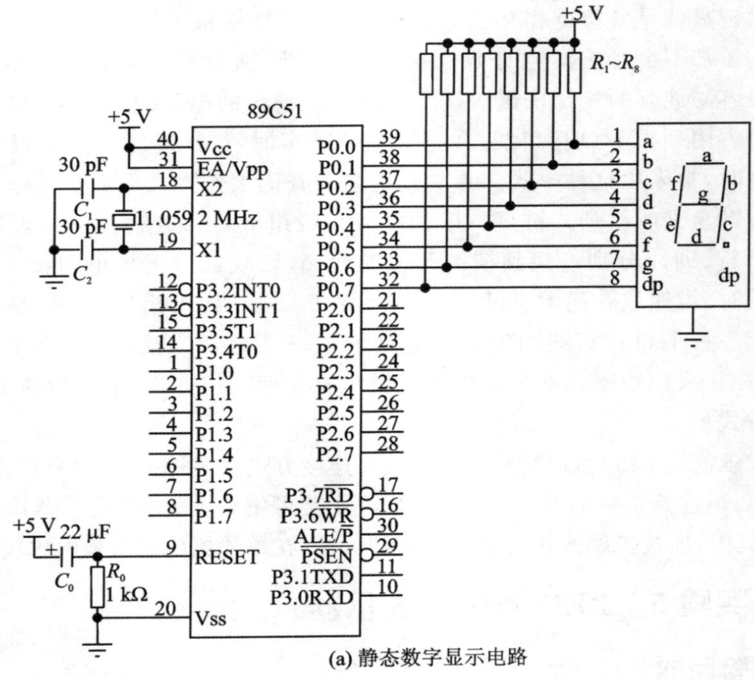

(a) 静态数字显示电路

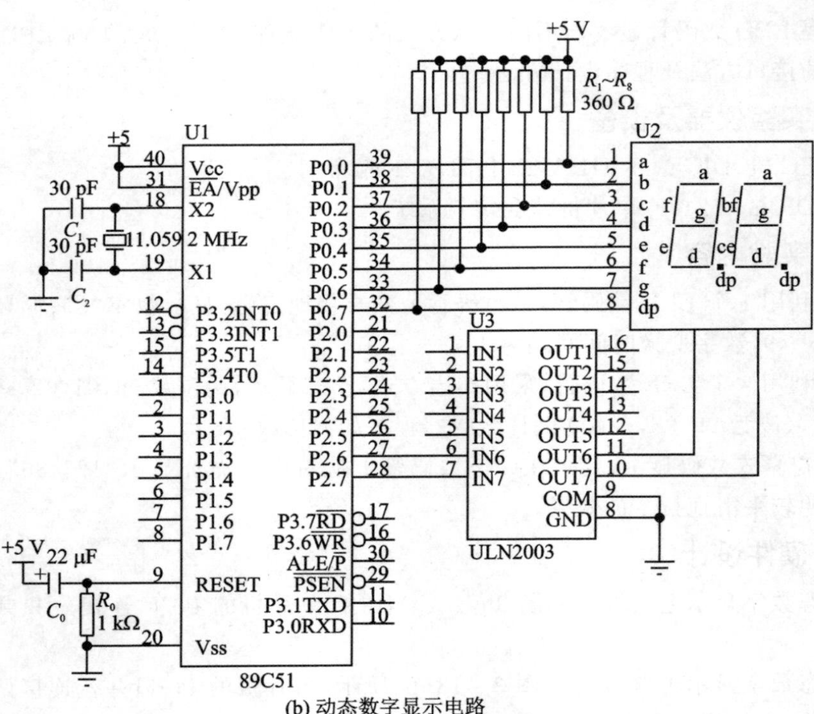

(b) 动态数字显示电路

图 3－13　数字显示电路

拉幕式数码显示电路设计如图 3－14 所示，P0 口接数码管的段选输出显示段码，单片机 P2.0～P2.5 输出位码，经 ULN2003 输出驱动给 LED 显示。

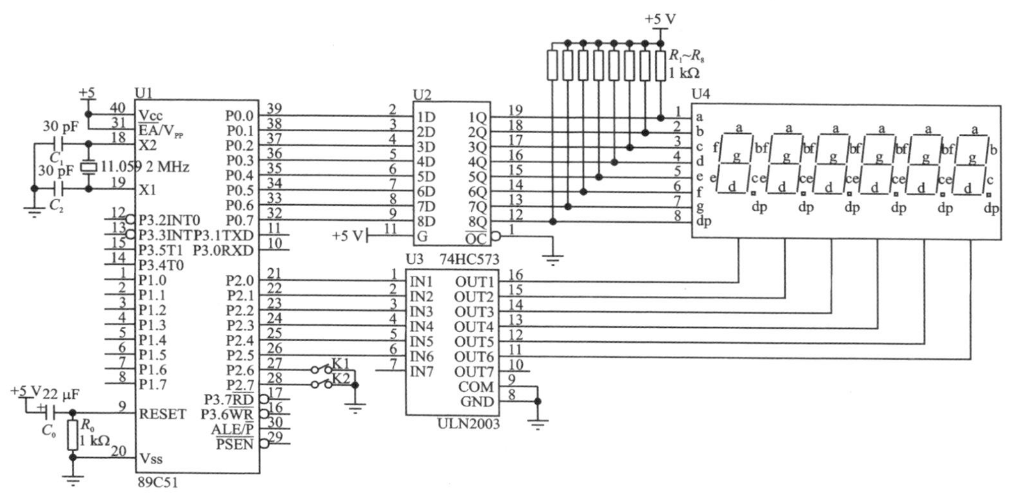

图 3－14　拉幕式数码显示电路

5. 程序设计

1）工作原理

数码管的公共端固定接地(共阴极)或接正电源(共阳极)，直接在 I/O 线发送相应的字段码即可，为静态显示的工作方式。使每个数码管轮流点亮相应字符再不断循环，从计算机的角度看是逐个显示，但由于人的视觉暂留效应，只要循环的周期足够短，看起来所有的数码管都是一起显示，为动态显示的工作方式。

拉幕式数码显示程序设计方法：将段码表分组，取一组段码显示一段时间后，再取下一组段码，如此循环下去，即可看到拉幕显示的效果：1，12，123，12345，123456，3456，56……

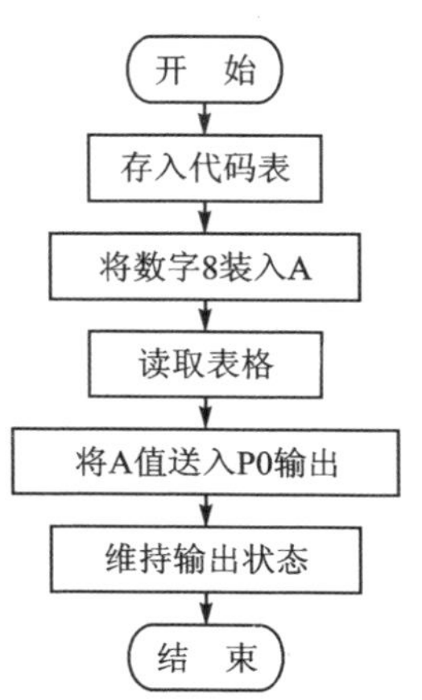

图 3－15　显示 8 程序流程

2）流程图

流程图如图 3－15～图 3－18 所示。

3）参考程序

```
;T5_11.ASM:数码管 LED 显示 8 数字
        ORG     0000H
        SJMP    START
        ORG     0030H
START:  MOV     DPTR, #TABLE        ;存入表的起始地址
```

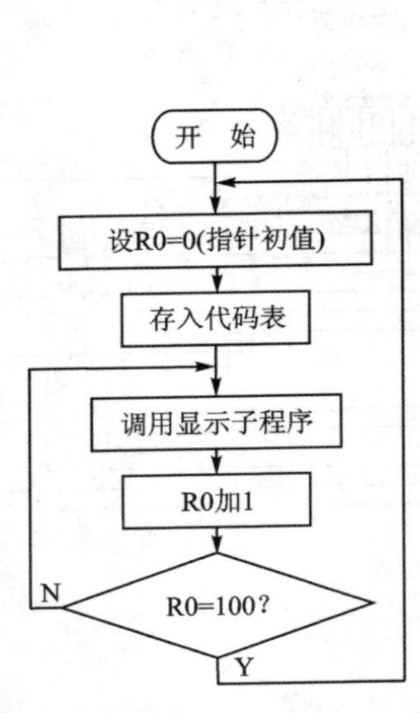

图 3-16 循环显示 1～99 程序流程

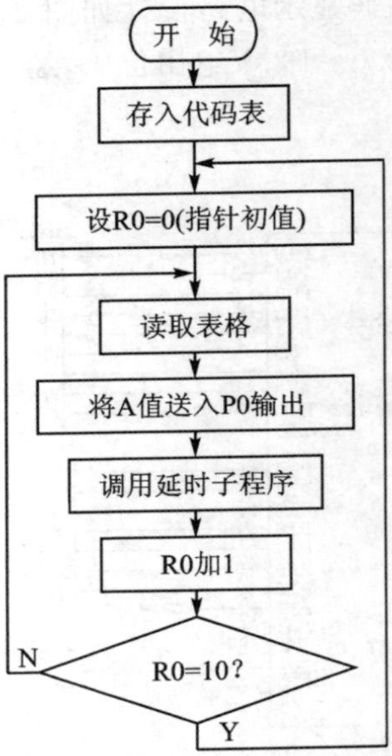

图 3-17 循环显示 1～9 程序流程

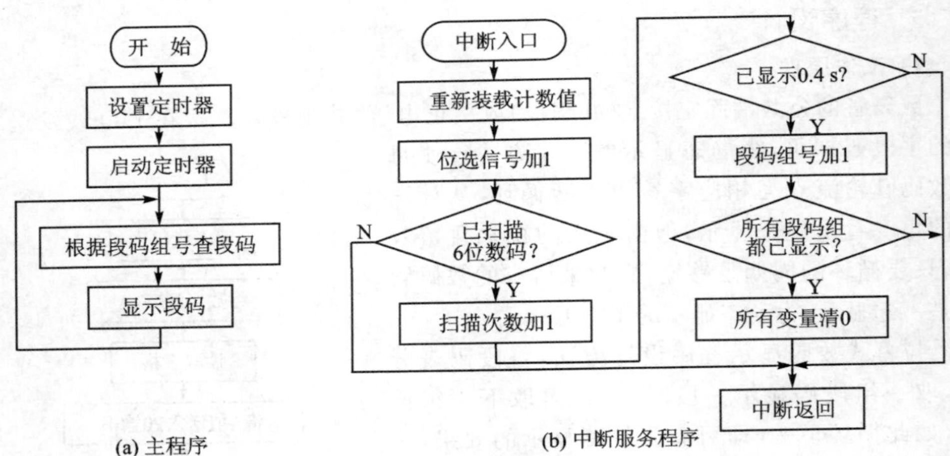

(a) 主程序　　(b) 中断服务程序

图 3-18 拉幕式数码显示程序流程

```
        MOV     A，#8                   ;将欲显示的数字 8 存入 A
        MOVC    A，@A + DPTR            ;按地址取代码并存入 A
        MOV     P0，A                   ;将代码送 P0 转变为数字显示
        SJMP    START                   ;程序运行在当前状态
TABLE： DB      3FH，06H，5BH，4FH      ;代码表
        DB      66H，6DH，7DH，07H
        DB      7FH，6FH，77H，7CH
        DB      39H，5EH，79H，71H
```

```
        END

;T5_12.ASM:数码管 LED 循环显示 0～9 数字
        ORG     0000H
        SJMP    START
        ORG     0030H
START:  MOV     DPTR, #TABLE        ;存表
        MOV     R0, #0              ;设定初始值
LOOP:   MOV     A, R0
        MOVC    A, @A+DPTR          ;取表代码
        MOV     P0, A               ;送 P0 输出
        ACALL   DLY1S               ;调延时程序
        INC     R0                  ;R0 值加 1
        CJNE    R0,#10, LOOP        ;不是 10,循环
        SJMP    START               ;重新开始
DLY1S:  MOV     R5,#50              ;延时 1 s
D1:     MOV     R6,#100
D2:     MOV     R7,#100
        DJNZ    R7,$
        DJNZ    R6, D2
        DJNZ    R5, D1
        RET
TABLE:  DB      3FH, 06H, 5BH, 4FH
        DB      66H, 6DH, 7DH, 07H
        DB      7FH, 6FH, 77H, 7CH
        DB      39H, 5EH, 79H, 71H
        END

;T5_2.ASM:数码管 LED 扫描方式循环显示 00～99 两位数字
        ORG     0000H
        SJMP    START
        ORG     0030H
START:  MOV     R0, #0              ;初始化计数器
        MOV     DPTR, #TABLE        ;存入查表起始地址
LOOP:   ACALL   DISPLAY             ;调显示子程序
        INC     R0                  ;计数器加 1
        CJNE    R0,#100,LOOP        ;没到 100 循环
        SJMP    START               ;到开始处
DISPLAY:
        MOV     A,R0
        MOVB,    #10                ;十六进制换成十进制
        DIV     AB                  ;A÷B的商存 A,余数存 B
```

```
        MOV     R1,A                    ;R1 内存放十位数
        MOV     R2,B                    ;R2 内存放个位数
        MOV     R3,#50                  ;设导通频率 50 次
LOOP1:  MOV     A, R2                   ;个位数显示
        ACALL   CHANG                   ;调显示子程序
        CLR     P2.7                    ;开个位显示
        ACALL   DLY10mS                 ;调延时 10 ms 程序
        SETB    P2.7                    ;关闭个位显示
        MOV     A,R1                    ;取十位数
        ACALL   CHANG                   ;调取表显示子程序
        CLR     P2.6                    ;开十位显示
        ACALL   DLY10mS                 ;调延时 10 ms 程序十位
        SETB    P2.6                    ;关闭十位显示
        DJNZ    R3,LOOP1                ;100 次没完,继续循环
        RET
CHANG:  MOV     CA,@A + DPTR
        MOV     P0,A
        RET
DLY10mS:MOV     R6,#20
D1:     MOV     R7,#248
        DJNZ    R7,$
        DJNZ    R6,D1
        RET
TABLE:  DB      3FH, 06H, 5BH, 4FH
        DB      66H, 6DH, 7DH, 07H
        DB      7FH, 6FH, 77H, 7CH
        DB      39H, 5EH, 79H, 71H
        END

;T5_3.ASM:拉幕式数码显示“123456”
        DISP_CNT  EQU   40H
        TCNT      EQU   41H
        ORG     0000H
        SJMP    START
        ORG     000BH
        LJMP    NT_T0
        ORG     0030H
START:  MOV     DISP_CNT,#00H
        MOV     TCNT,#00H
        MOV     P2,#00H
        MOV     TMOD,#01H
        MOV     TH0,#(65536 - 5000)/256
```

```
        MOV     TL0,#(65536-5000)MOD256
        MOV     IE,#82H
        SETB    TR0
DISP:   MOV     A,DISP_CNT          ;段码组号
        MOV     DPTR,#TABLE
        MOV     R0,P2               ;读取位选信号
        ADD     A,R0                ;得到偏移地址
        MOVC    A,@A+DPTR
        MOV     P0,A                ;取出段码显示
        SJMP    DISP
INT_T0: MOV     TH0,#(65536-5000)/256
        MOV     TL0,#(65536-5000)MOD256
        INC     P2                  ;数码管位选信号
        MOV     A,P2
        CJNE    A,#06H,RETUNE       ;已扫描一次?
        MOV     P2,#00H
        INC     TCNT                ;扫描次数加 1
        MOV     A,TCNT
        CJNE    A,#10,RETUNE        ;一组数已显示 0.4 s?
        MOV     TCNT,#00H
        INC     DISP_CNT            ;段码组号加 1
        MOV     A,DISP_CNT
        CJNE    A,#11,RETUNE        ;所有的段码组都已显示?
        MOV     P2,#00H
        MOV     DISP_CNT,#00H
        MOV     TCNT,#00H
RETUNE: RETI
TABLE:  DB      00H,00H,00H,00H,00H
        DB      06H,5BH,4FH,66H,6DH,7DH
        DB      00H,00H,00H,00H,00H,00H
        END
```

6. 实验步骤

① 使用单片机综合实验系统中的最小系统，LED 数码管显示模块。

② 单片机 P0.0～P0.7 接 LEDa～LEDdp，LED1 端接地。

③ 单片机 P0.0～P0.7 接 LEDa～LEDdp，单片机 P2.7～P2.6 接 LED1～LED2。

④ 单片机 P0.0～P0.7 接 LEDa～LEDdp，单片机 P2.5～P2.0 接 LED1～LED6。

⑤ 对 T5_11.ASM 等源程序进行编译等，全速执行，观察 LED 数码管的变化。

7. 思考题

① 按照图 3-17 所示硬件电路原理图设计电子时钟，程序如何编写？流程图如

何设计?

② 总结实验过程中所遇到的问题与解决的办法。

3.3.2 实验 6 独立式键盘与矩阵式键盘

1. 实验目的

掌握键盘的不同工作方式及各种方式下键盘的工作原理,掌握 89C51 与键盘的接口方法及程序设计方法。

2. 实验仪器及设备

① PC 机、DICE-KEIL USB 仿真器、Keil 软件。

② DICE-5210K 单片机综合实验系统。

3. 实验内容

① 在独立式键盘中,利用开关控制 LED 的不同状态:按 K1 键时,LED 单一灯左轮流点亮;按 K2 键时,LED 单一灯右轮流点亮;按 K3 键时,LED 从中间分开单一灯点亮;按 K4 键时,LED 从两边向中间单一灯点亮。

② 在独立式键盘中,用开关的低 4 位作二进制的输入,控制输出端数码管显示器的输出。

③ 设计 4×4 矩阵式键盘,当按键时,在 LED 数码管上显示该键值。共有 16 个按键,通过扫描方法控制显示器输出 0～F 十六进制数。

4. 硬件设计

独立式键盘控制 LED 状态变化电路设计如图 3-19 所示,P2.4～P2.7 接开关 K1～K4,P0 口接 LED 发光二极管。独立式键盘控制数码管显示电路设计如图 3-20 所示,P3.0～P3.7 接开关 K1～K8,P0 口接数码管段选,数码管公共端接地。矩阵式键盘控制电路设计如图 3-21 所示,P0 口接静态数码管段选。由于 P0 口内部无上拉电阻,所以必须外接上拉电阻,其电阻值可根据 LED 数码管的发光电流及亮度来选择,这里为 1 kΩ。数码管公共端接地。P1 口的 I/O 口线组成 4×4 矩阵式键盘的行线 P1.4～P1.7 与列线 P1.0～P1.3。由于 P1.0 内部已经有上拉电阻,所以电路中不需要上拉电阻。

5. 程序设计

1) 工作原理

独立式键盘采用查询工作方式,矩阵式键盘采用扫描方式。

当扫描开始时,首先将行设置为低电平,在判断有键按下后,读入列状态。如果列状态并非全部为 1,则 0 状态的列与行相交的键就是被按下的键。

矩阵式键盘中键值计算:每个按键有它的行值和列值,行值和列值的组合就是识别这个按键的编码。计算公式为:键值=行号×行数+列号。如图 3-21 中,若 8 号

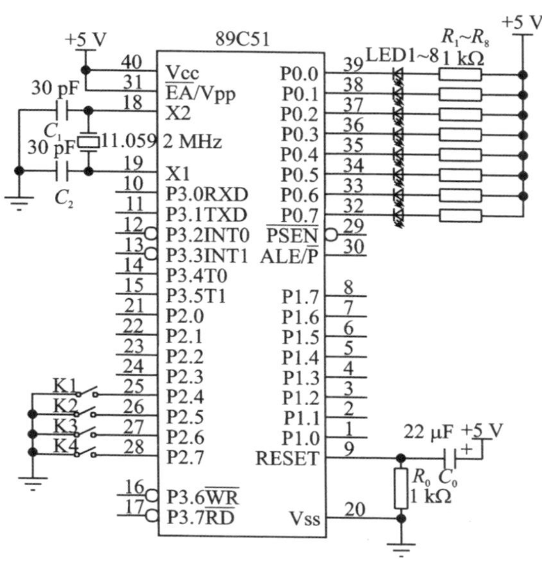

图 3－19　独立式键盘控制 LED 状态变化电路

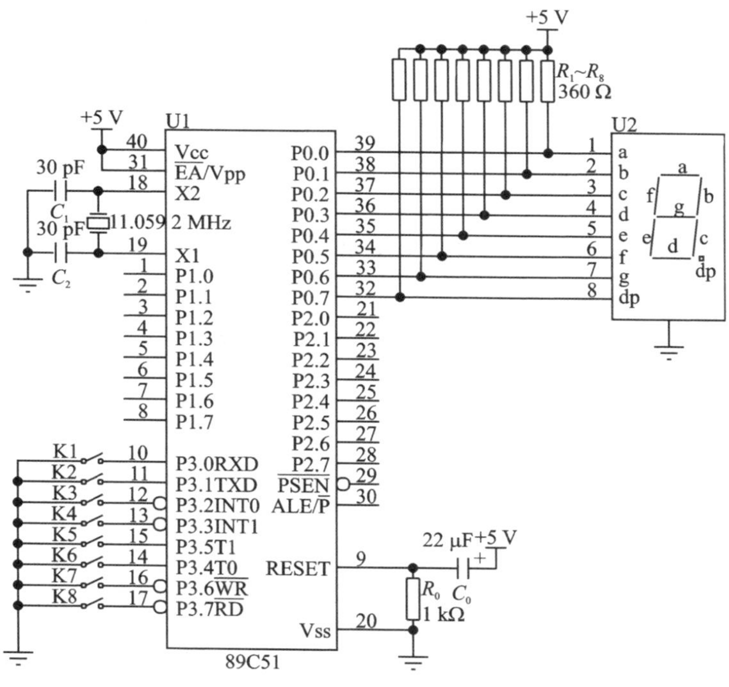

图 3－20　独立式键盘控制数码管显示电路

键按下，它所在的行号为 2，列号为 0，该键盘的行数为 4，则键值为 2×4＋0＝8。

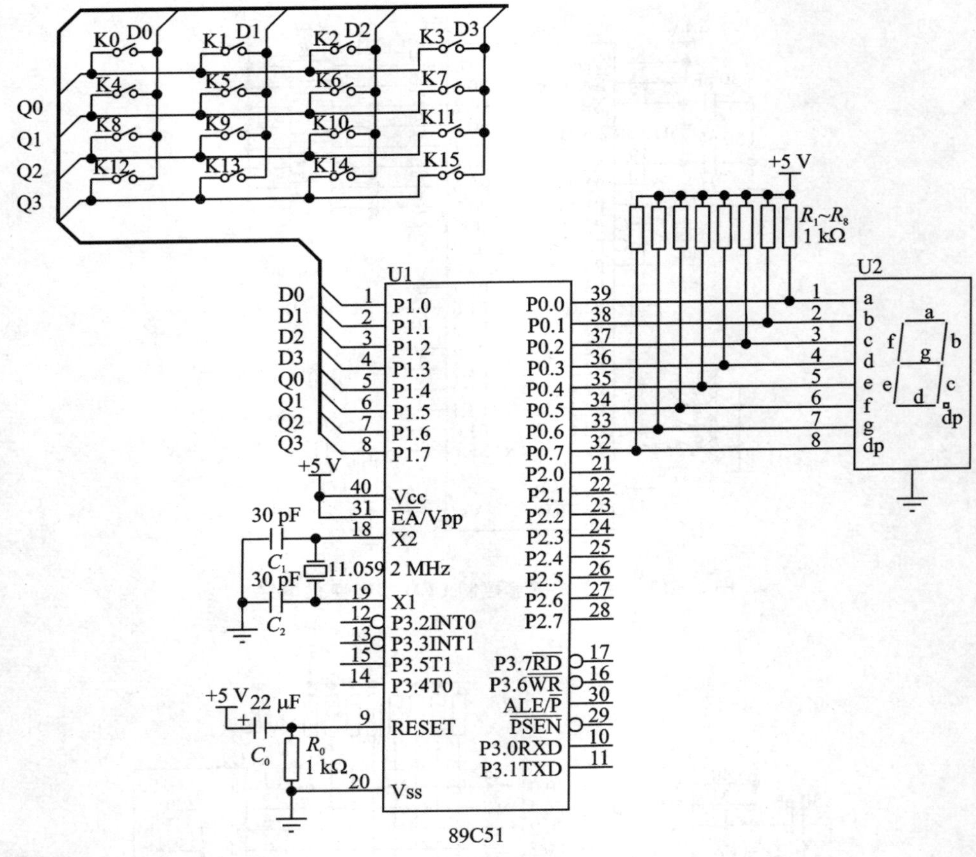

图 3-21　矩阵式键盘控制电路

2）流程图

流程图如图 3-22～图 3-24 所示。

3）参考程序

```
;T6_1.ASM:独立式键盘控制 LED 状态变化
        ORG     0000H
        SJMP    START
        ORG     0030H
START:  MOV     P1,#0FFH              ;设置输出口初值
        MOV     A, #0FFH              ;设置输入方式
        MOV     P2,A
LOOP:   MOV     A,P2                  ;读入键盘状态
        CJNE    A,#0FFH,LOOP1         ;有键按下否
        SJMP    LOOP                  ;无键按下则等待
LOOP1:  ACALL   DELAY1                ;调延时去抖动
```

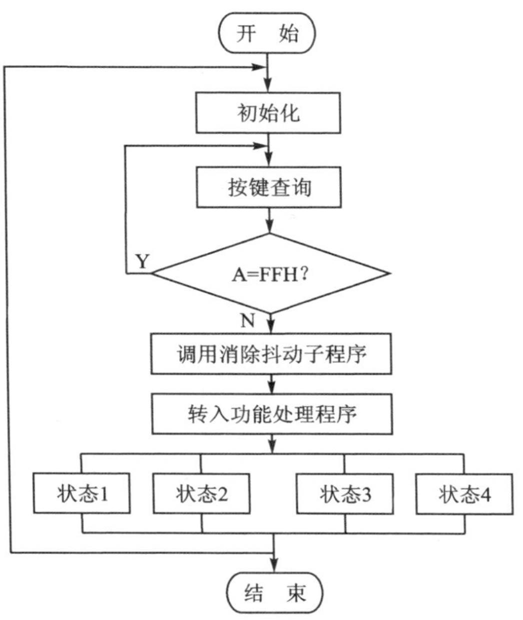

图 3-22　控制 LED 状态变化程序流程

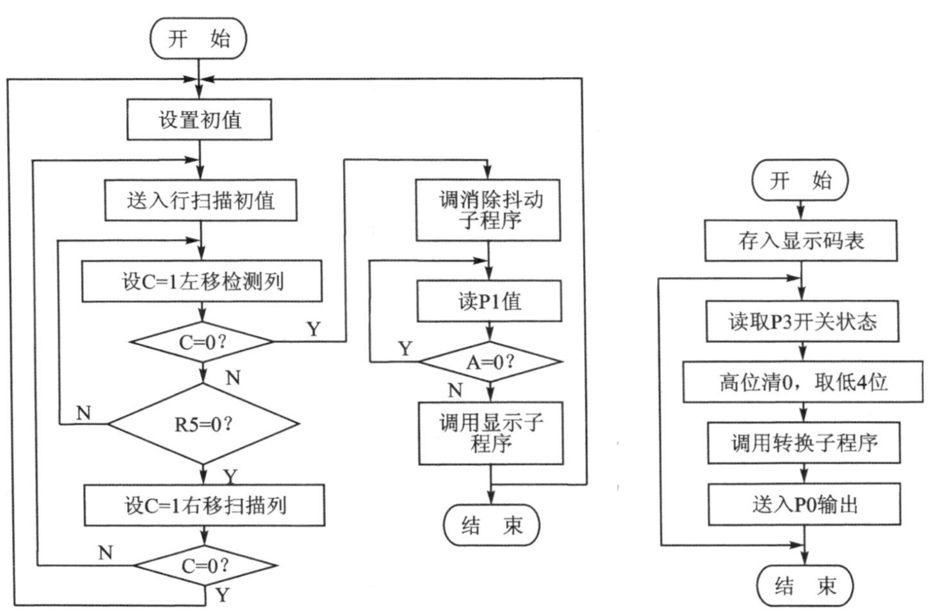

图 3-23　矩阵式键盘控制程序流程

图 3-24　控制数码管显示程序流程

```
MOV     A,P2                  ;重读入键盘状态
CJNE    A,#0FFH,LOOP2         ;非误读则转
SJMP    LOOP
```

```
LOOP2: JNB    P2.4,STAT1          ;K1 键按下则转 STAT1
       JNB    P2.5,STAT2          ;K2 键按下则转 STAT2
       JNB    P2.6,STAT3          ;K3 键按下则转 STAT3
       JNB    P2.7,STAT4          ;K4 键按下则转 STAT4
       SJMP   START               ;无键按下则返回
STAT1: MOV    R0,#8               ;设左移 8 次
       MOV    A, #11111110B       ;存入开始点亮灯的位置
       MOV    P1,A                ;传送到 P1 口并输出
       ACALL  DELAY               ;调延时子程序
       RL     A                   ;左移一位
       DJNZ   R0, STAT1           ;判断移动次数
       SJMP   START               ;返回主程序开始处
STAT2: MOV    R0,#8               ;设右移 8 次
       MOV    A, #01111111B       ;存入开始点亮灯的位置
       MOV    P1,A                ;传送到 P1 口并输出
       ACALL  DELAY               ;调延时子程序
       RR     A                   ;右移一位
       DJNZ   R0, STAT2           ;判断移动次数
       SJMP   START               ;返回主程序开始处
STAT3: MOV    R0,#0               ;设定初始状态
       MOV    DPTR, #TABLE1       ;存入表的起始地址
       MOV    A,R0;
       MOVC   A,A+@DPTR           ;取表中状态
       MOV    P1,A                ;传送到 P1 口并输出
       ACALL  DELAY               ;调延时子程序
       INC    R0                  ;R0 值加 1
       CJNE   R0,#5,STAT3         ;判断状态次数
       SJMP   START               ;返回主程序开始处
STAT4: MOV    R0,#0               ;设定初始状态
       MOV    DPTR, #TABLE2       ;存入表的起始地址
       MOV    A,R0
       MOVC   A,A+@DPTR           ;取表中状态
       MOV    P1,A                ;传送到 P1 口并输出
       ACALL  DELAY               ;调延时子程序
       INC    R0                  ;R0 值加 1
       CJNE   R0,#5,STAT4         ;判断状态次数
       SJMP   START               ;返回主程序开始处
DELAY: MOV    R5,#50
DLY1:  MOV    R6,#100
DLY2:  MOV    R7,#100
       DJNZ   R7,$
       DJNZ   R6,DLY2
       DJNZ   R5,DLY1
       RET                        ;子程序返回
```

```
TABLE1: DB    0E7H, 0DBH, 0BDH, 7EH      ;状态 3 代码表
TABLE2: DB    7EH,  0BDH, 0DBH, 0E7H     ;状态 4 代码表
```

```
;T6_2.ASM:独立式键盘控制数码管显示
        ORG     0000H
        SJMP    START
        ORG     0030H
START:  MOV     DPTR, #TABLE ;存表
        MOV     P0, #00H                 ;LED 全灭
 LOOP:  MOV     A, P3                    ;从 P3 口读入 DIP 开关值
        ANL     A, #0FH                  ;高 4 位清零,取低 4 位
        ACALL   CHANG                    ;转成七段显示码
        MOV     P0, A                    ;从 P0 输出
        SJMP    LOOP                     ;转移 LOOP 处,循环
CHANG:  MOVC    A,@A + DPTR              ;取码
        RET                              ;返回
TABLE:  DB    3FH, 06H, 5BH, 4FH
        DB    66H, 6DH, 7DH, 07H
        DB    7FH, 6FH, 77H, 7CH
        DB    39H, 5EH, 79H, 71H
        END
```

```
;T6_3.ASM:矩阵式键盘控制
        ORG     0000H
        SJMP    START
        ORG     0030H
START:  MOV     R4, #00H
L1:     MOV     R3, #0EFH                ;扫描初值(P1.4 = 0)
        MOV     R1, #00H                 ;取码指针
L2:     MOV     A,R3                     ;开始扫描
        MOV     P1,A                     ;将扫描值输出至 P1
        MOV     A,P1                     ;读入 P1 值,判断有无键按下
        MOV     R4,A                     ;存入 R4,以判断按键是否放开
        SETB    C                        ;C = 1
        MOV     R5, #04H                 ;扫描 P1.0～P1.3
L3:     RLC     A                        ;将按键值左移一位
        JNC     KEY                      ;有键按下,C = 0,跳至 KEY
        INC     R1                       ;C = 1,没键按下,指针值加 1
        DJNZ    R5,L3                    ;4 列扫描完毕?
        MOV     A,R3                     ;扫描值载入
        SETB    C                        ;C = 1
        RRC     A                        ;扫描下一行
        MOV     R3,A                     ;存回扫描寄存器
        JC      L2                       ;C = 1,程序转到 L2 处
```

```
        SJMP    L1                  ;C=0 则 4 行扫描完毕
KEY:    ACALL   DELAY               ;调延时子程序
D1:     MOV     A,P1                ;读入 P1 值
        XRL     A,R4                ;与上次读入值作比较
        JZ      D1                  ;A=0,表示按键未放开
        MOV     A,R1                ;按键已放开,指针载入 A
        ACALL   DISP                ;调用显示子程序
        SJMP    L1
DISP:   MOV     DPTR,#TABLE         ;数据指针指到 TABLE
        MOVC    A,@A+DPTR           ;至 TABLE 取码
        MOV     P0,A                ;输出
        RET                         ;子程序返回
DELAY:  MOV     R7, #60
        MOV     R6, #248
DLY1:   DJNZ    R6, $
        DJNZ    R7, DLY1
        RET
TABLE:  DB   3FH, 06H, 5BH, 4FH
        DB   66H, 6DH, 7DH, 07H
        DB   7FH, 6FH, 77H, 7CH
        DB   39H, 5EH, 79H, 71H
        END
```

6. 实验步骤

① 使用单片机综合实验系统中的最小系统,LED 数码管显示模块,独立式键盘和矩阵式键盘模块。

② 单片机 P1.0～P1.7 接 LED1～LED8 发光二极管,P2.4～P2.7 接 K1～K4。

③ 单片机 P0.0～P0.7 接数码管的 LEDa～LEDdp, 数码管 LED1 公共端接地,P3.0～P3.7 接 K1～K8。

④ 单片机 P0.0～P0.7 接数码管的 LEDa～LEDdp,数码管 LED1 公共端接地,P1.0～P1.7 接矩阵式键盘。

⑤ 对 T6_1.ASM 等源程序进行编译等,全速执行。

⑥ 观察 LED 发光二极管或数码管的变化。

7. 思考题

① 写出确定键值的方法。若图 3-21 改为 3×8 矩阵式键盘,电路如何设计?如何编程?

② 总结实验过程中所遇到的问题与解决的办法。

3.3.3　实验7　可编程芯片8255A连接键盘/显示器

1. 实验目的

掌握可编程芯片8255A连接键盘/显示器的工作原理，掌握89C51与8255A及键盘/显示器的接口方法及程序设计方法。

2. 实验仪器及设备

① PC机、DICE-KEIL USB仿真器、Keil软件。

② DICE-5210K单片机综合实验系统。

3. 实验内容

利用8255A可编程并行接口芯片和矩阵键盘，编写程序，要求键盘上每按一个数字键(0～F)，均用一个LED数码管显示。

4. 硬件设计

矩阵式键盘控制电路设计如图3-25所示，电路通过8255A的I/O口线组成3×8矩阵式键盘，PA.0～PA.2为3根列线，PB口为8根行线，PC口接1个LED数码管。

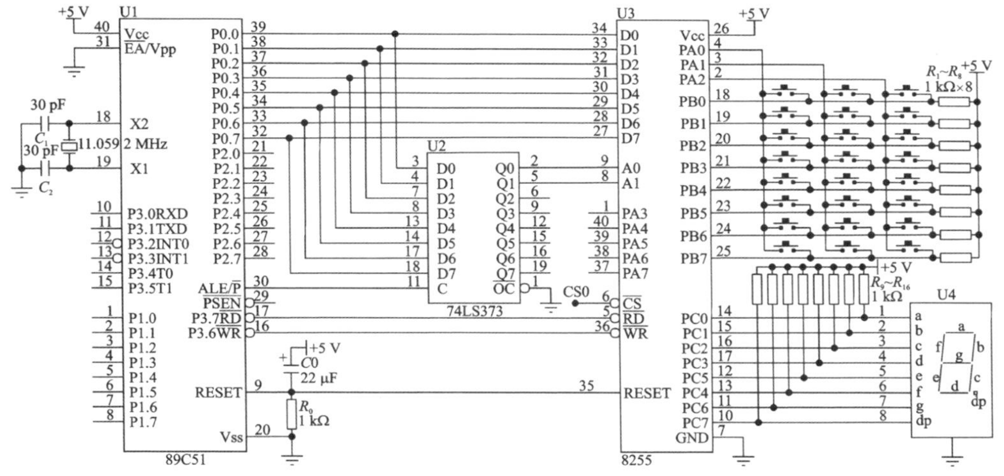

图3-25　矩阵式键盘控制电路

5. 程序设计

1) 工作原理

按键的闭合通常采用行扫描法和行反转法实现。

行扫描法是使键盘上某一行线为低电平，而其余行线接高电平，然后读取列值。若所读列值中某位为低电平，表明有键按下；否则扫描下一行，直到扫完所有行。

本实验参考程序采用的是行反转法。

用行反转法识别键闭合时，先将行线接到一个并行口，工作于输出方式，再将列线接到一个并行口,工作于输入方式。程序使 CPU 通过输出端口往各行线上全部送低电平,然后读入列线值,若此时有某键被按下,则必定会使某一列线值为 0。然后,程序对两个并行端口进行方式设置,使行线工作于输入方式,列线工作于输出方式,并将刚读得的列线值从列线所接的并行端口输出,再读取行线上的输入值,那么,在闭合键所在的行线上的值必定为 0。当一个键被按下时,必定可以读得一对唯一的行线值和列线值。

程序设计时,要学会灵活地对 8255A 的各端口进行工作方式设置,可将各键对应的键值(行线值、列线值)放在一个表中,将要显示的 0～F 字符放在另一个表中,通过查表来确定按下的是哪一个键,并正确显示出来。

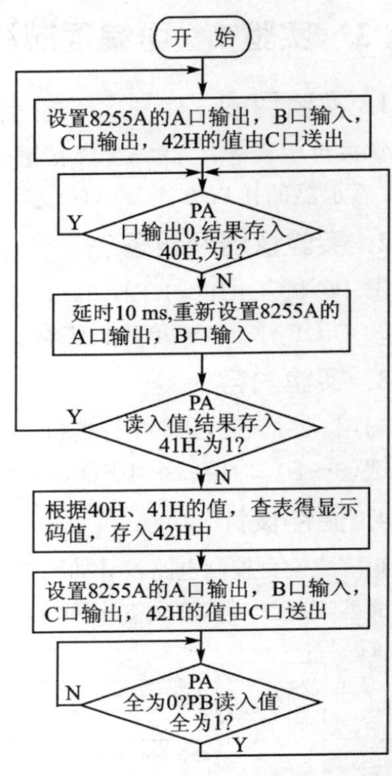

图 3-26 矩阵式键盘控制程序流程

2）流程图

流程图如图 3-26 所示。

3）参考程序

```
;T7.ASM:矩阵式键盘控制
        PA    EQU   0CFA0H
        PB    EQU   PA+1
        PC    EQU   PB+1
        PCTL  EQU   PC+1
        ORG   0000H
        SJMP  START
        ORG   0030H
START:  MOV   42H,#0FFH          ;42H 中放显示的字符码,初值为 0FFH
STA1:   MOV   DPTR,#PCTL         ;设置控制字,A、B 和 C 口工作于方式 0
                                 ;A、C 口用于输出,而 B 口用于输入
        MOV   A,#82H
        MOVX  @DPTR,A
LINE:   MOV   DPTR,#PC           ;将字符码从 C 口输出显示
        MOV   A,42H
        CPL   A
        MOVX  @DPTR,A
        MOV   DPTR,#PA           ;从 A 口输出全零到键盘的列线
        MOVX  @DPTR,A
        MOV   DPTR,#PB           ;从 B 口读入键盘行线值
        MOVX  A,@DPTR
        MOV   40H,A              ;行线值存于 40H 中
        CPL   A                  ;取反后若为全零
```

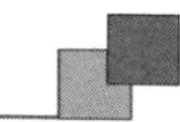

```
                                            ;表示没有键闭合,继续扫描
        JZ    LINE
        MOV   R7,#10H                       ;有键按下,延时 10 ms 去抖动
DL0:    MOV   R6,#0FFH
DL1:    DJNZ  R6,DL1
        DJNZ  R7,DL0
        MOV   DPTR,#PCTL                    ;重置控制字,让 A 口为输入,B 口、C 口为输出
        MOV   A,#90H
        MOVX  @DPTR,A
        MOV   A,40H
        MOV   DPTR,#PB                      ;取出刚读入的行线值并从 B 口送出
        MOVX  @DPTR,A
        MOV   DPTR,#PA                      ;从 A 口读入列线值
        MOVX  A,@DPTR
        MOV   41H,A                         ;列线值存于 41H 中
        CPL   A                             ;取反后若为全零
        JZ    STA1                          ;表示没有键按下
        MOV   DPTR,#TABLE                   ;TABLE 表首地址送 DPTR
        MOV   R7,#18H                       ;R7 中置计数值 16
        MOV   R6,#00H                       ;R6 中放偏移量初值
TT:     MOVX  A,@DPTR                       ;从表中取键码前半段字节,行线值与实
        CJNE  A,40H,NN1                     ;际输入的行线值相等吗? 若不等转 NN1
        INC   DPTR                          ;相等,指针指向后半字节,即列线值
        MOVX  A,@DPTR                       ;列线值与实际输入的列线值
        CJNE  A,41H,NN2                     ;相等吗? 若不等转 NN2
        MOV   DPTR,#CHAR                    ;相等,CHAR 表基址和 R6 中的偏移量
        MOV   A,R6                          ;取出相应的字符码
        MOVC  A,@A+DPTR
        MOV   42H,A                         ;字符码存于 42H
BBB:    MOV   DPTR,#PCTL                    ;重置控制字,让 A 口和 C 口为输出,B 口为输入
        MOV   A,#82H
        MOVX  @DPTR,A
AAA:    MOV   A,42H                         ;将字符码从 C 口送到二极管显示
        MOV   DPTR,#PC
        CPL   A
        MOVX  @DPTR,A
        MOV   DPTR,#PA                      ;判断按下的键是否释放
        CLR   A
        MOVX  @DPTR,A
        MOV   DPTR,#PB
        MOVX  A,@DPTR
        CPL   A
        JNZ   AAA                           ;没释放转 AAA
        MOV   R5,#2                         ;已释放则延时 0.2 s,减少总线负担
DEL1:   MOV   R4,#200
DEL2:   MOV   R3,#126
DEL3:   DJNZ  R3,DEL3
```

```
        DJNZ  R4,DEL2
        DJNZ  R5,DEL1
        JMP   START                                  ;转 START
NN1:    INC   DPTR                                   ;指针指向后半字节,即列线值
NN2:    INC   DPTR                                   ;指针指向下一键码前半字节,即行线值
        INC   R6                                     ;CHAR 表偏移量加一
        DJNZ  R7,TT                                  ;计数值减一,若不为零则转 TT 继续查找
        SJMP  BBB
TABLE:  DW    0FE06H,0FD06H,0FB06H,0F706H            ;TABLE 为键值表,每个键位占
        DW    0BF06H,07F06H,0FE05H,0FD05H            ;两个字节,第一个字节为行
        DW    0EF05H,0DF05H,0BF05H,07F05H            ;线值,第二个字节为列线值
        DW    0FB03H,0F703H,0EF03H,0DF03H
CHAR:   DB    00H,01H,02H,03H,04H,05H,06H,07H,08H,09H        ;字符码表
        DB    0AH,0BH,0CH,0DH,0EH,0FH,10H,11H,12H,13H
        DB    14H,15H,16H,17H
        END
```

6. 实验步骤

将键盘 RL10～RL17 接 8255A 的 PB0～PB7,KA10～KA12 接 8255A 的 PA0～PA2,PC0～PC7 接 LEDa～LEDdp 数码管, LED1 数码管接地,8255A 芯片的片选信号 8255CS 接 CS0。

7. 思考题

① 采用 4×4 的矩阵式键盘实现实验内容要求,电路及程序如何设计?

② 总结实验过程中所遇到的问题与解决的办法。

3.3.4　实验 8　可编程芯片 8255A 连接 LCD 显示器

1. 实验目的

学习液晶显示模块的工作原理及编程方法,掌握利用可编程芯片 8255A 连接 LCD 显示器的工作原理,掌握 89C51 与 8255A 及 LCD 显示器的接口方法及程序设计方法。

2. 实验仪器及设备

① PC 机、DICE－KEIL USB 仿真器、Keil 软件。

② DICE－5210K 单片机综合实验系统。

3. 实验内容

编写程序,在 LCD 显示器上显示"单片机应用实验室 大家遵守实验规程"。

4. 硬件设计

LCD 显示器显示汉字电路设计图如图 3－27 所示。8255A 的 PA 口接 DATA 1～DATA 8,PC7 接 BUSY,PC0 接 REQ,CS8255A 接 CS0。

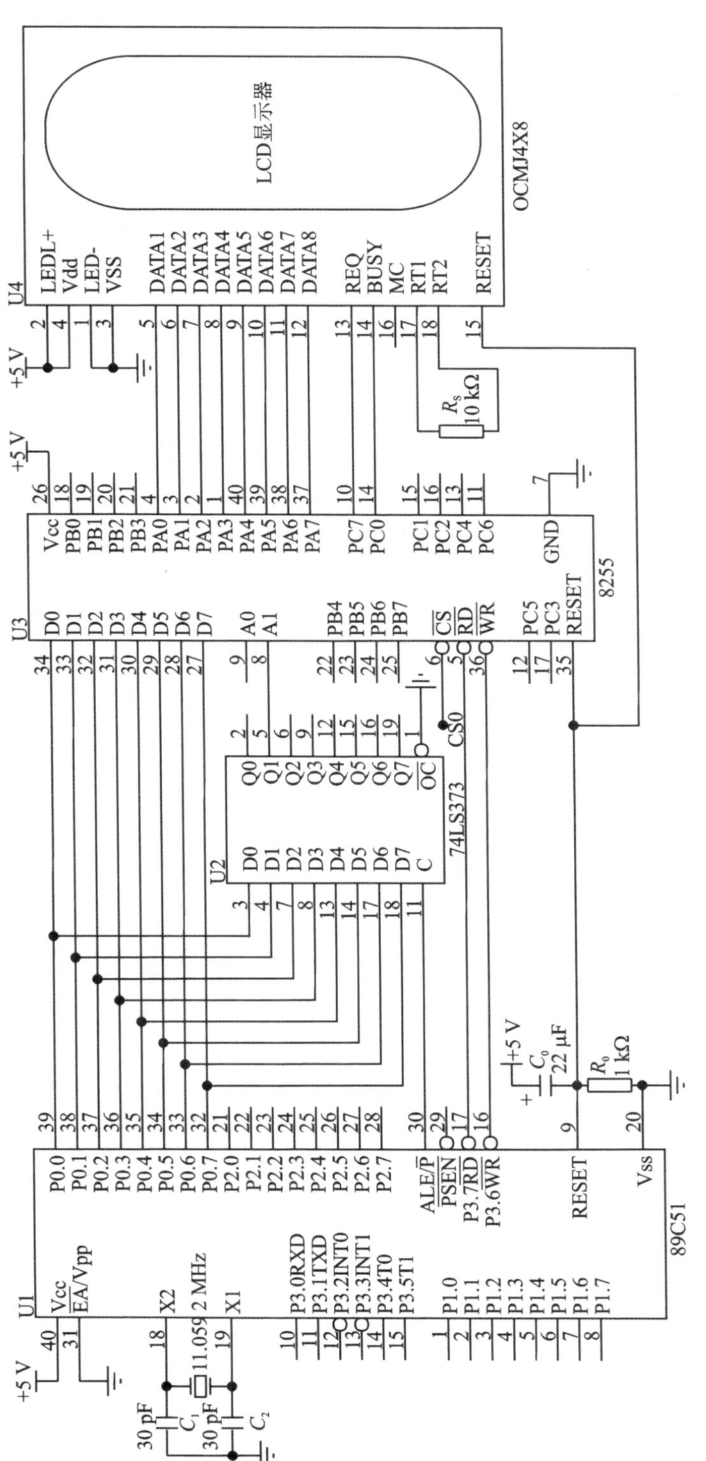

图3-27　LCD显示器显示汉字电路设计图

5. 程序设计

1) 工作原理

接口协议为请求/应答(REQ/BUSY)握手方式。如图 3－27 所示,应答 BUSY 为高电平(BUSY＝1)表示 OCMJ 中文模块忙于内部处理,不能接收用户命令;BUSY 为低电平(BUSY＝0)表示 OCMJ 中文模块空闲,等待接收用户命令。发送命令到 OCMJ 可在 BUSY＝0 后的任意时刻开始,先把用户命令的当前字节放到数据线上,接着发高电平 REQ 信号(REQ＝1)通知 OCMJ 请求处理当前数据线上的命令或数据。OCMJ 模块在收到外部的 REQ 高电平信号后,立即读取数据线上的命令或数据,同时将应答线 BUSY 变为高电平,表明模块已收到数据并正在忙于对此数据的内部处理。此时,用户对模块的写操作已完成,用户可以撤消数据线上的信号并可作模块显示以外的其他工作,也可不断地查询应答线 BUSY 是否为低电平(BUSY＝0?)。如果 BUSY＝0,表明模块对用户的写操作已经执行完毕。可以再送下一个数据,如向模块发出一个完整的显示汉字的命令,包括坐标及汉字代码在内共需 5 字节。模块在接收到最后 1 字节后,才开始执行整个命令的内部操作,因此最后一个字节的应答(BUSY＝1)持续时间较长。

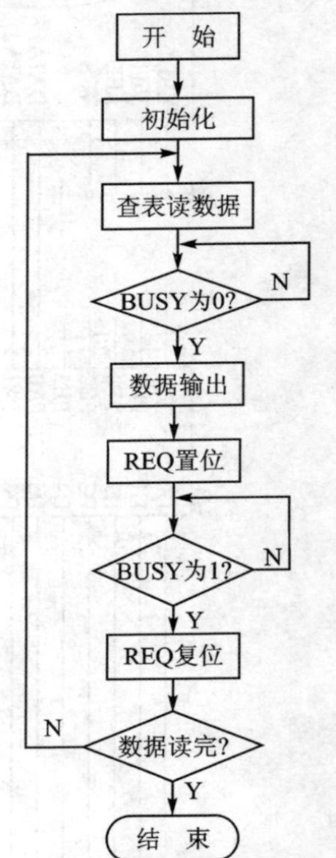

图 3－28 LCD 显示器显示汉字程序流程

2) 流程图

流程图如图 3－28 所示。

3) 参考程序

```
;T8.ASM:LCD 显示器显示汉字
        PA      EQU   0CFA0H
        PB      EQU   0CFA1H
        PC      EQU   0CFA2H
        PCTL    EQU   0CFA3H
        STOBE0  EQU   70H                 ;PC0 复位控制字
        STOBE1  EQU   71H                 ;PC0 置位控制字
        ORG     0000H
        SJMP    START
        ORG     0030H
;------------------------------------------
START:  MOV     DPTR, #PCTL
        MOV     A, #88H
```

```
        MOVX   @DPTR, A              ;置PA口输出;PC口高4位输入,低4位输出
        MOV    DPTR, #PCTL
        MOV    A, #STOBE0
        MOVX   @DPTR, A
        MOV    A, #0F4H
        LCALL  SUB2
        LCALL  DELAY                 ;清屏
START1: MOV    R0, #01H
        MOV    R1, #50H
HE1:    MOV    DPTR, #PCC
        MOVX   A, @DPTR
        JB     ACC.7, HE1
        ACALL  SUB1
        ACALL  SUB2
        DJNZ   R1, HE1
        ACALL  DELAY
        ACALL  DELAY
        ACALL  DELAY
        SJMP   START1
;-----------------------------------------------------------
DELAY:  MOV    R2, #23H
DEL0:   MOV    R4, #06FH
DEL1:   MOV    R6, #06FH
DEL2:   DJNZ   R6, DEL2
        DJNZ   R4, DEL1
        DJNZ   R2, DEL0
        RET
;-----------------------------------------------------------
SUB2:   MOV    DPTR, #PA
        MOVX   @DPTR, A
        MOV    DPTR, #PCTL
        MOV    A, #STOBE1
        MOVX   @DPTR, A
        INC    R0
HE2:    MOV    DPTR, #PCC
        MOVX   A, @DPTR
        JNB    ACC.7, HE2
        MOV    DPTR, #PCTL
        MOV    A, #STOBE0
        MOVX   @DPTR, A
        RET
;-----------------------------------------------------------
```

```
SUB1:  MOV   A, R0                  ;显示"单片机应用实验室 大家遵守实验规程"
       MOVC  A,@A+PC
       RET
       DB    0F0H,00D,00D,21D,05D,0F0H,01D,00D,38D,12D
       DB    0F0H,02D,00D,27D,90D,0F0H,03D,00D,51D,06D
       DB    0F0H,04D,00D,51D,35D,0F0H,05D,00D,42D,21D
       DB    0F0H,06D,00D,49D,73D,0F0H,07D,00D,42D,50D
       DB    0F0H,00D,01D,20D,83D,0F0H,01D,01D,28D,50D
       DB    0F0H,02D,01D,55D,81D,0F0H,03D,01D,42D,56D
       DB    0F0H,04D,01D,42D,21D,0F0H,05D,01D,49D,73D
       DB    0F0H,06D,01D,25D,70D,0F0H,07D,01D,19D,44D
       END
```

6. 实验步骤

① 实验连线。8255 的 PA0～PA7 接 DB0～DB7，PC7 接 OCMJ2X8 模块的 BUSY，PC0 接 REQ，CS8255 接 CS0。

② 对 T8.ASM 源程序进行编译等，全速执行，观察液晶显示器的显示情况。

7. 思考题

① 如果在 LCD 显示器显示“单片机实用性很强　希望加强实践训练”，程序如何修改？

② 总结实验过程中所遇到的问题与解决的办法。

3.4 单片机扩展 D/A、A/D 转换器

3.4.1 实验 9 扩展 8 位 D/A 转换器

计算机处理的信息为数字量，被控制对象往往是采用一些连续变化的模拟量进行控制，因此计算机输出和被控对象之间必须设置数字/模拟转换，把数字量转换成模拟量，才能把计算机与被控制对象连接起来。可实现此功能的典型 D/A 转换器芯片是 DAC0832。

DAC0832 转换器输出是电流型的，但实际应用中往往需要电压输出信号，所以电路中采用运算放大器来实现电流/电压转换。当数字量输入在 00H～FFH 范围时，电压为 0～$+X$V 或 0～$-X$V，这种方式称为单极性输出；若电压输出为$\pm X$V，则称为双极性输出。实际应用中需要单极性输出，也需要双极性输出：在随动系统中（例如电机控制系统），由偏差产生的控制量不仅与其大小有关，而且与控制量的极性有关，所以电路中增加一片运放芯片 LM324 来实现双极性输出。

DAC0832 转换器输入端与单片机有 3 种接口方法：单缓冲型接口方法、二级缓

冲型接口方法和直通型接口方法。单缓冲型接口电路主要应用于一路DAC0832转换器或多路DAC0832转换器不同步的场合;二级缓冲型接口电路主要应用多路DAC0832转换器同步系统中;直通型接口电路一般很少用于微机系统,可将该电路用在连续反馈控制系统中。本实验是一路DAC0832转换器。

1. 实验目的

加深对DAC0832转换器原理及应用的理解,掌握DAC0832与89C51接口的硬件电路设计方法及程序设计方法。

2. 实验仪器及设备

① PC机、DICE-KEIL USB仿真器、Keil软件。

② DICE-5210K单片机综合实验系统。

③ 数字万用表一个,数字示波器1个。

3. 实验内容

① 利用DAC0832将任意1字节数字量转换成电压模拟量,用电压表测量输出电压,记录数值并填表,分析DAC0832转换器的线性度。

② 利用DAC0832数/模转换芯片将51单片机内部某一变化单元的数据转换成模拟量送出,该模拟量要通过外部元器件LED发光二极管的亮暗程度显示出来。

③ 双极性电压波形发生器设计:锯齿波、三角波、矩形波、正弦波。

4. 硬件设计

DAC0832转换结果由LED亮暗程度显示电路设计如图3-29所示,所接LED二极管由亮变暗(DAC0832转换器为双缓冲、单极性)。电压波形发生器电路设计如图3-30所示,运算放大器A2的作用是把运算放大器A1的单向输出电压转变成双向输出。

5. 程序设计

1) 工作原理

将单片机内部单元中的数据从FFH变到00H并依次送给DAC0832转换器,再将DAC0832转换后输出的模拟量以电压的形式驱动发光二极管,通过发光二极管的亮暗程度可以反映DAC0832的转换结果。

双极性电压波形发生器中,DAC0832转换器的输入数据采用单缓冲方式,与89C51接口电路如图3-30所示。对于DAC0832转换器输出部分接口电路,考虑到由软件产生的电压波形有正、负极性输出,因此这部分设计成双极性电压输出。其方法是在单极性输出运算放大器后面加一级运算放大器,形成比例求和电路,通过电平移动,使单极性输出变为双极性输出。

软件编程见参考程序清单,同一硬件电路支持下,只要编写不同的程序例程便可产生不同波形的模拟电压。

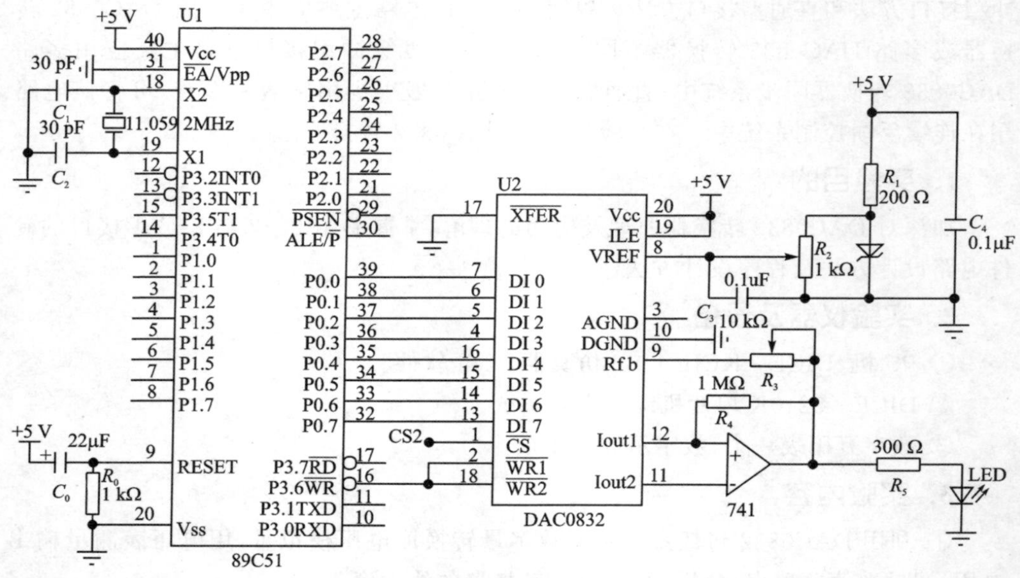

图 3-29　DAC0832 转换结果由 LED 亮暗程度显示电路

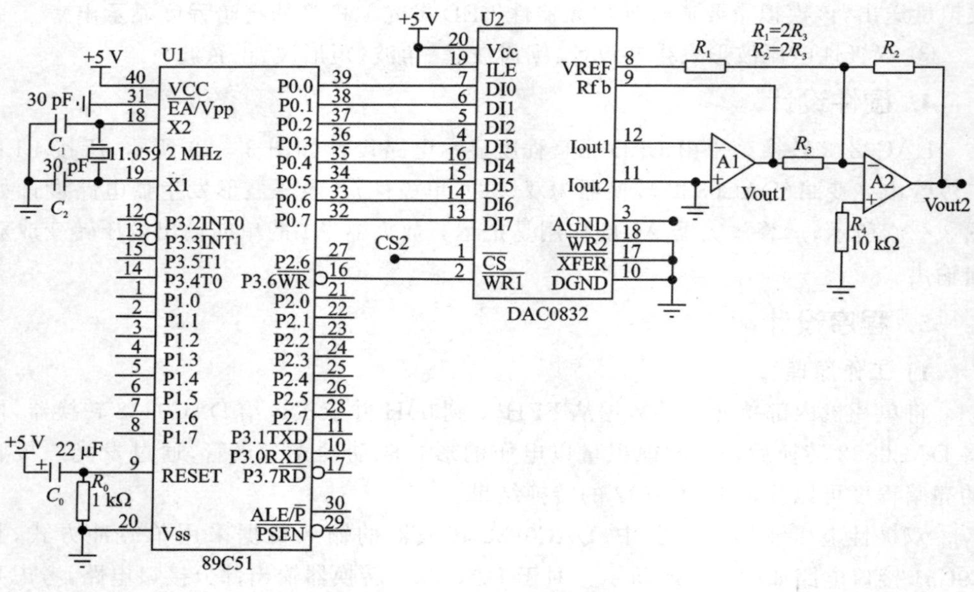

图 3-30　电压波形发生器电路

2）流程图

流程图如图 3-31 所示。波形图如图 3-32 所示。

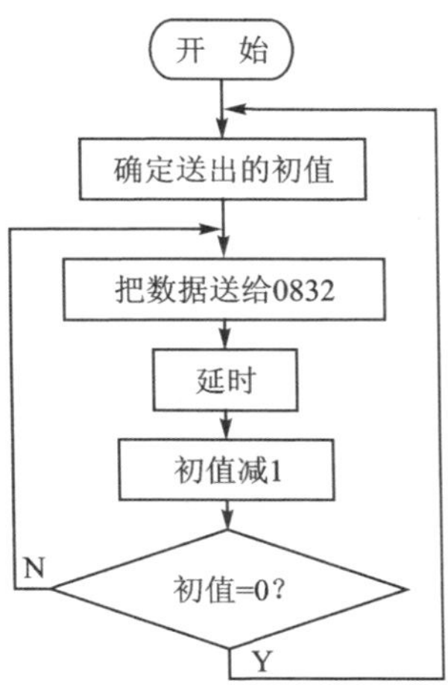

图 3-31　DAC0832 转换结果由 LED 亮暗程度显示程序流程图

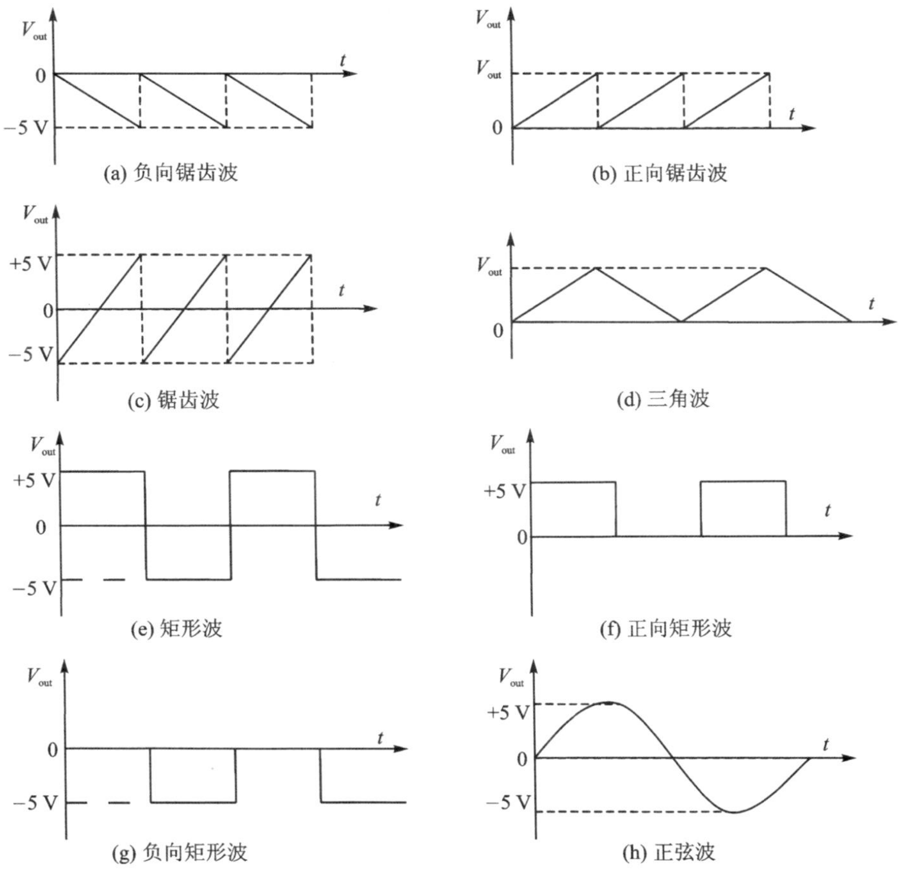

(a) 负向锯齿波

(b) 正向锯齿波

(c) 锯齿波

(d) 三角波

(e) 矩形波

(f) 正向矩形波

(g) 负向矩形波

(h) 正弦波

图 3-32　锯齿波、三角波、矩形波、正弦波示意图

3) 参考程序

```
;T10_2.ASM:DAC0832 转换结果由 LED 亮暗程度显示
        PORT    EQU    0CFB0H
        ORG     0000H
        SJMP    MAIN
        ORG     0030H
MAIN:   MOV     R2,#0FFH
BACK:   MOV     DPTR,#PORT              ;0832 的地址
        MOV     A,R2
        MOVX    @DPTR,A                 ;将数据送出
        LCALL   DELAY                   ;调用延时子程序
        DJNZ    R2, BACK                ;送出的数据减 1
        SJMP    MAIN                    ;程序重新开始
DELAY:  MOV     R7,#02H                 ;利用定时器 T0 延时 0.1 s
BACK1:  MOV     TOMD,#01H
        MOV     TH0,#04CH               ;初始化定时器,50 ms 后重新计时
        MOV     TL0,#00H
        SETB    TR0
        JNB     TF0, $
        CLR     TR0
        CLR     TF0
        DJNZ    R7,BACK1
        RET
        END                             ;用定时器延时体现内容上的综合性
;T10_3.ASM:输出各类波形
;锯齿波:
PORT    EQU     0CFB0H
        ORG     0000H
        SJMP    START
        ORG     0030H
START:  MOV     DPTR,#PORT              ;选中 0832
        MOV     A,#00H
   LP:  MOVX    @DPTR,A
        INC     A
        SJMP    LP
        END
;三角波:
PORT    EQU     0CFB0H
        ORG     0000H
        SJMP    START
        ORG     0030H
```

```
START: MOV    DPTR,#PORT          ;选中0832
       MOV    A,#00H
UP:    MOVX   @DPTR,A
       INC    A
       JNZ    UP                  ;上升到A中为FFH
DOWN:  DEC    A
       MOVX   @DPTR,A
       JNZ    DOWN                ;下降到A中为00H
       SJMP   UP                  ;重复
       END
;矩形波:
       PORT   EQU   0CFB0H
       ORG    0000H
       SJMP   START
       ORG    0030H
START: MOV    DPTR,#PORT          ;选中0832
LP:    MOV    A,#dataH            ;置输出矩形波上限
       MOVX   @DPTR,A
       LCALL  DELHH
       MOV    A,#dataL            ;置输出矩形波下限
       MOVX   @DPTR,A
       LCALL  DELLL
       SJMP   LP
DELHH: ……
       RET
DELLL: ……
       RET
       END
;梯形波:
       PORT   EQU   0CFB0H
       ORG    0000H
       SJMP   START
       ORG    0030H
START: MOV    DPTR,#PORT          ;选中0832
L1:    MOV    A,#dataL            ;置下限
UP:    MOVX   @DPTR,A
       INC    A
       CLR    C
       SUBB   A,#dataH            ;与上限比较
       JNC    DOWN
       ADD    A,#dataH            ;恢复
       SJMP   UP
```

```
DOWN: LCALL  DEL                        ;调上限延时程序
L2:   MOVX   @DPTR,A
      DEC    A
      SUBB   A,#dataL                   ;与下限比较
      JC     L1
      ADD    A,#dataL                   ;恢复
      SJMP   L2
      END
```

;正弦波电压输出:正弦波电压输出为双极性电压,最简单的办法是将一个周期内电压变化的幅值(-5～+5 V)按 8 位 D/A 分辨率分为 256 个数值列表格,然后依次将这些数字量送入 D/A 转换输出。只要循环不断地送数,在输出端就能获得正弦波输出。

```
PORT  EQU    0CFB0H
      ORG    0000H
      SJMP   START
      ORG    0030H
SIN:  MOV    R7,#00H                    ;置偏移量
DADO: MOV    A,R7
      MOV    DPTR,#TAB                  ;设指针
      MOVC   A,@A+DPTR                  ;取数据
      MOV    DPTR,#PORT
      MOVX   @DPTR,A                    ;送 D/A 转换
      INC    R7                         ;修改偏移量
      SJMP   DADO
TAB:  DB 80H,83H,86H,89H,8DH,90H,93H,96H
      DB 99H,9CH,9FH,A2H,A5H,A8H,ABH,AEH
      ……
      DB 69H,6CH,6FH,72H,76H,79H,7CH,80H
      END
```

6. 实验步骤

① 单片机综合实验系统中译码器模块的 CS2↔CS0832。

② 在编辑窗口输入源程序并保存,文件名为 T10_1. ASM。对 T10_1. ASM 源程序进行编译,编译无误后执行程序,在表 3-5 中记录转换结果,简单分析误差,分析 DAC0832 转换器的线性度(T10_1. ASM 读者自行设计)。

③ 观察 LED 发光二极管的变化。

④ DAC0832 的 Vout 接示波器,观察示波器,画出在示波器上所见波形,分析波形。在程序中增加延时,比较波形特点。

表3-5　D/A转换结果

输出数据	0	32	64	96	128	160	192	224	255
输出电压									

7. 思考题

① 熟练掌握实验中所使用硬件电路的连接方式和控制方法。

② 编写有波形图无参考程序的源程序,画出无波形图有参考程序的波形图。

③ 总结实验过程中所遇到的问题与解决的办法。

3.4.2　实验10　扩展12位D/A转换器

1. 实验目的

加深对12位D/A转换器TLV5613/TLV5616(并行/串行)工作原理及应用的理解;掌握TLV5613/TLV5616与89C51接口的硬件电路设计方法及程序设计方法。

2. 实验仪器及设备

① PC机、DICE-KEIL USB仿真器、Keil软件。

② DICE-5210K单片机综合实验系统。

③ 12位D/A转换器 TLV5613/TLV5616模块。

④ 数字万用表1个,数字示波器1个。

3. 实验内容

① 编程实现用TLV5613进行D/A转换,输出三角波(三角波的波形数据已知)。

② 编程实现用TLV5616进行D/A转换,输出三角波(三角波的波形数据已知)。

4. 硬件设计

TLV5613 D/A转换接口结构原理图如图3-33所示。TLV5616 D/A转换接口结构原理图如图3-34所示。

5. 程序设计

1) 流程图

流程图如图3-35所示。

2) 参考程序

```
;T11_1.ASM:TLV5613 D/A 转换
        ORG     4000H
        LJMP    START
```

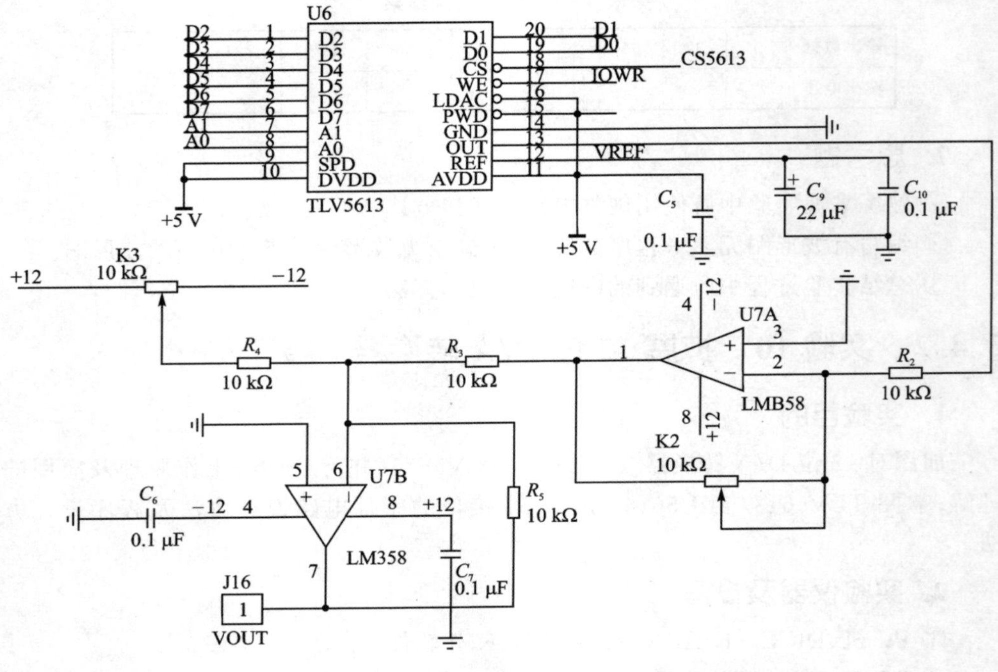

图 3 - 33　TLV5613 D/A 转换接口结构原理图

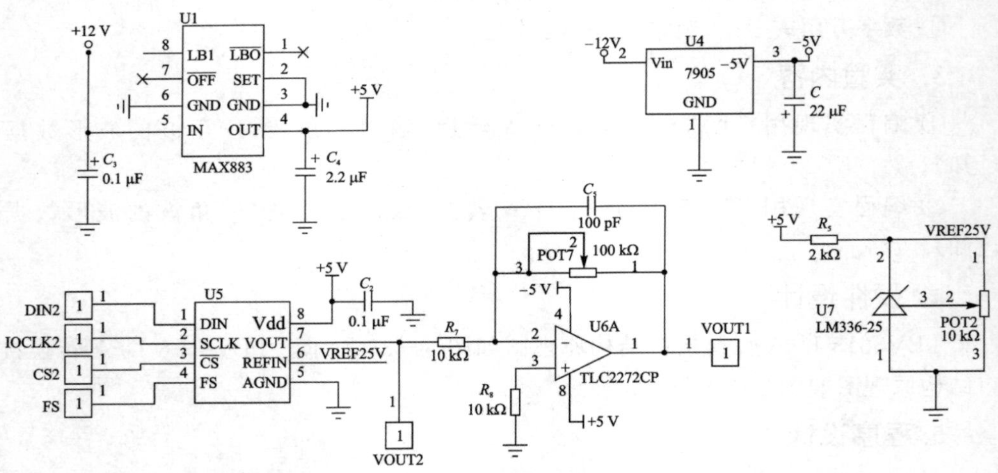

图 3 - 34　TLV5616 D/A 转换接口结构原理图

```
        ORG     4100H
        CONTR   EQU    0CFBBH
        MSB     EQU    0CFB9H
        LSB     EQU    0CFB8H
START:  MOV     R2, #80H
```

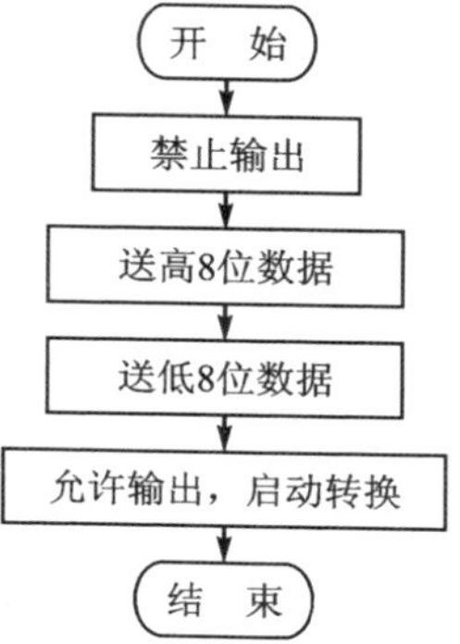

图 3-35　12 位 TLV5613 D/A 转换程序流程

```
        MOV     R0, #00H
        MOV     R1, #00H
SDATA:  MOV     DPTR, #CONTR
        MOV     A, #01H           ;寄存器控制字,RLDAC = 0
        MOVX    @DPTR, A
        MOV     DPTR, #MSB        ;高位数据送 MSB 寄存器
        MOV     A, R0
        MOVX    @DPTR, A
        MOV     DPTR, #LSB        ;低位数据送 LSB 寄存器
        MOV     A, R1
        MOVX    @DPTR, A
        MOV     DPTR, #CONTR
        MOV     A, #05H           ;寄存器控制字,RLDAC = 1 启动转换
        MOVX    @DPTR, A
        MOV     A, R1
        ADD     A, #20H
        MOV     R1, A
        MOV     A, R0
        ADDC    A, #00H
        MOV     R0, A
        DJNZ    R2,  SDATA
        MOV     A, R1
        CLR     C
        SUBB    A, #20H
        MOV     R1, A
        MOV     A, R0
        SUBB    A, #00H
        MOV     R0, A
        MOV     R2, #7FH
```

```
SDATA1:  MOV    DPTR, #CONTR
         MOV    A, #01H           ;寄存器控制字,RLDAC = 0
         MOVX   @DPTR, A
         MOV    DPTR, #MSB        ;高位数据送 MSB 寄存器
         MOV    A, R0
         MOVX   @DPTR, A
         MOV    DPTR, #LSB        ;低位数据送 LSB 寄存器
         MOV    A, R1
         MOVX   @DPTR, A
         MOV    DPTR, #CONTR
         MOV    A, #05H           ;寄存器控制字,RLDAC = 1 启动转换
         MOVX   @DPTR, A
         MOV    A, R1
         CLR    C
         SUBB   A, #20H
         MOV    R1, A
         MOV    A, R0
         SUBB   A, #00H
         MOV    R0, A
         DJNZ   R2, SDATA1
         LJMP   START
         END

;T11_2.ASM:TLV5616 D/A 转换
; ------------变量定义--------------
         BIT_COUNT  DATA    03FH
         PTR     DATA    03EH
; ---------输入/输出引脚定义---------
         FS      BIT     P1.0
         DIN     BIT     P1.1
         DCLK    BIT     P1.2
         CS      BIT     P1.3
         ORG     4000H
         JMP     START
         ORG     4080H
; ---------主程序---------
START:   CLR     A
         MOV     PTR,A
START0:  CLR     CS
         NOP
         NOP
         CLR     FS
```

```
        NOP
        NOP
        MOV   DPTR,#sinevals
        MOV   A,PTR
        MOVCA, @A+DPTR
        CALL  SENDBYTE
        INC   PTR
        MOV   A,PTR
        MOVCA, @A+DPTR
        CALL  SENDBYTE
        SETBFS
        NOP
        NOP
        SETBCS
        INC   PTR
        ANL   PTR,#3FH
        AJMPSTART0
SENDBYTE:
        MOV   BIT_COUNT,#8
SEND_LOOP:
        SETB  DCLK
        MOV   C,ACC.7
        MOV   DIN,C
        NOP
        NOP
        CLR   DCLK
        RL    A
        DJNZ  BIT_COUNT,SEND_LOOP
        RET
sinevals:DW 0000H,0100H,0200H,0300H,0400H,0500H,0600H,0700H,0800H
        DW 0900H,0A00H,0B00H,0C00H,0D00H,0E00H,0F00H,0FFFH
        DW 0F00H,0E00H,0D00H,0C00H,0B00H,0A00H,0900H,0800H,0700H
        DW 0600H,0500H,0400H,0300H,0200H,0100H
        END
```

6. 实验步骤

① 用跳线帽将 CS5613 选择为 CS3,运行程序 T11_1.ASM,用示波器在 VOUT 端观察输出波形,VOUT 端输出为三角波,调节 K2,其幅度在 0~5 V 之间变化。

② 12 位串行 D/A 模块的 FS 接 CPU 模块的 P1.0,DIN2 接 P1.1,LOCLK2 接 P1.2,CS2 接 P1.3。调节基准电位器 POT2,使 TLV5616 的脚输入参考电压为 2.5 V。

③ 运行程序 T11_2.ASM,观察 VOUT2 端输出波形。调节 POT7,观察

VOUT1 端的输出波形。

7. 思考题

① 实验内容①和实验内容②的硬件电路原理图如何设计?

② 总结实验过程中所遇到的问题与解决的办法。

3.4.3 实验 11 扩展 8 位 A/D 转换器

计算机处理的信息为数字量,而对控制现场进行控制时,被控制对象一般是连续变化的模拟量。模拟量必须转换为数字量送入计算机才能进行处理。将模拟量转变为数字量的过程称为 A/D 转换。实现此功能的典型 A/D 转换器芯片是 ADC0809。

1. 实验目的

加深对 ADC0809 转换原理及应用的理解,掌握 ADC0809 与 89C51 接口的硬件电路设计方法及程序设计方法。

2. 实验仪器及设备

① PC 机、DICE - KEIL USB 仿真器、Keil 软件。

② DICE - 5210K 单片机综合实验系统。

③ 数字万用表 1 个。

3. 实验内容

① 利用实验机上的 ADC0809 转换器作单一通道 A/D 转换,实验机上的电位器提供模拟量输入。编制程序,将模拟量转换成二进制数字量,并用发光二极管显示,记录数值并填表,分析 ADC0809 转换器的转换精度。

② ADC0809 转换器多通道(8 个通道)轮流采集转换,转换数据依次放入数据暂存区(8 个通道轮流采集,一次完成;或 8 个通道轮流采集,反复循环)。

4. 硬件设计

ADC0809 转换结果由 LED 显示的电路设计图如图 3 - 36 所示。ADC0809 的转换时钟由 89C51 的 ALE 分频提供,典型转换频率为 640 kHz。ALE 信号的频率与晶振频率有关。设 89C51 的晶振频率为 12 MHz,故采用 4 分频产生 500 kHz 的 CLR 作转换器的时钟信号。ADC0809 转换器的模拟量输入通道为 IN0～IN7,片选信号与单片机实验台译码器模块的 CS1 相连,其通道地址为 CFA8H～CFAFH。

5. 程序设计

1) 工作原理

从图 3 - 36 中可看出 ADC0809 的转换过程。当 89C51 产生 $\overline{WR}$ 写信号时,由一个“或非”门产生转换器的启动信号 START 和地址锁存信号 ALE(高电平有效)。同时,将通道地址 ADDA、ADDB、ADDC 送地址总线。模拟量通过被选中的通道送

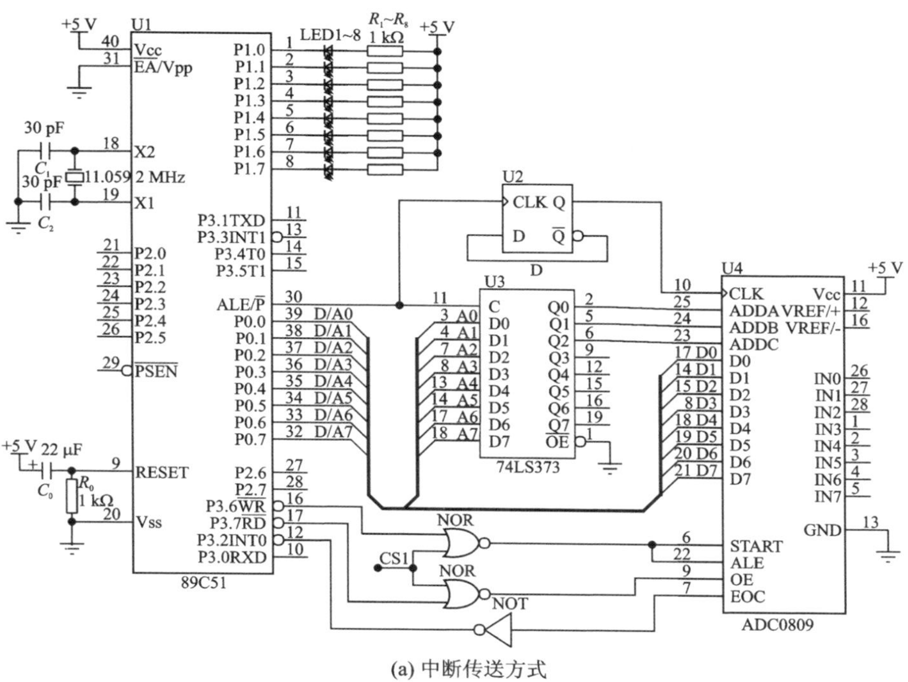

(a) 中断传送方式

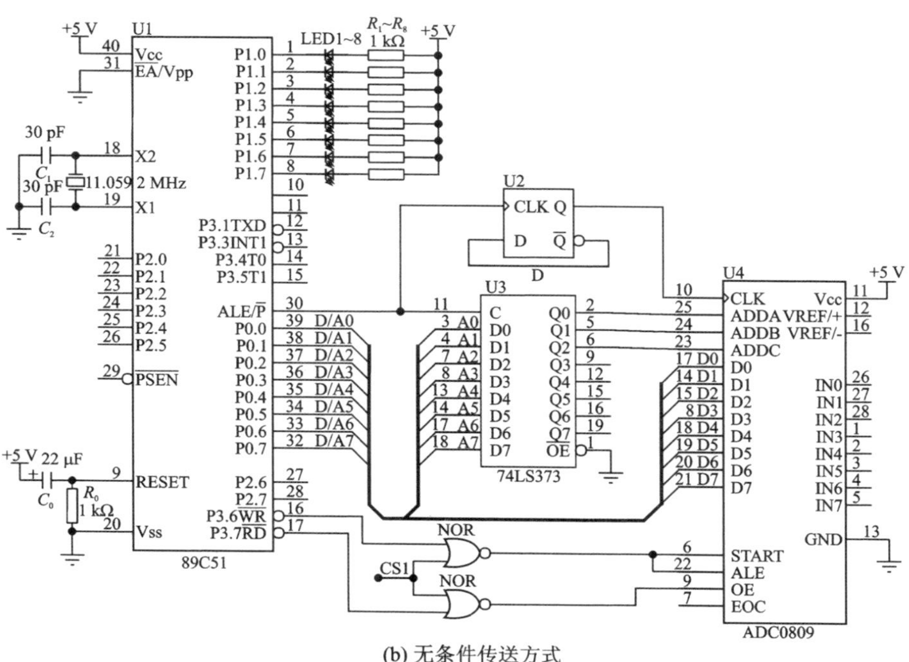

(b) 无条件传送方式

图 3－36　ADC0809 转换结果由 LED 显示的电路设计图

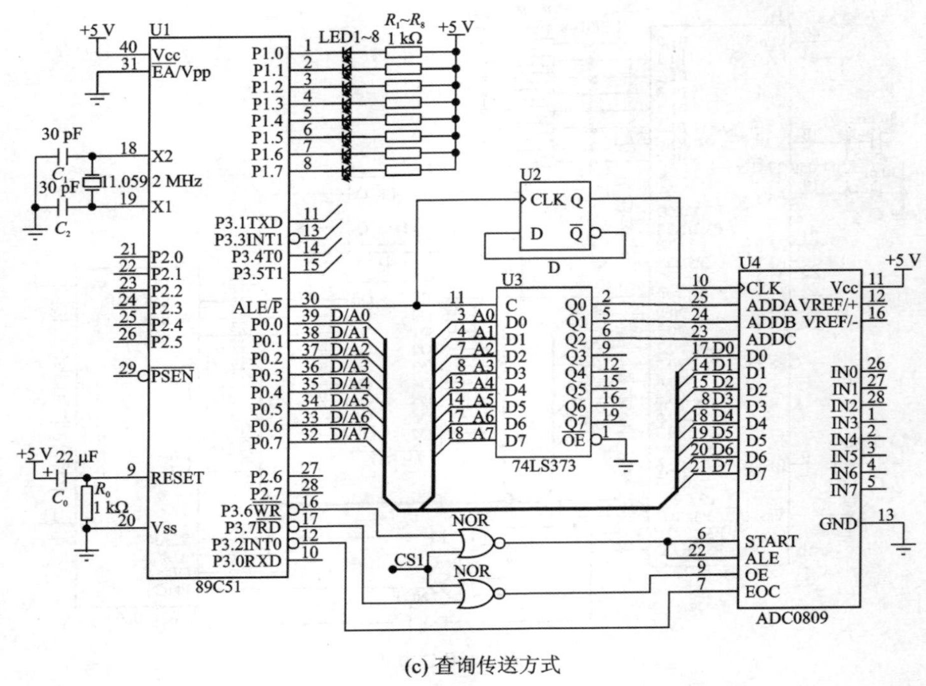

(c) 查询传送方式

图 3－36　ADC0809 转换结果由 LED 显示的电路设计图(续)

到 A/D 转换器，并在 START 下降沿开始逐位转换。当转换结束时，转换结束信号 EOC 变高电平。经反相器可向 CPU 发中断请求，或者采用查询方式。当 89C51 产生 $\overline{\text{RD}}$ 读信号时，由一个“或非”门产生 OE 输出允许信号(高电平有效)，使 ADC0809 转换结果读入 89C51 单片机。

根据测控系统要求不同以及 CPU 忙闲程度，对 ADC0809 的控制通常可采用两种方式：程序查询方式和中断控制方式。

(1) 程序查询方式

对 ADC0809 转换器而言，所谓程序查询方式即条件传送 I/O 方式。在接入模拟量以后，发出一启动 ADC0809 转换命令，用查询检测 P3.2 引脚电平是否为“0”(ADC0809 转换器数据是否准备就绪)的方法来读取 ADC0809 转换器的数据，否则继续查询，直到 P3.2 引脚电平为“1”。也就是 ADC0809 从复位到 EOC 变低约需 10 μs 时间，查询时应首先确定 EOC 已变为低电平、再变为高电平，才说明 ADC0809 转换完成。这种方法通常用于检测回路较少而 CPU 工作不十分繁忙的情况下。

(2) 中断采样方式

在程序查询方式下，CPU 大部分时间都消耗在查询或延时等待上，因此，在多回路采样检测且 CPU 工作很忙的测控系统中，不宜采用这种方式，而应采用中断方式。

在中断采样方式下，CPU启动ADC0809转换后，可以继续执行主程序。当ADC0809转换结束时，发出一转换结束信号EOC。该信号经反相器接89C51的P3.2引脚，向CPU发出中断请求。CPU响应中断后，即可读入数据并进行处理。

除了以上两种方式外，对ADC0809的控制还可采用延时等待方式(或无条件传送方式)。转换时间是转换器的一项已知和固定的技术指标，例如，ADC0809的转换时间为128 μs，可在ADC0809转换启动后，调用一个延时足够长的子程序，规定时间到，转换肯定已经完成。

2）流程图

流程图如图3-37所示。

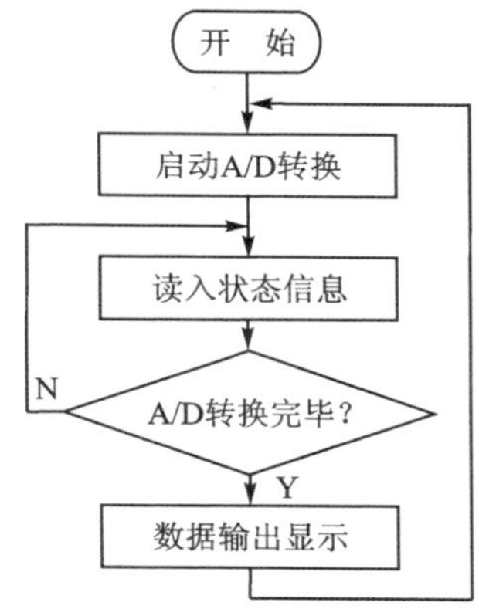

图3-37 ADC0809转换程序流程(查询方式)

3）参考程序

```
;T12_1.ASM:ADC0809转换结果通过发光二极管显示
        ORG     0000H
        SJMP    MAIN
        ORG     0030H
MAIN:   MOV     DPTR,#ADDRR         ;指向0809首地址
DONE:   MOVX    @DPTR,A             ;启动A/D转换
        MOV     R3,#40H             ;软件延时(若晶振频率为12 MHz,则最大转换时间须为128 μs)
DEL:    DJNZ    R3,DEL
        MOVX    A,@DPTR             ;读取转换结果
        MOV     P1,A                ;存数据
        SJMP    DONE
        END
```

```
;T12_21.ASM:中断传送方式实现A/D转换(EOC接P3.2)
        ORG     0000H
        SJMP    INT1
```

```
        ORG     0013H
        SJMP    MAIN
        ORG     0030H
MAIN:   MOV     R0,#0A0H            ;数据暂存区首地址
        MOV     R2,#08H             ;8 路计数初值
        SETB    IT1                 ;脉冲触发方式
        SETB    EA                  ;开中断
        SETB    EX1
        MOV     DPTR,#ADDRR         ;指向 0809 首地址
        MOVX    @DPTR,A             ;启动 A/D 转换
HERE:   SJMP    HERE                ;等待中断
-----------中断服务程序-----------
INT1:   MOVX    A,@DPTR             ;读数据
        MOVX    @R0,A               ;存数据
        INC     DPTR                ;更新通道
        INC     R0                  ;更新暂存单元
        DJNZ    R2,DONE
        MOV     R2,#08H
        MOVX    @DPTR,A
        RETI
DONE:   MOVX    @DPTR,A
        RETI
        END
```

```
;T12_22.ASM:无条件传送方式或延时等待方式实现 A/D 转换
        ORG     0000H
        SJMP    MAIN
        ORG     0030H
MAIN:   MOV     R0,#0A0H            ;数据暂存区首地址
        MOV     R2,#08H             ;8 路计数初值
        MOV     DPTR,#ADDRR         ;指向 0809 首地址
DONE:   MOVX    @DPTR,A             ;启动 A/D 转换
        MOV     R3,#40H             ;软件延时(若晶振频率为 12 MHz,则最大转换时间须为 128 μs)
DEL:    DJNZ    R3,DEL
        MOVX    A,@DPTR             ;读取转换结果
        MOV     @R0,A               ;存数据
        INC     DPTR                ;指向下一个通道
        INC     R0                  ;修改数据区指针
        DJNZ    R2,DONE
        SJMP    MAIN
        END
```

```
;T12_23.ASM:查询传送方式实现 A/D 转换(EOC 接 P3.2)
        ORG     0000H
        SJMP    MAIN
        ORG     0030H
MAIN:   MOV     R0,#0A0H            ;数据暂存区首地址
        MOV     R2,#08H             ;8 路计数初值
        MOV     DPTR,#ADDRR         ;指向 0809 首地址
DONE:   MOVX    @DPTR,A             ;启动 A/D 转换
        MOV     A,P3
STAT:   JNB     ACC.2,STAT
        MOVX    A,@DPTR             ;读取转换结果
        MOV     @R0,A               ;存数据
        INC     DPTR                ;指向下一个通道
        INC     R0                  ;修改数据区指针
        DJNZ    R2,DONE
        SJMP    MAIN
        END
```

6. 实验步骤

① 单片机综合实验系统中的译码器模块的 CS1 接 CS0809；定位器可变端子连接到 ADC0809 的模拟信号输入端；P1 口接发光二极管的输入 LED1～LED8；ADC0809 的 EOC 接 P3.2(中断传送方式)。

② 在编辑窗口输入源程序，保存，文件名为 T12_1.ASM。对 T12_1.ASM 源程序进行编译，编译无误后执行程序，在表 3－6 中记录转换结果，简单分析误差，同时观察实验现象，分析 ADC0809 的转换精度。

表 3－6　A/D 转换结果

输入电压/V	0	0.5	1	2	2.5	3	4	4.5	5
输入数据									

7. 思考题

① 简述实验中所使用硬件电路的连接方式和控制方法。

② 单一通道 ADC0809 转换器的转换结果用 LED 数码管显示，显示数字量或工程量。(参考接线：实验台译码器模块的 CS1 接 CS0809；CS0 接 CS8255；定位器可变端子连接到 ADC0809 的模拟信号输入端；PB0～PB7 接发光二极管的输入 LED1～LED8；ADC0809 的 EOC 接 P3.2；PA0～PA7 接 LEDA～LEDH；P1.0～P1.5 接 LED1～LED6)

③ 用 LCD 液晶模块显示 ADC0809 转换器的转换结果，程序如何设计？硬件电路图如何设计？

④ 总结实验过程中所遇到的问题与解决的办法。

3.4.4 实验 12 扩展 12 位 A/D 转换器

1. 实验目的

加深对 12 位 A/D 转换器 AD574/TLC2543(并行/串行)工作原理及应用的理解;掌握 AD574/TLC2543 与 89C51 接口的硬件电路设计方法及程序设计方法。

2. 实验仪器及设备

① PC 机、DICE－KEIL USB 仿真器、Keil 软件。

② DICE－5210K 单片机综合实验系统。

③ A/D 转换器 AD574/TLC2543 模块。

④ 数字万用表 1 个。

3. 实验内容

① 并行 12 位 A/D 转换器 AD574。要求用单片机最小系统、A/D 转换模块、数码管显示模块组成一个简单的“数字电压表”。将可以手动调节的电位器的第 1、3 引脚分别连接＋5 V 和地,第 2 引脚输出的 0～5 V 模拟信号作为“数字电压表”的输入;通过数码管显示测得的当前电压值,精确到 0.001 V。从 0～5 V 之间取 20 个值进行测量,并与校准过的万用表测量值进行比较。

② 编程实现用串行 12 位 A/D 转换器 TLC2543 进行四通道 A/D 转换。

4. 硬件设计

AD574 A/D 转换接口结构原理图如图 3－38 所示,为 12 位数据并行输出的接线方式,该电路由 89C51 单片机、AD574 电路及静态串行数码管显示电路 3 部分组成。TLC2543 A/D 转换接口结构原理图如图 3－39 所示。

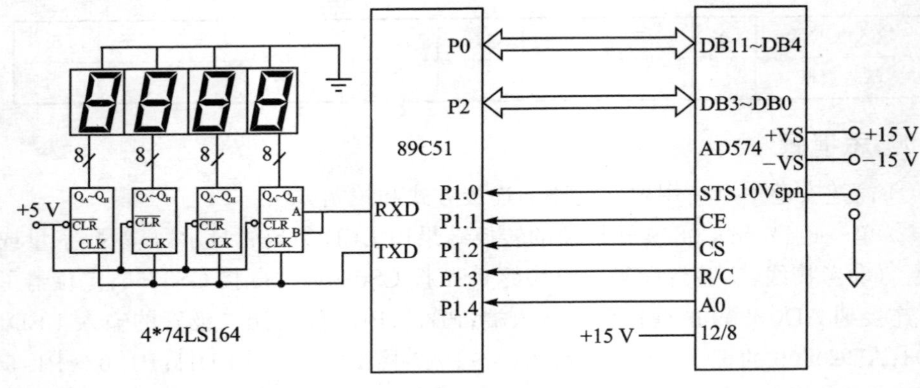

图 3－38 AD574 A/D 转换接口结构原理图

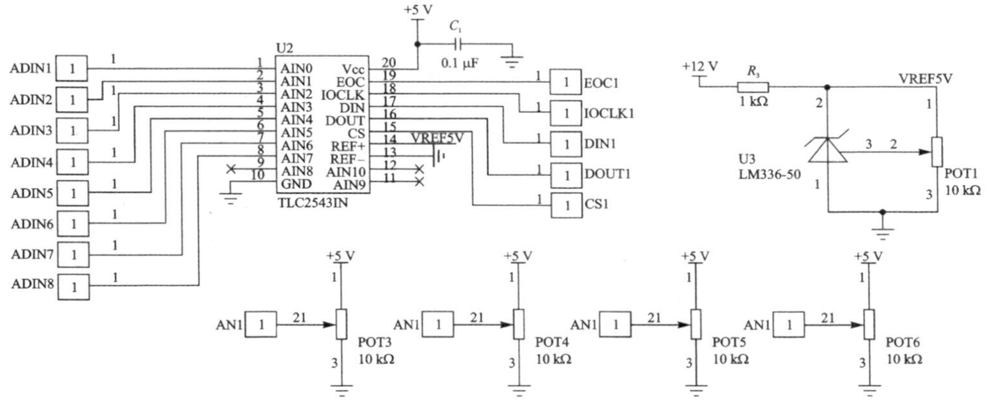

图 3-39 TLC2543 A/D 转换接口结构原理图

5. 程序设计

1) AD574 转换器的相关知识

(1) AD574 的工作原理和结构

AD574 是快速型 12 位逐次逼近式 A/D 转换器,它不需要外界元器件就可以独立完成 A/D 转换功能,转换时间为 15～35 μs,可以并行输出 12 位,也可以分为 8 位和 4 位两次输出。

由于 AD574 输出直接挂在数据总线上,启动 12 位转换后通过 P1.0 线查询 STS 端口状态,当 STS 为 0 时表示转换结束。由于 AD574 的 12 位转换速度很快,适用于查询方式,之后,读取转换的数据,处理后显示。

图 3-40 和图 3-41 分别为 AD574 的内部逻辑图和 DIP28 封装引脚图。它由模拟芯片和逻辑芯片混合而成。模拟部分由 12 位 AD574 和参考电压组成。数字部分由控制逻辑电路逐次逼近寄存器和三态输出缓冲器构成。

(2) AD574 的引脚定义

◇ STS:工作状态指示位,为 1 表示转换正在进行,为 0 表示转换结束。

◇ RI 和 RO:用作增益满刻度校准。

◇ BO:补偿输入,用作零点校正。

◇ AG 和 DG:模拟地,数字地。

◇ DB0～DB11:12 位数据输出线,带三态控制。

◇ R/C:读或启动转换控制。为 1 表示读选通,为 0 表示启动转换。

◇ CE:芯片允许工作控制。

◇ CS:片选信号。

◇ 12/8:用于控制数据格式。接+5 V 时,12 位并行输出有效;接地时,输出为 8 位接口,这时 12 位数据分两次输出。

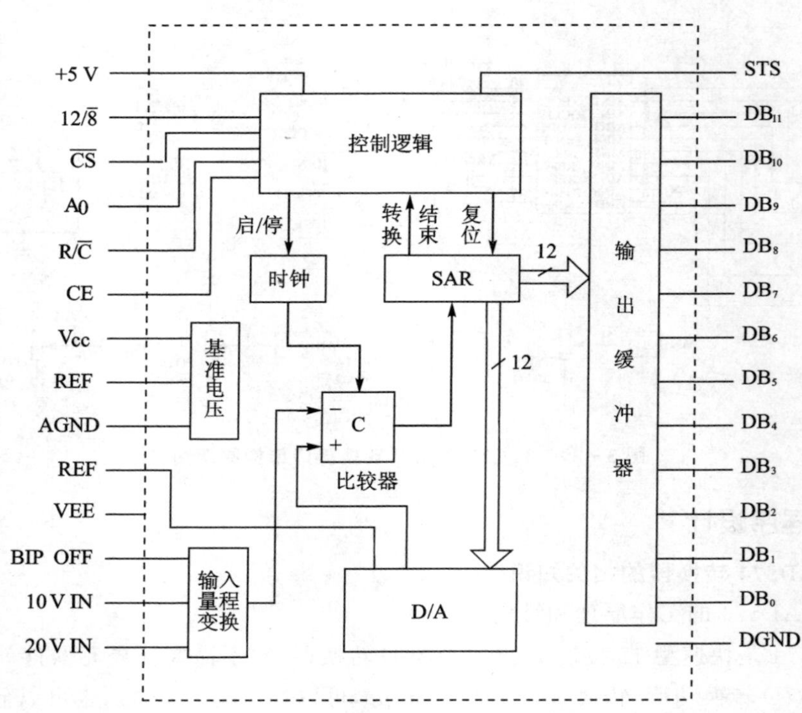

图 3-40 内部逻辑图

◇ A0：A0 为 0 期间输出高 8 位，A0 为 1 期间输出低 4 位。在启动时，若 A0 为 0 作 12 位转换，为 1 作 8 位转换。

AD574 信号组合功能如表 3-7 所列。

表 3-7 AD574 信号组合功能

CE	$\overline{CS}$	R/$\overline{C}$	12/$\overline{8}$	A0	工作状态
0	×	×	×	×	禁止
×	1	×	×	×	禁止
1	0	0	×	0	启动 12 位转换
1	0	0	×	1	启动 8 位转换
1	0	1	+5 V	×	12 位并行输出有效
1	0	1	0 V	0	高 8 位并行输出有效
1	0	1	0 V	1	低 4 位并行输出有效(尾随 4 个 0)

注：AD574 模拟量为单通道输入，范围有 0～10 V，－10～10 V，－5～5 V，0～20 V，共 4 种。

AD574 转换结果格式：

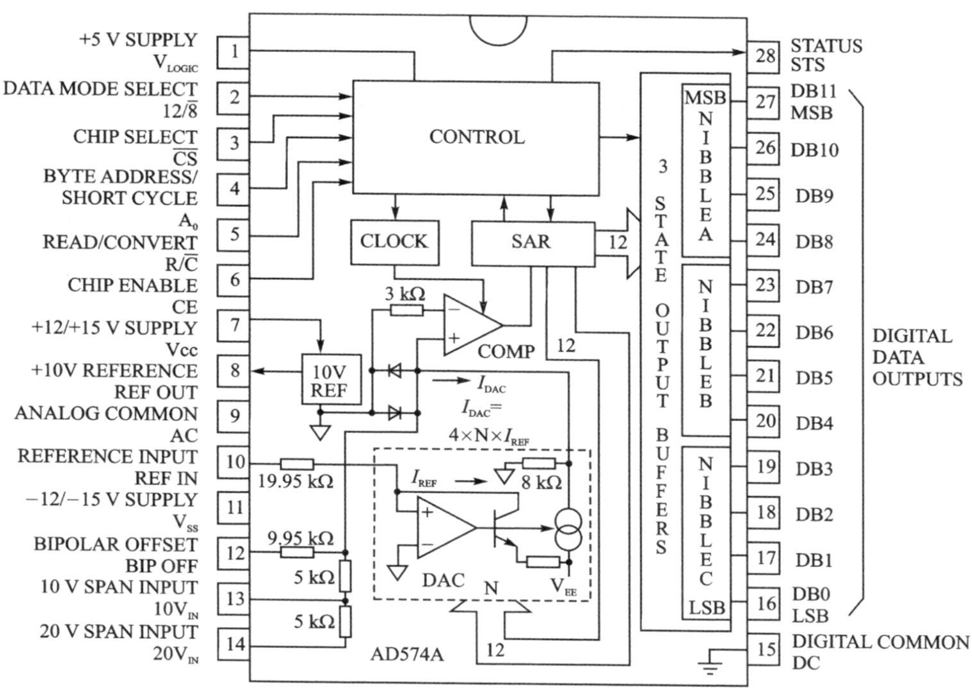

图 3-41 DIP28 封装引脚图

D7							D0
DB11	DB10	DB9	DB8	DB7	DB6	DB5	DB4
(MSB)							

DB3	DB2	DB1	DB0	0	0	0	0
(LSB)							

2)流程图

流程图如图 3-42 所示。

3) 参考程序

;T13_1.ASM:12 位 AD574 A/D 转换。C 语言是近年来在国内外普遍使用的一种程序设计语言。C 语言功能丰富,表达能力强,使用灵活方便,应用面广,目标程序效率高,可移植性好,而且能直接对计算机硬件进行操作。它既有高级语言的特点,也具有汇编语言的特点。在计算机硬件系统中,往往用 C 语言来开发和设计,特别适用于单片机应用开发。下面这段程序用 C 语言设计,请读者仔细体会 C 语言的特点。

```
#include<reg51.h>
#include<absacc.h>
```

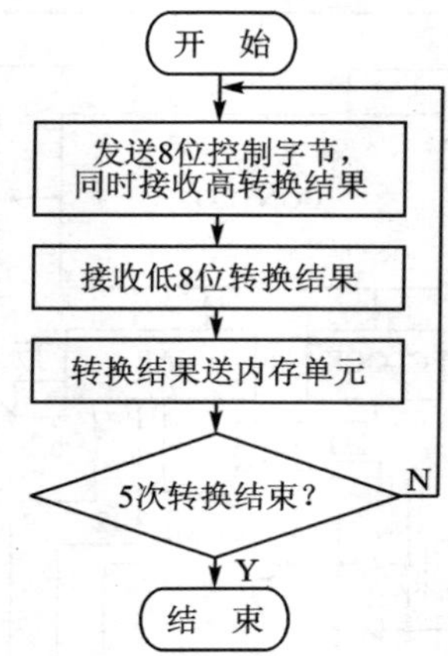

图 3-42 TLC2543 A/D 转换程序流程

```
sbit CE = P1^1;
sbit STS = P1^0;
sbit CS = P1^2;
sbit RC = P1^3;
sbit A0 = P1^4;
unsigned int ad574(void)
{
unsigned char a,b,c,d,e;
unsigned int  vout;
CE = 1;
//---------启动转换-------------
CS = 0;
A0 = 0;
RC = 0;
//---------等待结束-------------
while(STS == 1){};
//---------读取----------------
P0 = 0xff;
P2 = 0xff;
RC = 1;
a = P0;
b = P2;
//---------计算并返回-----------
b = b>>4;
c = a;
c = c<<4;
b = c|b;
```

```
    a = a>>4;
    vout = (a * 256 + b) * 5/4;
    CS = 1;
    RC = 0;
    CE = 0;
    return(vout);
    }
    void main(void)
    {
    unsigned int voltage;
    unsigned char a,b;
    while(1)
    {
    voltage = ad574();
    display(voltage);
    delay(10);
    }
}
```

使用旋钮提供一个可变的电压，测量该电压输出，并与万用表测量的结果进行比较。

```
;T13_2.ASM:12 位 TLC2543 A/D 转换
; ----------------变量定义-----------------
        COUNT      DATA     23H
        INPUT      DATA     20H
        OUTPUT1    DATA     21H
; ----------------输入/输出引脚定义--------
        EOC        BIT      P1.0
        CLOCK      BIT      P1.1
        DOUT       BIT      P1.2
        DIN        BIT      P1.3
        CS         BIT      P1.4
        ORG        4000H
        SJMP       START
        ORG        4080H
; ----------------主程序------------------
START:  CLR        CLOCK
        SETB       DOUT
        CLR        A
        MOV        OUTPUT1,A
        MOV        R0,#4EH
        MOV        R2,#05H
        SETB       CS
```

```
        MOV     INPUT,#0CH      ;通道及方式控制字:通道 0, 16 位, 高位在前, 单极性
START0:
        MOV     COUNT,#8
        MOV     C,EOC
        JNC     START0          ;转换完否?
        CLR     CS
        NOP
start1:
        CLR     CLOCK           ;发送 8 位的控制字节,接收高 8 位的转换字节
        NOP
        MOV     C,DOUT          ;接收数据
        MOV     OUTPUT1.0,C
        MOV     C,INPUT.7       ;发送指令
        MOV     DIN,C
        NOP
        SETB    CLOCK
        MOV     A,OUTPUT1       ;移位存储
        RL      A
        MOV     OUTPUT1,A
        MOV     A,INPUT
        RL      A
        MOV     INPUT,A
        DJNZ    COUNT,START1
        MOV     A,OUTPUT1
        RR      A
        MOV     @R0,A
        MOV     COUNT,#8
        CLR     A
        SETB    CLOCK
        INC     R0
START2: CLR     CLOCK           ;接收低 8 位的转换字节,最后 4 位无效
        NOP
        MOV     C,DOUT
        MOV     ACC.0,C
        RL      A
        SETB    CLOCK
        DJNZ    COUNT,START2
        RR      A
        MOV     @R0,A
        CLR     CLOCK           ;开始下一次转换
        SETB    CS
        INC     R0
```

```
        MOV     A, INPUT            ;下一通道控制字
        SWAP    A
        INC     A
        SWAP    A
        MOV     INPUT, A
        DJNZ    R2, START0
        NOP
        NOP
HALT:   JMP start                   ;设断点处
        END
```

6. 实验步骤

① 实验连线。12 位串行 A/D、D/A 模块的 EOC1 接 CPU 模块的 P1.0，IOCLK1 接 P1.1，DOUT1 接 P1.2，DIN1 接 P1.3，CS1(模块上)接 P1.4。A/D、D/A 模块上的 AN1～AN4 分别接 ADIN1～ADIN4。

② 调节基准电位器 POT1，使 TLC2543 的第 14 引脚输入参考电压为 5.0 V。

③ 运行 TLC2543 A/D 转换参考程序 T13_2.ASM，观察数码管显示的数据是否与 4 个通道的输入电压一致。

④ 数码管显示的数据，高位在前，低位在后。将每组数据换算成电压值(5/4 096)，与 4 个通道万用表实测的输入电压值基本相等。

7. 思考题

① 画出接口电路原理图，简要分析电路工作原理。

② 根据实验内容编写的程序清单，分析程序运行过程，并给予适当注释。

③ 说明 AD574 的工作原理、各引脚功能。

④ AD574 具有多大的转换精度和转换速度?

⑤ 总结实验过程中所遇到的问题与解决的办法。

3.5　单片机扩展应用

I^2C 总线是 Philips 公司推出的一种串行总线，它具有多机系统所需的包括总线裁决和高低速设备同步等功能的高性能总线，是近年来应用较多的串行总线之一。目前，具备 I^2C 接口的芯片已有很多，如 24XX 系列 E^2PROM、PCF8563 日历时钟芯片、PCF8576LCD 驱动器、PCF8591 A/D 及 D/A 转换器、PCF8571 静态 RAM、SAA1064 多位 LED 驱动器、PCF8574I/O 口扩展芯片及 82B715 I^2C 总线扩展器等。

SPI 接口是 Motorola 公司提出的同步串行通信标准。目前，采用 SPI 接口的器件已有很多，如 MC145040/1 A/D 转换器、MC144110/1 D/A 转换器、MC14489/99LED 显示驱动器、X25 系列 E^2PROM、MC145000/1LCD 显示驱动器及

MC68HC68TI 实时时钟电路等。下面对 E^2PROM 24C01、X25045 芯片的具体操作进行介绍。

3.5.1 I^2C 二总线

在新一代单片机中，无论是总线型还是非总线型单片机，为了简化系统结构，提高系统的可靠性，均推出了芯片间的串行数据传输技术，设置了芯片间的串行传输接口或串行总线。串行总线扩展接线灵活，极易形成用户的模块化结构，同时会大大简化其系统结构。串行器件不仅占用很少的资源和 I/O 线，而且体积大大缩小，同时还具有工作电压范围宽、抗干扰能力强、功耗低、资料不易丢失和支持在线编程等特点。目前，各式各样的串行接口器件层出不穷，例如串行 E^2PROM、串行 ADC/DAC、串行时钟芯片、串行数字电位器、串行微处理器监控芯片、串行温度传感器等。

串行 E^2PROM 是在各种串行器件应用中使用较频繁的器件，与并行 E^2PROM 相比，串行 E^2PROM 的数据传送速度较低，但是其体积较小，容量小，所含的引脚也较少，所以，它特别适用于需要存放非易失性数据、要求速度不高、引脚少的单片机。

串行 E^2PROM 中，较为典型的有 ATMEL 公司的 AT24CXX 系列以及 AT93CXX 系列，较为著名的半导体厂家(包括 Microchip 等)都有 AT93CXX 系列 E^2PROM 产品。

AT24CXX 系列的串行电可改写及可编程只读存储器 E^2PROM 有 10 种型号，其中典型的型号有 AT24C01A/02/04/08/16 共 5 种，它们的存储容量分别是 1 024/2 048/4 096/8 192/16 384 位，也就是 128/256/512/1 024/2 048 字节。这个系列一般用于低电压、低功耗场合，并且可以组成优化的系统。信息存取采用 2 线串行接口。

1) AT24C01 引脚及定义

AT24C01 有地址线 A0～A2，串行数据引脚 SDA，串行时钟输入引脚 SCL，写保护引脚 WP 等，如图 3-43 所示。很明显，其引脚较少，对组成的应用系统可以减少布线，提高可靠性。

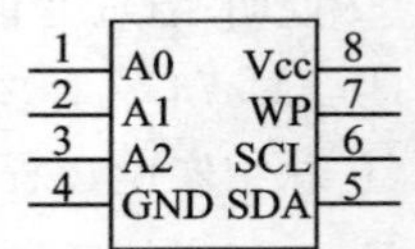

图 3-43 AT24C01 引脚

各引脚的功能和意义如下：

◇ Vcc 引脚，电源+5 V。

◇ GND 引脚，地线。

◇ SCL 引脚，串行时钟输入端。在时钟的正跳沿即上升沿时把数据写入 E^2PROM；在时钟的负跳沿即下降沿把数据从 E^2PROM 中读出来。

◇ SDA 引脚，串行数据输入/输出(或地址输入)端。

◇ A0～A2 引脚，芯片地址引脚。不同的型号对应意义有些不同，但都要接固定电平。

◇ WP 引脚，写保护端。这个端提供了硬件数据保护。当把 WP 接地时，允许

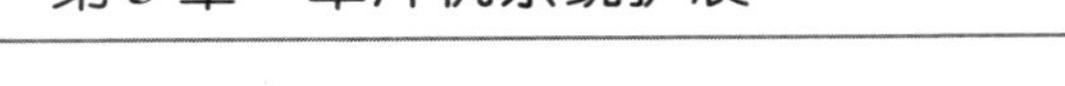

芯片执行一般读/写操作；当把 WP 接 Vcc 时，则对芯片实施写保护。

2) AT24C01 内存组织及运行方式

(1) 内存的组织

对于不同的型号，内存的组织不一样，其关键原因在于内存容量存在差异。对于 AT24CXX 系列的 E^2PROM，其典型型号的内存组织如下。

◇ AT24C01A：内部含有 128 字节，故需要 7 位地址对其内部字节进行寻址。

◇ AT24C02：内部含有 256 字节，故需要 8 位地址对其内部字节进行读/写。

(2) 运行方式

① 起始状态：当 SCL 为高电平时，SDA 由高电平变到低电平，处于起始状态。起始状态应处于任何其他命令之前。

② 停止状态：当 SCL 为高电平时，SDA 从低电平变到高电平，处于停止状态。在执行完读序列信号之后，停止命令把 E^2PROM 置于低功耗的待机方式(Standby Mode)。

③ 应答信号：应答信号 ACK 是由接收数据的器件发出的。当 E^2PROM 接收完一个写入数据之后，会在 SDA 上发一个"0"应答信号。反之，当单片机接收完来自 E^2PROM 的数据后，单片机也会向 SDA 发应答信号。应答信号在第 9 个时钟周期时出现。

④ 待机方式：AT24C01A/02/04/08/16 都具有待机方式，以保证在没有读/写操作时芯片处于低功耗状态。在下面两种情况中，E^2PROM 都会进入待机方式：第一，芯片上电的时候；第二，在接收到停止位和完成任何内部操作之后。

AT24C01 等 5 种典型的 E^2PROM 在进入起始状态之后，需要一个 8 位的"器件地址字"来启动内存进行读或写操作。在写操作中，有"字节写"和"页面写"两种不同的写入方法。在读操作中，有"现行地址读"、"随机读"和"顺序读"这些各具特点的读取方法。

3) AT24C01 器件寻址、写操作和读操作

(1) AT24C01 器件寻址

所谓器件寻址(Device Addressing)就是用一个 8 位的器件地址字(Device Address Word)来选择内存芯片。在逻辑电路中有 5 种 AT24CXX 系列芯片，即 AT24C01A/02/04/08/16，如果和器件地址字相比较结果一致，则读芯片被选中。下面对器件寻址的过程和意义加以说明。

(2) AT24C01 芯片的操作地址

E^2PROM 芯片地址安排如表 3-8 所列。

AT24C01 器件地址字含有 3 个部分。

第一部分：器件标识，器件地址字的最高 4 位。这 4 位的内容恒为"1010"，用于标识 E^2PROM 器件 AT24C01A/02/04/08/16。

第二部分：硬布线地址，是与器件地址字的最高 4 位相接的低 3 位。硬布线地址的 3 位有 2 种符号：Ai(i=0～2)，Pj(j=0～2)其中 Ai 表示外部硬布线地址位。

表 3-8　E^2PROM 芯片地址安排

128 B/256 B	1	0	1	0	A2	A1	A0	$R/\overline{W}$
512 B	1	0	1	0	A2	A1	P0	$R/\overline{W}$
1 KB	1	0	1	0	A2	P1	P0	$R/\overline{W}$
2 KB	1	0	1	0	A2	P1	P0	$R/\overline{W}$
4 KB	1	0	1	0	A2	A1	A0	$R/\overline{W}$
8 KB	1	0	1	0	A2	A1	A0	$R/\overline{W}$

对于 AT24C10A/02 这两种 1K/2K 位的 E^2PROM 芯片，硬布线地址为“A2，A1，A0”。在应用时，“A2，A1，A0”的内容必须和 E^2PROM 芯片的 A2，A1，A0 的硬布线情况，即逻辑连接情况相比较，如果一样，则芯片被选中；否则，不选中。AT24C01/02：真正地址＝字地址。

第三部分：读/写选择位，器件地址字的最低位，并用 $R/\overline{W}$ 表示。当 $R/\overline{W}=1$ 时，执行读操作；当 $R/\overline{W}=0$ 时，执行写操作。

如果 E^2PROM 芯片被选中，则输出“0”；如果 E^2PROM 芯片没有被选中，则它回到待机方式。其输入/输出情况视写入和读出的内容而定。

(3) 写操作

AT24C01A/02/04/08/16 这 5 种 E^2PROM 芯片的写操作有 2 种：一种是字节写，另一种是页面写。

① 字节写。这种写操作只执行 1 字节的写入。其写入过程分外部写和内部写两部分，分别说明如下。

在起始状态中，首先写入 8 位的器件地址，则 E^2PROM 芯片会产生一个“0”信号 ACK 输出作为应答；接着，写入 8 位的字地址，在接收字地址之后，E^2PROM 芯片又产生一个“0”应答信号 ACK；随后，写入 8 位数据，在接收数据之后，芯片又产生一个“0”应答信号。到此为止，完成了 1 字节写过程，故应在 SDA 端产生一个停止状态，这是外部写过程。

在这个过程中，控制单片机应在 E^2PROM 的 SCL 和 SDA 端送入恰当的信号。当然在一个字节写过程结束时，单片机应以停止状态结束写过程。此时，E^2PROM 进入内部定时的写周期，以便把接收的数据写入存储单元中。在 E^2PROM 的内部写周期中，其所有输入都被屏蔽，同时不响应外部信号直到写周期完成，这是内部写过程。内部写过程大约需要 10 ms。内部写过程处于停止状态与下一个起始状态之间。

② 页面写。这种写操作执行含若干字节的 1 个页面的写入。对于 AT24C01A/02，1 个页面含 8 字节；页面写的开头部分和字节写一样。在起始状态，首先写入8 位器件地址；待 E^2PROM 产生“0”应答信号 ACK 之后，写入 8 位字地址；又待芯片产

生"0"应答信号 ACK 之后，写入 8 位数据。

随后页面写的过程则与字节写有区别。

当芯片接收了第一个 8 位数据并产生应答信号 ACK 之后，单片机可以连续向 E^2PROM 芯片发送 1 页面的数据。对于 AT24C01A/02，可发送 1 页面共 8 字节(连第一个 8 位数据在内)。对于 AT24C04/08/16，则可发送 1 页面共 16 字节(连第一个 8 位数据在内)。当然，每发 1 字节都要等待芯片的应答信号 ACK。

之所以可以连续向芯片发送 1 个页面数据，是因为字地址的低 3～4 位在 E^2PROM 芯片内部可实现加 1，字地址的高位不变，用于保持页面的行地址。页面写和字节写两者一样可以分为外部写和内部写过程。

③ 应答查询。应答查询是单片机对 E^2PROM 各状态的一种检测。若单片机查询到 E^2PROM 有应答信号 ACK 输出，则说明其内部定时写的周期结束，可以写入新的内容。单片机是通过发送起始状态及器件地址进行应答查询的。由于器件地址可以选择芯片，则检测芯片送到 SDA 的状态就可以知道其是否有应答。

(4) 读操作

读操作的启动是和写操作类同的。它同样需要如表 3-8 所列的写操作的器件地址字，与写操作不同的就是信号分时执行读操作。

读操作有 3 种方式，即现行地址读、随机读和顺序读。下面分别说明它们的工作过程。

① 现行地址读。在上次读或写操作完成之后，芯片内部字地址计数器会加 1，产生现行地址。只要没有再执行读或写操作，这个现行地址就会在 E^2PROM 芯片通电期间一直保存。一旦器件地址选中 E^2PROM 芯片，并且有 $R/\overline{W}=1$，则在芯片的应答信号 ACK 之后，就会把读取的现行地址的数据送出。现行地址的数据输出时，就由单片机逐位接收，接收后单片机不用向 E^2PROM 发应答信号 ACK，但应保证发出停止状态的信号以结束现行地址读操作。现行地址读会产生地址循环覆盖现象，但和写操作的循环覆盖不同。在写操作中，地址的循环覆盖是在现行页面的最后一个字节写入之后，再行写入则覆盖同一页面的第一个字节。在现行地址读操作中，地址的循环覆盖是在最后页面的最后一个字节读取之后，再行读取才覆盖第一个页面的第一个字节。

② 随机读。随机读和现行地址读的最大区别在于，随机读会执行一个伪写入过程以把字地址装入 E^2PROM 芯片中，然后执行读取。显然，随机读有以下 2 个步骤。

第一，执行伪写入——把字地址送入 E^2PROM，以选择需要读取的字节。

第二，执行读取——根据字地址读取对应内容。

当 E^2PROM 芯片接收了器件地址及字地址时，在芯片产生应答信号 ACK 之后，单片机必须再产生一个起始状态，执行现行地址读，这时单片机再发出器件地址，并且令 $R/\overline{W}=1$，则 E^2PROM 应答器件地址并行输出被读数据。在读取数据时由单片机执行逐位接收。接收完毕，单片机不用发应答信号 ACK，但必须产生停止状态以结束随机读过程。

注意:在随机读的第二个步骤是执行现行地址读,由于在第一个步骤芯片接收了字地址,故现行地址就是所送入的字地址。

③ 顺序读。顺序读可以用现行地址读或随机读启动。它和现行地址读、随机读的最大区别在于:顺序读在读取一批数据之后才由单片机产生停止状态以结束读操作;而现行地址读和随机读在读取一个数据之后就由单片机产生停止状态以结束读操作。

执行顺序读时,首先执行现行读或随机读的有关过程,在读取第一个数据之后,单片机输出应答信号 ACK。在芯片接收应答信号 ACK 后,就会对字地址进行计数加 1,随后串行输出对应的字节。当字地址计数达到内存地址的极限时,字地址会产生覆盖,顺序读将继续进行。只有在单片机不再产生应答信号 ACK,而在接收数据之后马上产生停止状态,才会结束顺序读操作。

在对 AT24CXX 系列执行读/写的 2 线串行总线工作中,有关信号是由单片机程序和 E^2PROM 产生的。有两点特别要记住:串行时钟必须由单片机程序产生,而应答信号 ACK 则是由接收数据的器件产生的,也就是写地址或数据时由 E^2PROM 产生 ACK,而读数据时由单片机产生 ACK。

4) AT24CXX 系列应用注意事项

AT24CXX 系列 E^2PROM 有 13 种型号。它们的容量不同,执行页面写时的页面定义不同,进行读/写时的地址位数也不同,器件地址不同,在应用中要加以区别和注意。

3.5.2 实验 13 I^2C 二总线

1. 实验目的

了解 I^2C 总线的标准及使用;掌握用 I^2C 总线方式读/写串行 E^2PROM AT24C01 的方法;熟悉 AT24C01 芯片的功能。

2. 实验仪器及设备

① PC 机、DICE - KEIL USB 仿真器、Keil 软件。

② DICE - 5210K 单片机综合实验系统。

3. 实验内容

对 AT24C01 进行读、写、效验程序控制,充分了解 I^2C 总线的应用方法。

4. 程序设计

```
;T14.ASM:参考程序
            ORG     00H
            CUNC1  EQU      30H
            A24C_SDA     EQU    P1.0              ;I2C 串行数据口
            A24C_SCL     EQU    P1.1              ;I2C 串行时钟口
```

```
        SJMP    MAIN
        ORG     28H
;描述:启动 I²C 总线子程序——发送 I²C 起始条件
;----------------------------------------------------------------
STR_24C021:
        SETB    A24C_SDA                ;发送起始条件的数据信号
        DB      0,0,0,0,0
        DB      0,0,0,0,0
        SETB    A24C_SCL                ;发送起始条件的时钟信号
        DB      0,0,0,0,0
        DB      0,0,0,0,0               ;起始条件锁定时间大于 4.7 μs
        CLR     A24C_SDA                ;发送起始信号
        DB      0,0,0,0,0               ;起始条件锁定时间大于 4.7 μs
        DB      0,0,0,0,0
        CLR     A24C_SCL                ;准备发送或接收数据
        DB      0,0,0,0,0
        RET
;----------------------------------------------------------------
;名称:STOP_24C021
;描述:停止 I²C 总线子程序——发送 I²C 总线停止条件
;----------------------------------------------------------------
STOP_24C021:
        CLR     A24C_SDA                ;发送停止条件的数据信号
        DB      0,0,0,0,0
        DB      0,0,0,0,0
        SETB    A24C_SCL                ;发送停止条件的时钟信号
        DB      0,0,0,0,0               ;起始条件建立时间大于 4.7 μs
        DB      0,0,0,0,0
        SETB    A24C_SDA                ;发送 I²C 总线停止信号
        DB      0,0,0,0,0
        DB      0,0,0,0,0
        RET
;----------------------------------------------------------------
RD24C021: MOV   R3,#1
        ACALL   STR_24C021              ;I²C 总线起始信号
        MOV     A,#0A0H                 ;被控器 CAT24WC02 I²C 总线地址(写模式)
        ACALL   WBYTE_24C021            ;发送被控器地址
        JC      READFAIL
        MOV     A,R0                    ;取单元地址
        ACALL   WBYTE_24C021            ;发送单元地址
        JC      ReadFail
        ACALL   STR_24C021              ;I²C 总线起始信号
```

```
            MOV     A,#0A1H                 ;被控器 CAT24WC02 I²C 总线地址读模式
            ACALL   WBYTE_24C021            ;发送被控器地址
            JC      READFAIL
            CLR     F0
            MOV     A,R0
            LCALL   RDBYTE_24C021
            MOV     @R0,A
            ;ACALL STOP_24C021              ;I²C 总线停止信号
            ;RET
            ;MOV    DPL,A
            ;MOVDPH,#01H
            ;DJNZ   R3,RD24C021_NEXT        ;重复操作
            ;SJMP   RD24C021_LAST
RD24C021_NEXT:
            ACALL   RDBYTE_24C021           ;接收数据
            MOVX    @DPTR,A
            INC     DPTR
            DJNZ    R3,RD24C021_NEXT        ;重复操作
;-------------------------------------------------------------
RD24C021_LAST:
            SETB    F0                      ;不发送应答位
            ACALL   RDBYTE_24C021
            MOVX    @DPTR,A
            ACALL   STOP_24C021             ;I²C 总线停止信号
            RET
READFAIL:   ACALL   STOP_24C021
            RET
;-------------------------------------------------------------
WR24C021:   MOV     R3,#1
            ACALL   STR_24C021              ;I²C 总线起始信号
            MOV     A,#0A0H                 ;被控器 CAT24WC02 I²C 总线地址写模式
            ACALL   WBYTE_24C021            ;发送被控器地址
            JC      WRITEFAIL
            MOV     A,R0                    ;取单元地址
            ACALL   WBYTE_24C021            ;发送单元地址
            JC      WRITEFAIL
            MOV     A,@R0                   ;取数据
            LCALL   WBYTE_24C021
            ACALL   STOP_24C021
            RET
;-------------------------------------------------------------
            ;MOV    A,R0
```

```
        ;MOV    DPL,A;
        ;MOV    DPH,#01H
WR24C021_NEXT:
        MOVX    A,@DPTR                 ;取所发送数据的地址
        ACALL   WBYTE_24C021            ;发送数据
        JC      WRITEFAIL
        INC     DPTR                    ;取下一个数据
        DJNZ    R3,WR24C021_NEXT        ;重复操作
        ACALL   STOP_24C021             ;I²C 总线停止信号
        RET
WRITEFAIL:
        ACALL   STOP_24C021
        RET
;--------------------------------------------------------------
DELAY_10MS:                             ;延时 10 ms
        MOV     R7,#60H
DELAY2: MOV     R6,#34H
        DJNZ    R6,$
        LCALL   RST_WDOG
        DJNZ    R7,DELAY2
        RET
;--------------------------------------------------------------
WBYTE_24C021:                           ;写操作
        MOV     R7,#08H
WBY0:   RLC     A
        JC      WBY_ONE
        CLR     A24C_SDA
        SJMP    WBY_ZERO
WBY_ONE: SETB   A24C_SDA                ;发送数据位“1”
        DB 0,0
WBY_ZERO: DB 0,0                        ;发送数据位“0”
        SETB A24C_SCL
        DB 0,0,0,0
        DB 0,0,0,0
        CLR A24C_SCL
        DJNZ R7,WBY0
        MOV     R6,#5                   ;等待应答信号
WAITLOOP: SETB A24C_SDA
        DB 0,0,0,0
        SETB A24C_SCL
        DB 0,0,0,0,0,0,0
        JB A24C_SDA,NOACK
```

```
            CLR     C                               ;有应答信号
            CLR A24C_SCL
            RET
NOACK:      DJNZ    R6,WAITLOOP
            SETB    C                               ;无应答信号
            CLR     A24C_SCL
            RET
;----------------------------------------------------------------
RDBYTE_24C021:                                      ;读操作
            SETB    A24C_SDA
            MOV     R7,#08H                         ;字节为8位
RD24C021_CY1:  DB 0,0                               ;读数据位
            CLR     A24C_SCL                        ;准备读
            DB 0,0,0,0
            DB 0,0,0,0
            SETB    A24C_SCL                        ;读数据
            DB 0,0,0,0
            CLR     C
            JNB     A24C_SDA,RD24C021_ZERO          ;读数据位"0"
            SETB    C                               ;读数据位"1"
;----------------------------------------------------------------
RD24C021_ZERO:RLC A
            DB 0,0,0,0
            DJNZ    R7,RD24C021_CY1                 ;重复操作
            CLR     A24C_SCL
            DB 0,0,0,0,0,0
            CLR     A24C_SDA
            JNB     F0,RD_ACK
            SETB    A24C_SDA                        ;无应答
RD_ACK:     DB 0,0,0,0                              ;发送应答信号
            SETB    A24C_SCL
            DB 0,0,0,0,0,0
            CLR     A24C_SCL
            DB 0,0,0,0
            CLR     F0
            CLR     A24C_SDA
            RET
;----------------------------------------------------------------
;复位看门狗
RST_WDOG:   CLR     A24C_SDA
            DB 0,0,0,0
            SETB    A24C_SDA
```

```
         RET
;--------------------------------------------------------------
SAVE_2401:MOV    R0,#CUNC1
          MOV    R1,#10H
SAVE_NEXT:LCALL  WR24C021
          LCALL  DELAY_10MS
          INC    R0
          DJNZ   R1,SAVE_NEXT
          RET
READ_2401:MOV    R0,#CUNC1
          MOV    R1,#10H
READ_NEXT:LCALL  RD24C021
          INC    R0
          LCALL  DELAY_10MS
          DJNZ   R1,READ_NEXT
          RET
;--------------------------------------------------------------
INPUT:    MOV    R0,#10H                   ;30H
          MOV    R1,#30H
          MOV    A,#0
INPUT1:   MOV    @R1,A
          INC    A
          INC    R1
          DJNZ   R0,INPUT1
MAIN:     ;LCALL INPUT
          LCALL  SAVE_2401
          LCALL  READ_2401
          JMP      $
          END
```

5. 实验步骤

① 单片机最小应用系统的 P1.0、P1.1 接 I^2C 总线接口的 SDA、SCL，DP 和 RESET 悬空。

② 安装好仿真器，用串行数据通信线连接计算机与仿真器，把仿真头插到模块的单片机插座中，打开模块电源，打开仿真器电源。

③ 启动计算机，打开 Keil 软件，进入仿真环境，选择仿真器型号、仿真头型号、CPU 类型。选择通信端口，测试串行口。

④ 对 T14.ASM 源程序来说，当编译无误后，打开数据窗口（DATA），把地址 30H～3FH 的值设为特定值，则 MAIN 程序段为

```
MAIN: LCALL   INPUT
```

```
LCALL  SAVE_2401        ;写数据
;LCALL READ_2401
SJMP    $
```

运行程序,打开数据窗口,观察 30H 的数据变化(为 0~F)。

⑤ 改变 MAIN 程序段为

```
MAIN: ;LCALL  INPUT
      ;LCALL  SAVE_2401
      LCALL   READ_2401        ;读数据
      SJMP     $
```

然后,关闭 I^2C 总线接口模块电源,重开电源(芯片掉电)编译程序,打开数据窗口,更改 30H 的数据不为 0~F,或为一固定数据。运行程序,观察 30H 的数据变化(0~F),说明 AT24C01 可读/可写。

6. 思考题

根据实验内容要求,参考源程序,画出 AT24C01 与单片机的接口电路原理图。

3.5.3 SPI 三总线

X25045 是 XICOR 公司推出 4 KB 的 E^2PROM,它采用简单三线串行总线的外设接口(Serial Perpheral Interface,SPI)。X25045 的最大特点在于它不仅具有 E^2PROM 功能,还将看门狗定时器和电压监测功能封装在芯片内,成为一片多用途的芯片。在本小节中,我们只重点讲解该芯片有关 E^2PROM 的功能。

1. X25045 主要特性和引脚定义

1) 主要特性

512×8 位串行 E^2PROM;16 字节页方式;低功耗 CMOS 工艺;2.7~5.5 V 工作电压;有写保护;擦写次数为 10 万次。DIP 封装引脚如图 3-44 所示。引脚定义如表 3-9 所列。

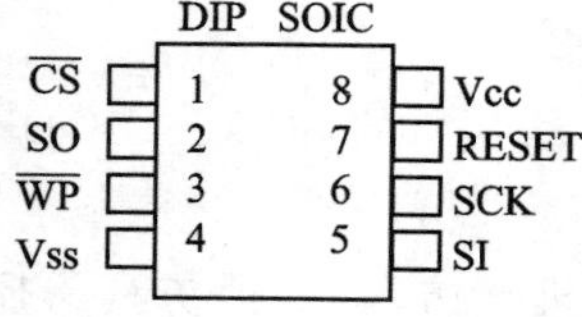

图 3-44 X25045 引脚图

表 3-9 引脚定义

引脚名	功 能	引脚名	功 能
$\overline{CS}$	片选	$\overline{WP}$	写保护输入
SO	串行输出	Vss	地
SI	串行输入	Vcc	电源电压
SCK	串行时钟输入	RESET	复位输出

2) 引脚定义

◇ CS:片选,为低电平时芯片工作。

◇ SO(Serial Output):串行数据输出口。

◇ SI(Serial Input):串行数据输入口。

◇ SCK(Serial Clock):串行控制时钟。

◇ RESET:复位输出,用于电源检测和看门狗超时输出。

◇ $\overline{\text{WP}}$(Write Protect):写保护引脚。当 $\overline{\text{WP}}$ 为低电平时,所有的写操作无效;当 $\overline{\text{WP}}$ 为高电平时,则容许写操作。

2. 读/写指令及其时序

1) 时钟和数据时序

器件通过 SPI 与单片机直接接口。SPI 包括 3 条信号线 SI、SO 和 SCK。SPI 协议是一个简单的串行通信协议,它可以概述如下:在 SI 上输入的数据在它遇到的第一个 SCK 的上升沿被锁入。在 SO 上输出的数据在 SCK 的下降沿时有效。SCK 是一个静态的时钟,使用者可以随时停止时钟,然后又重新开启时钟继续刚才未完成的工作。在整个过程中 CS 必须保持低电平。X25045 包含一个指令寄存器,对器件的操作通过发送指令来完成,相关指令如表 3－10 所列。

表 3－10　X25045 相关指令集

指令名称	指令格式	操　作
WREN	0000 0110	设置写允许
WRDI	0000 0100	设置写禁止
RSDR	0000 0101	读状态寄存器
WRSR	0000 0001	写状态寄存器(看门狗和块锁)
READ	0000 A8011	从存储阵列的指定地址读数据
WRITE	0000 A8010	从存储阵列的指定地址写数据(1～16 B)

所有的地址或数据在传送时都是高位在先的。

2) 写允许/写禁止

X25045 有一个写保护机制,在器件上电时自动进行写保护。因此,如果对器件进行写操作,必须先进行写允许操作;如果进行写保护,只需要发送写禁止命令。WREN、WRDI 都是单字节指令。操作时序如图 3－45 所示。

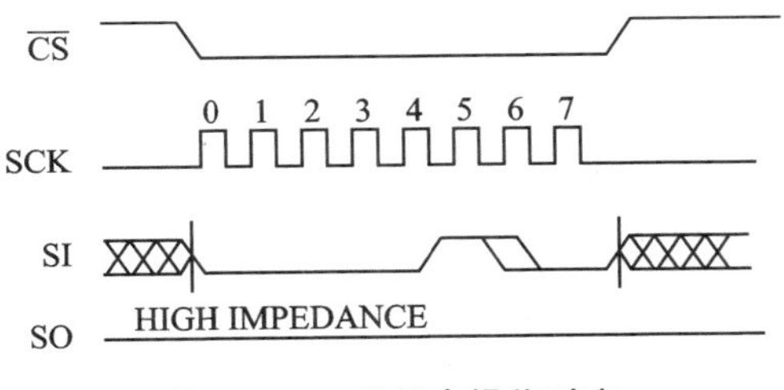

图 3－45　单指令操作时序

3) 状态寄存器

X25045 状态寄存器如表 3－11 所列。

表 3-11 X25045 状态寄存器

7	6	5	4	3	2	1	0
0	0	WD1	WD0	BL1	BL0	WEL	WIP

◇ WIP：为 1 说明器件正在进行内部写操作，为 0 说明无写操作。

◇ WEL：为 1 说明器件没有写保护，为 0 说明器件处于写保护状态；

◇ BL0、BL1：设置块锁保护的级别。这两位用 WRSR 指令写入。

BL1	BL0	保护的范围
0	0	无
0	1	$180～$1FF
1	0	$100～$1FF
1	1	$000～$1FF

◇ WD0、WD1：看门狗超时时间设置。

4）读存储阵列

从 E^2PROM 中读取存储阵列时，首先将 $\overline{CS}$ 置低。将 8 位 READ 指令发送至器件。在 READ 指令之后，发送 8 位地址。在 2 字节传送完毕，要读取的 E^2PROM 中存储的字节就由 SO 线输出。如果 SCK 时钟不停止，则下一个地址的数据会紧接着送出。地址自动地指向下一个更高的地址。读操作在 CS 变为高电平后停止。读 E^2PROM 阵列的时序如图 3-46 所示。

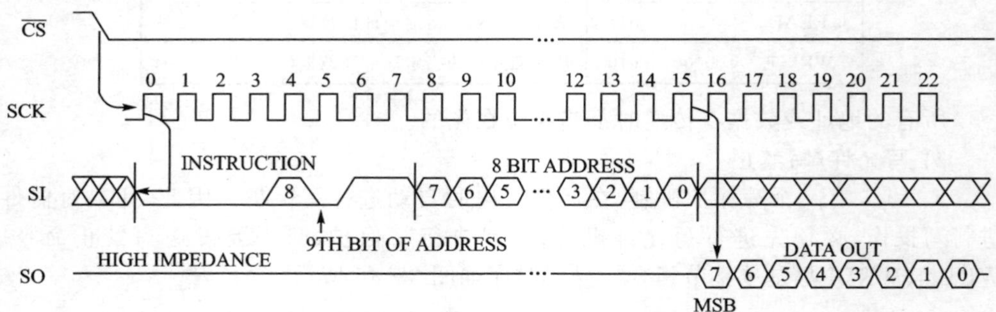

图 3-46 读 E^2PROM 阵列时序

5）写存储阵列

必须在没有写保护的情况下进行写操作。首先将 $\overline{CS}$ 置低，将 WREN 指令写入器件，并将 $\overline{CS}$ 置高，然后将 $\overline{CS}$ 重置低，并写入 WRITE 指令、8 位地址、要写入的数据。主机可以连续进行 16 字节的写入。但这 16 字节必须在同一页面内，即地址为 XXXX 0000～XXXX 1111。$\overline{CS}$ 必须在写入的最后一个字节的最低位写入完成时变为高电平。写 E^2PROM 阵列时序如图 3-47 所示。

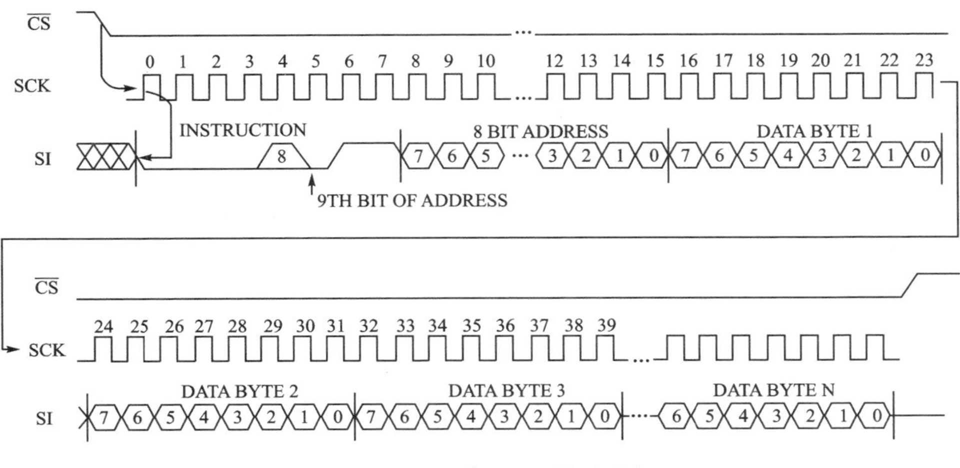

图 3-47　写 E^2PROM 阵列时序

3.5.4　实验 14　SPI 三总线

1. 实验目的

了解串行 E^2PROM 数据的读/写；了解 X25045 的工作原理和结构；掌握单片机与 X25045 等串行外设接口的接口设计方法。

2. 实验仪器及设备

① PC 机、DICE-KEIL USB 仿真器、Keil 软件。

② DICE-5210K 单片机综合实验系统。

③ 串行读/写器件模块

3. 实验内容

连接单片机最小系统与串行 E^2PROM X25045 组成的电路，并编写程序对其进行读/写操作。即连续写入 16 字节(1 页)，再将其读出，比较写入和读取的数据是否一致。本实验主要通过仿真环境观察实验情况。

4. 硬件设计

X25045 读/写电路设计示意图如图 3-48 所示。

5. 程序设计

```
;T15.ASM:串行 EEPROM 数据读/写
CS              BIT     P3.0
SI              BIT     P3.1
SCK             BIT     P3.2
SO              BIT     P3.3
WREN_INST       EQU     06H                 ; 设置写允许
WRDI_INST       EQU     04H                 ; 设置写禁止
```

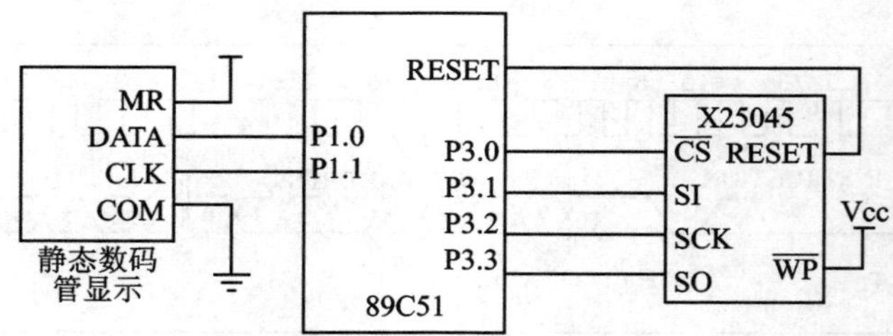

图 3-48　X25045 读/写电路设计示意图

```
WRSR_INST       EQU     01H                 ；写状态寄存器
RDSR_INST       EQU     05H                 ；读状态寄存器
WRITE_INST      EQU     02H                 ；从存储阵列的指定地址写数据(WRITE)
READ_INST       EQU     03H                 ；从存储阵列的指定地址读数据(READ)
BYTE_ADDR       EQU     55H
BYTE_DATA       EQU     11H
PAGE_ADDR       EQU     1F0H
PAGE_DATA1      EQU     22H                 ；写入第一组数据字节的记录地址
PAGE_DATA2      EQU     33H                 ；写入第二组数据字节的记录地址
PAGE_DATA3      EQU     44H                 ；写入第三组数据字节的记录地址
STATUS_REG      EQU     00H                 ；状态寄存器地址
MAX_POLL        EQU     99H
INIT_STATE      EQU     09H                 ；控制端口初始化值
SLIC            EQU     030H
;-------------------------------------------
STACK_TOP       EQU     060H                ；堆栈顶地址
;-------------------------------------------
            ORG     0000H
            LJMP    MAIN
            ORG     0100H
MAIN：      MOV     SP,＃STACK_TOP          ；初始化堆栈指针
            CLR     EA                      ；中断禁止
            MOV     P3,＃INIT_STATE         ；初始化控制位(/CS & SO = 1，SCK & SI = 0)
            LCALL   WREN_CMD                ；设置写允许
            LCALL   WRSR_CMD                ；把 00H 写入状态寄存器
            LCALL   WREN_CMD
            LCALL   BYTE_WRITE              ；把 11H 写到地址 55H
            LCALL   BYTE_READ               ；从 55H 地址读
            LCALL   WREN_CMD
            LCALL   PAGE_WRITE              ；记录 22H/33H/44H 写入地址 1F0/1/2H 中
            LCALL   SEQU_READ               ；从地址 1F0/1/2H 中读出数据
DISP：      LCALL   DISPLAY                 ；数码管静态串行显示
WAITHERE：  SJMP    WAITHERE
;-------------------------------------------
```

```
;写状态寄存器程序
;-----------------------------------------
WRSR_CMD:   CLR     SCK
            CLR     CS
            MOV     A,#01H
            LCALL   OUTBYT
            MOV     A,#00H
            LCALL   OUTBYT
            CLR     SCK
            SETB    CS
            LCALL   WIP_POLL
            RET
;-----------------------------------------
;设置写允许锁存器程序
;-----------------------------------------
WREN_CMD:   CLR     SCK
            CLR     CS
            MOV     A,#06H
            LCALL   OUTBYT
            CLR     SCK
            SETB    CS
            RET
;-----------------------------------------
;读 X25045 状态寄存器程序
;-----------------------------------------
RDSR_CMD:   CLR     SCK
            CLR     CS
            MOV     A,#05H
            LCALL   OUTBYT
            LCALL   INBYT
            CLR     SCK
            SETB    CS
            RET
;-----------------------------------------
;从 E²PROM 中读数据程序
;-----------------------------------------
SEQU_READ:  MOV     DPTR,#PAGE_ADDR      ;设置第一字节地址
            CLR     SCK
            CLR     CS
            MOV     A,#READ_INST
            MOV     B,DPH
            MOV     C,B.0
            MOV     ACC.3,C
            LCALL   OUTBYT               ;发送读指令及高位地址
```

```
            MOV     A, DPL
            LCALL   OUTBYT
            MOV     R0,#40H
            LCALL   INBYT
            MOV     @R0,A
            INC     R0
            LCALL   INBYT
            MOV     @R0,A
            INC     R0
            LCALL   INBYT
            MOV     @R0,A
            CLR     SCK
            SETB    CS
            RET
;------------------------------------------------
;在 E²PROM 中写数据程序
;------------------------------------------------
PAGE_WRITE:
            MOV     DPTR, #PAGE_ADDR     ;设置第一字节地址
            CLR     SCK
            CLR     CS
            MOV     A, #WRITE_INST
            MOV     B, DPH
            MOV     C, B.0
            MOV     ACC.3, C
            LCALL   OUTBYT               ;发送写指令(包括地址最高有效位)
            MOV     A, DPL
            LCALL   OUTBYT               ;发送地址低位
            MOV     A, #0CH
            LCALL   OUTBYT
            MOV     A, #22H
            LCALL   OUTBYT
            MOV     A, #38H
            LCALL   OUTBYT
            CLR     SCK
            SETB    CS
            LCALL   WIP_POLL
            RET
;------------------------------------------------
;向 E²PROM 写字节数据程序
;------------------------------------------------
OUTBYT:     MOV     R0, #08
OUTBYT1:    CLR     SCK
            RLC     A
```

```
        MOV     SI, C
        SETB    SCK
        DJNZ    R0, OUTBYT1
        CLR     SI
        RET
;-----------------------------------------
;从 E²PROM 读字节数据程序
;-----------------------------------------
INBYT:  MOV     R5,#08H
INBYT1: SETB    SCK
        CLR     SCK
        MOV     C,SO
        RLC     A
        DJNZ    R5,INBYT1
        RET
;-----------------------------------------
;初始化 E²PROM 操作程序
;-----------------------------------------
WIP_POLL:  MOV     R6,#99H
WIP_POLL1: LCALL   RDSR_CMD
           JNB     ACC.0,WIP_POLL2
           DJNZ    R6,WIP_POLL1
WIP_POLL2: RET
;-----------------------------------------
;写字节子程序
;-----------------------------------------
BYTE_WRITE:
        MOV     DPTR, #BYTE_ADDR
        CLR     SCK
        CLR     CS
        MOV     A, #WRITE_INST
        MOV     B, DPH
        MOV     C, B.0
        MOV     ACC.3, C
        LCALL   OUTBYT
        MOV     A, DPL
        LCALL   OUTBYT
        MOV A, #BYTE_DATA
        LCALL   OUTBYT
        CLR     SCK
        SETB    CS
        LCALL   WIP_POLL
        RET
;-----------------------------------------
```

```
;读字节子程序
;------------------------------------------
BYTE_READ:
        MOV     DPTR，#BYTE_ADDR
        CLR     SCK
        CLR     CS
        MOV     A，#READ_INST
        MOV     B，DPH
        MOV     C，B.0
        MOV     ACC.3，C
        LCALL   OUTBYT
        MOV     A，DPL
        LCALL   OUTBYT
        LCALL   INBYT
        CLR     SCK
        SETB    CS
        RET
;------------------------------------------
;复位子程序
;------------------------------------------
RST_WDOG: CLR   CS
        SETB    CS
        RET
        TAB:    DB 0FCH,60H,0DAH,0F2H,66H,0B6H,0BEH,0E0H,0FEH,0E6H
        END
```

6. 思考题

① 画出接口电路原理图。

② X25045 具备哪几种功能？对它具备的 E^2PROM 进行说明。

③ 分析三线制串行外设接口(SPI)的工作过程。

④ 根据实验内容编写程序清单，并给予适当注释。

⑤ 总结实验过程中所遇到的问题与解决的办法。

第4章

单片机应用系统设计

4.1 单片机应用系统设计与开发

4.1.1 单片机应用系统设计的一般步骤

单片机应用系统是指以单片机为核心，配以一定的外围电路和软件，能实现某种或几种功能的应用系统。它一般由硬件和软件两部分组成，硬件是系统的基础，软件则是在硬件的基础上对其进行合理的调配和使用，从而完成应用系统所要完成的任务。同时，为保证系统能可靠工作，在软/硬件的设计中还应包括系统的抗干扰设计[10]。因此，设计一个单片机应用系统可分为以下几个步骤：

① 需求分析、方案论证和总体设计阶段，需求分析是应用系统设计工作的开始。

需求分析的内容主要包括：被控、被测参数的形式（电量、非电量、模拟量、数字量等），被测参数的范围、性能指标，系统功能，显示、报警及打印要求等。

方案论证是根据用户要求，设计出符合现场条件的软硬件方案，并分析其可行性。在选择测量结果输出方式上，要考虑用户的技术水平和心理因素。既要满足用户要求，又要使系统简单、经济、可靠，这是进行方案论证与总体设计一贯坚持的原则。

② 器件选择、电路设计制作、数据处理、软件编制阶段。

③ 整个系统的调试与性能测定阶段。

调试阶段是检查已制线路是否正常工作的必经阶段。调试时，应将硬件和软件分成几个部分，逐一调试，各部分均调试通过后再联调。调试完成后，应在实验室模拟现场条件，对所设计的硬件和软件进行性能测定。现场使用时，要对使用情况做详细记录，在各种可能的情况下都要做实验，写出详细的试用报告[11,12]。

④ 文件编制阶段。

文件不仅是设计工作的结果，而且是以后使用、维修的依据和再设计的基础。因此，一定要精心编写文件，清楚描述，确保数据和资料齐全。文件应包括，任务描述，设计的指导思想及设计方案论证，性能测定及现场使用报告与说明，使用指南，软件资料（流程图、子程序使用说明、地址分配、程序清单），硬件资料（电路原理图、元件布置图及接线图、接插件引脚图、线路板图、注意事项等）。

4.1.2 单片机应用系统的硬件和软件设计

1. 硬件设计

一个单片机应用系统的硬件设计包括两大部分内容：

一是单片机系统的扩展部分设计。它包括存储器扩展和接口扩展。存储器扩展是指 RAM、EPROM 和 E^2PROM 的扩展；接口扩展是指 8255、8155、8279 以及其他功能器件的扩展。

二是各功能模块的设计。如信号测量功能模块和信号控制功能模块、人机对话功能模块、通信功能模块等，根据系统功能要求配置相应的 A/D、D/A、键盘、显示器、打印机等外围设备。

为使硬件设计尽可能合理，根据经验，系统的电路设计应注意以下几个方面：

① 尽可能选择标准化、模块化的典型电路。在条件允许时尽量选用功能强、集成度高的电路或芯片，以提高设计的成功率和结构的灵活性。设计具体电路时可借鉴他人在此方面的成功经验，以节省时间和精力。

② 适当留有余地以备修改。实际上，电路设计一次成功而不做任何修改的情况是很少的，如果在设计之初未留有任何余地，后期很可能因为一点小改动而被迫全面返工。例如 RAM 空间、ROM 空间、I/O 端口、A/D 通道和 D/A 通道等都在考虑之列。另外，在电路板设计时，也可安排若干机动区以备后期增加元件、调整布线之用。

③ 充分考虑系统各部分的驱动能力和电气性能的配合情况。

④ 以软件功能代替硬件功能。单片机系统是软件和硬件的结合系统，很多硬件电路能做到的，软件也能做到，而且后者的性能往往比前者更加优越。因此，在设计时考虑以软代硬不仅可以优化系统的硬件，还能使各部分的功能得到更进一步的开发。

⑤ 工艺设计。设计机箱、画板连线、接插件等，必须考虑是否便于安装、调试和维修。

⑥ 系统的抗干扰设计。这方面的内容将在第 5 章专门介绍。

2. 软件设计

软件设计与硬件设计应统筹考虑。系统的应用软件是根据系统功能的要求设计的。一般来说，软件的功能可分为两大类：一类是执行软件，它能完成各种实质性的功能，如测量、计算、显示、打印、输出控制等；另一类是监控软件，它专门用来协调各执行模块和用户的关系，在系统软件中充当调度角色。设计时应从以下几个方面加以考虑[13]。

① 根据要求，将系统软件分成若干相对独立的部分。根据它们之间的联系和时间上的关系，设计出合理的软件总体结构。

② 施行结构化设计风格，各程序按功能进行模块化、子程序化，以便于调试、修改、移植。

③ 在编写应用软件之前，应绘制出程序流程图，这样一来可以大大提高软件设计的总效率。

④ 合理分配系统资源，包括 ROM、RAM、定时器/计数器、中断源等，其中最关键的是片内 RAM 的分配。

⑤ 加强抗干扰设计，这是提高应用系统可靠性的有力措施。

⑥ 注意程序的可读性，为后续开发奠定良好的基础。

在软件编制完毕，一般还要进行测试。软件测试是对需求分析、设计和编码的最后审核。软件测试、纠错和软件可靠性三者密不可分。测试是企图发现错误，纠错是诊断已发现的错误并加以改正，可靠性是衡量测试与纠错结果的基准。一系列全面的测试是软件可靠的唯一保证。

4.1.3　单片机应用系统的开发

1. 单片机应用系统的仿真

单片机应用系统经过预研、总体设计、软/硬件开发、制版、元器件安装和代码下载(固化)后，系统就可以运行了。但是要想一次成功几乎是不可能的，多少会出现一些硬件、软件上的错误，这都需要通过调试来发现错误并纠正。通常，单片机程序调试都需要借助被称为仿真系统或开发系统的专用工具来实现[14]。一个单片机在线仿真器应具备的功能有：

① 输入和修改应用程序。

② 对用户系统硬件电路进行检查与诊断。

③ 将程序代码编译为目标码并固化或下载到系统中。

④ 以单步、断点和连续方式运行程序，正确反映用户程序执行的中间结果。

⑤ 最好不占用用户单片机的资源。

⑥ 提供足够的仿真 RAM 空间作为用户的程序存储器，并提供足够的 RAM 空间，作为用户的数据存储器。

⑦ 具有齐全的软件开发工具，如交叉汇编、链接、固化和下载，甚至反编译等。

系统仿真调试的目标是检测并排除硬件故障，检测并修正模块化软件。

对于一些小系统，也可以不使用专门的仿真器，而是直接使用写入装置，将目标码写入系统的程序存储器中。如果使用具有 Flash 存储器和支持 ISP 的单片机芯片，那么只需要一个编程/下载电缆，利用专门的下载软件，就可以通过 ISP 插座将目标码下载到单片机芯片中，然后直接运行以判断硬件/软件的正确性。

2. 单片机应用系统的制板

单片机应用系统的制板，其实质就是将设计的硬件电路通过 EDA(Electronics Design Automation，电子设计自动化)软件(例如 Protel 等)绘制原理图，并形成 PCB 制版图，检验无误后将 PCB 图交给制版公司，加工制造成电路板。

3. 单片机应用系统的调试

单片机应用系统的调试包括硬件调试和软件调试两部分，但是它们并不能完全分开。一般方法是先排除明显的硬件故障，再进行综合调试，以排除可能的软/硬件故障。

1) 静态硬件调试

将器件安装/焊接到电路板上，在进行系统调试前，应做好以下几方面工作：

① 先要检查电路板的加工质量，并确保没有任何制造方面的错误(如短路和断路)，尤其要避免电源短路。

② 元器件在安装前要逐一检查。

③ 焊接完毕，应先空载上电(芯片座上不插芯片)，并检查各引脚的电位是否正确。若一切正常，则在断电情况下将芯片插入，再次检查各引脚的电位及逻辑关系。

2) 系统调试

对硬件完成静态调试后，就可以进行系统调试。一个经典的调试方案是：把整个应用系统按功能进行分块，如系统扩展模块、输入/输出模块、A/D 模块和监控模块等。针对不同的功能模块，用测试程序并借助万用表、示波器及逻辑笔等来检测硬件电路的正确性。

系统硬件的调试可采用监控命令法和程序调试法。调试的内容包括以下几个方面：

① 外部数据存储器 RAM 的调试。

② 程序存储器的调试。

③ 输出功能模块的调试。

④ I/O 接口芯片的调试。

⑤ 外部中断与定时器的调试。

⑥ 键盘的调试。

⑦ 显示器的调试。

⑧ A/D 和 D/A 的调试。

⑨ 串行通信口的调试。

4. 单片机应用系统的编程、下载与运行

① 应用程序编程。可采用多种形式编写应用程序的源程序，如采用文本编辑器、Keil C 等。

② 源程序的汇编。可采用编译程序和交叉编译程序进行汇编，并将其转换为目标码。

③ 目标码的下载与运行。可借助仿真器、写入器或利用 ISP 的配套软件进行。调试完成后，将单片机应用系统设置到运行状态，程序就开始运行了。

4.2 节所列出的单片机应用系统设计项目，来源于单片机实践教学和单片机应用研发的实际应用项目，涉及单片机应用系统的显示类控制、传感器类控制、通信类控制以及机电类控制。项目中的模块大部分已在前面章节介绍过。项目阐述的思路：项目产生背景，要求和分析，硬件电路设计框图和硬件电路原理图，部分流程图，源程序说明，思考题。有的项目在介绍其基本功能的基础上还介绍如何进行功能扩展。

通过对一定数量项目解题方案的剖析，读者可以更好地理解单片机应用系统软件、硬件设计和应用系统调试方法，同时了解更多的单片机应用技术，提高分析问题和解决问题的能力。

各项目均在 DICE－5210K 单片机综合实验系统或其他单片机开发系统完成调试及测试等工作，以确保达到预定的功能，可供在大型实验、课程设计、专业实训等各类单片机实践教学环节中使用。

4.2　汇编语言单片机系统设计

应用汇编语言进行单片机编程开发的优点，在本书的 1.1.4 节已进行详细阐述。汇编语言具有占用内存单元和 CPU 资源少、程序简短、执行速度快等特点。通过学习汇编语言单片机系统设计可以更加直观地认识和掌握单片机的工作原理。

4.2.1　项目 1　电子发报机设计

1. 项目要求

以单片机为核心，设计一个电子发报机。一方发送信息，另一方接收信息。发送方以密码方式呼叫接收方，当接收方确认密码校验正确后，接收方可选择是否接收信息。若选择接收信息，则发送方开始发送信息，接收方开始接收信息。在信息发送/接收过程中，可以通过信息发送方停止按键或 60 s 计时时间到的方式，结束信息的发送与接收。1 台主机发送，2 台从机各自应答接收。

2. 项目分析

电子发报机是一种军事战地联络的必备工具。本项目设计的电子发报机以 AT89C51 芯片为核心器件，1 台主机发送（主发报机），2 台从机各自应答接收（从发报机）。每台发报机只需 9 个按键、4 个 LED 数码显示管，将 1 台主机与 2 台从机连接起来。本项目实质是属于单片机多机通信应用，程序设计的关键是确定多机通信协议。

3. 硬件电路设计方案

根据项目要求，确定该系统的设计方案，图 4-1 为该系统设计方案的硬件电路设计框图。硬件电路由 15 部分组成，包括 3 组按键输入电路、单片机、时钟与复位电路、LED 显示器驱动电路和 LED 显示电路。

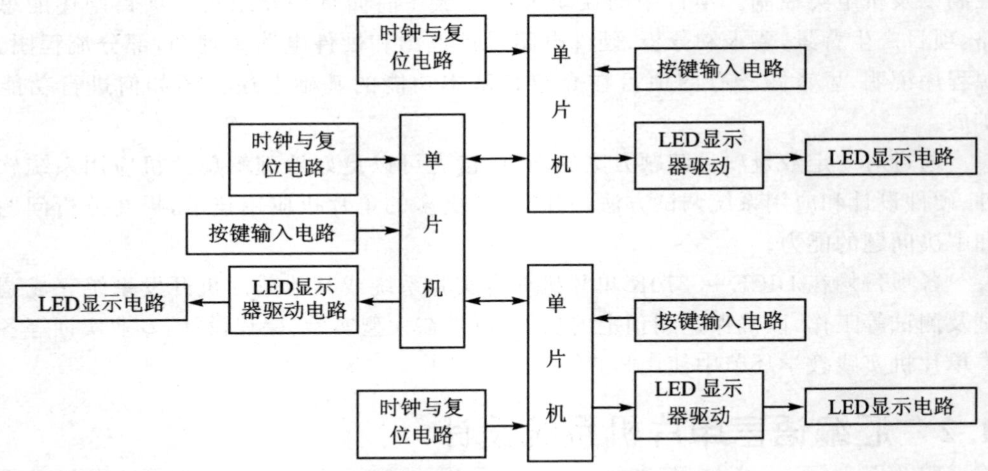

图 4-1 电子发报机硬件电路设计框图

4. 硬件电路原理图

电子发报机结构原理图如图 4-2 所示。1 台主机、2 台从机的结构相同，均由单片机、LED 数码管、矩阵式按键 3 部分组成。

5. 汇编语言源程序

;按 A 和 B 选择从机，然后传送第一个数据并等待从机响应。当从机允许接收时，主机第三位 LED 变为 0，说明允许开始传送数据。

;主机源程序

```
        ORG     0000H
        SJMP    MAIN
        ORG     0013H
        AJMP    INT1
        ORG     0030H
MAIN:   MOV     IE,#84H
        MOV     PCON,#0
        MOV     SCON,#11011000B ;串行通信设置,查询方式
        MOV     TMOD,#20H
        MOV     TL1,#0F4H          ;设置通信速率,晶振频率 11.059 2 MHz,频率为 2.4 kHz
        MOV     TH1,#0F4H
```

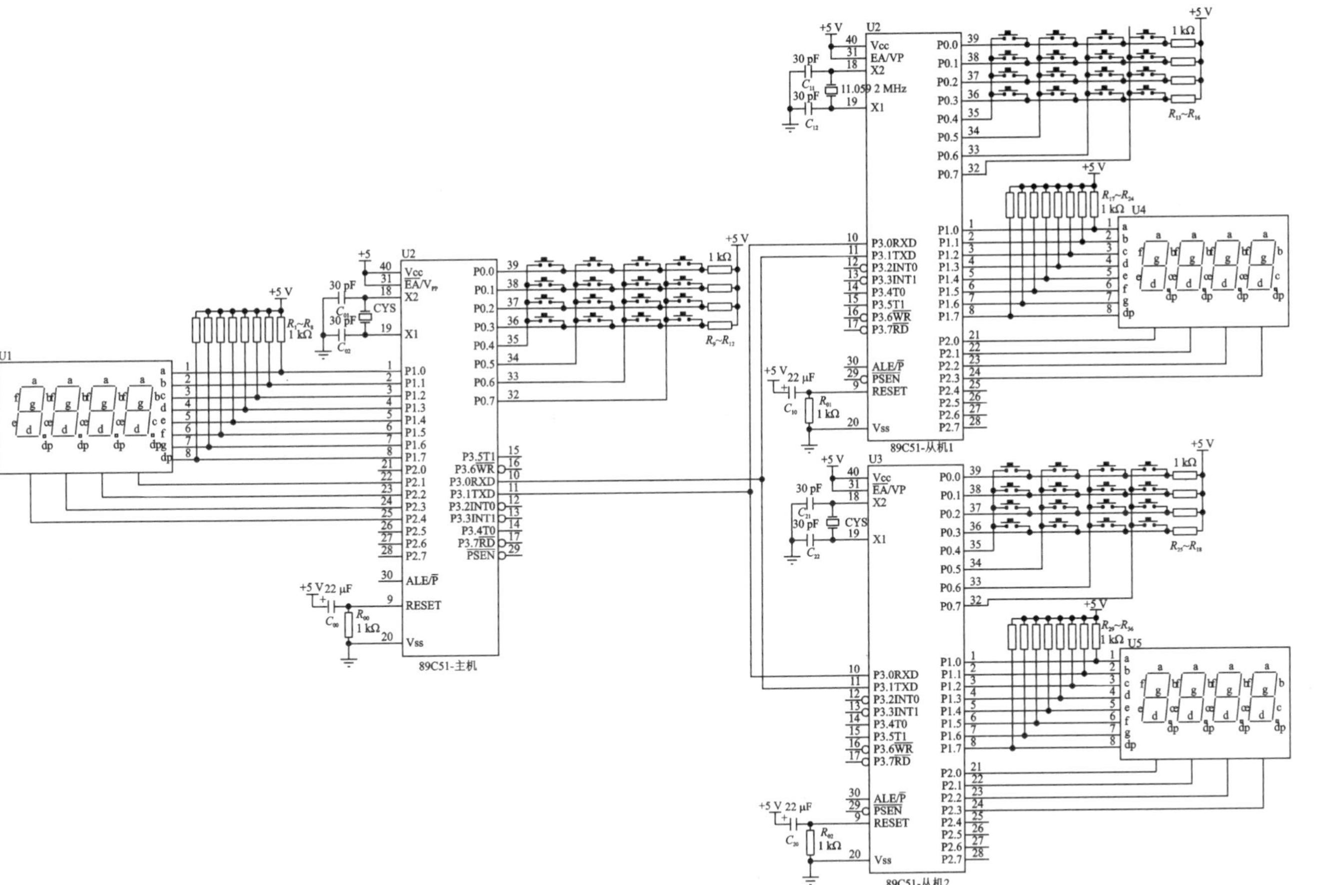

图4-2　电子发报机结构原理图

```
        SETB    TR1
        SETB    IT1             ;定时器中断
        SETB    EA              ;开总中断允许
        SETB    EX1             ;开外部中断 1
        MOV     R2,#00H
        MOV     SP,#0A0H        ;设置堆栈指针
        MOV     7AH,#05H        ;显示缓存区初始化
        MOV     7BH,#00H
        MOV     7CH,#00H
        MOV     7DH,#00H
        MOV     7Eh,#00h
LP:     ACALL   DISPLAY
        ACALL   KEY
        CJNE    A,#0FH,LP11     ;大于 0FH,CY 清零,跳转至 LP11
LP11:   JNC     LP              ;CY 位为 1,则输入有效
        MOV     7AH,A
        ACALL   ZTXD
        ACALL   DISPLAY
        SJMP    LP
ZTXD:   MOV     R2,7EH          ;读入要呼叫的从机号
        SETBTB8
        MOV     SBUF,R2         ;地址相符
        CLR     TI
        CLR     RI
WAIT1:  JBC     TI,WAIT2
        SJMP    WAIT1
WAIT2:  JBC     RI,MR1
        SJMP    WAIT2           ;等待从机应答
MR1:    MOV     A,SBUF          ;取出应答密码信号
        XRL     A,R2            ;是该从机应答吗?
        JZ      ATT             ;是,则转数据发送
ERR:    MOV     SBUF,#09H       ;不是,则发送复位信号
WAIT3:  JBC     TI,ERR1
        SJMP    WAIT3
ERR1:   SJMP    ZTXD
ATT:    CLR     TB8
        MOV     A,7AH
Ll:     MOV     SBUF,A
L2:     JBC     TI,END1
        SJMP    L2
END1:   RET
;-------------------------------------------------------------
```

```
;键盘扫描子程序,键值在 A 中
;-------------------------------------------------------------
KEY:    PUSH    PSW
        SETB    RS0
        ACALL   KEY1
        MOV     A,R4
        XRL     A,#0FH
        JZ      RETT                ;无键按下
        ACALL   DISPLAY             ;有键按下,延时去抖
        ACALL   DISPLAY
        ACALL   KEY2                ;读键值
        MOV     R2,A
W1:     ACALL   DISPLAY
        ACALL   KEY1                ;等待键释放
        MOV     A,R4
        XRL     A,#0FH
        JZ      ret1
        SJMP    W1
RET1:   MOV     A,R2                ;返回
        SJMP    RETT1
RETT:   MOV     A,R4
        RETT1:  CLRRS0
        POP     PSW
RET
;------------------------------------
KEY2:   MOV     R4,#0FH             ;键值存储
        MOV     R3,#0FEH            ;行扫描初值
KEY3:   ORL     P0,#0FFH
        MOV     A,R3
        ANL     P0,A
        MOV     A,P0
        MOV     R2,#04H             ;扫描次数
L1:     RLC     A
        JNC     RET2
        DEC     R4
        DJNZ    R2,L1
        MOV     A,R3
        RRC     A
        MOV     R3,A
        JC      KEY3
RET2:   MOV     A,R4
RET3:   RET
```

```
;------------------------------------------------------------
KEY1:    ORL     P0,#0F0H           ;高 4 位置 1
         ANL     P0,#0F0H           ;低 4 位清零
         MOVA,P0
         CPLA
         SWAP    A
         ANLA,#0FH
         JZ      NKEY
         MOV     R4,#0EH
         SJMP    KEYON
NKEY:    MOV     R4,#0FH
KEYON:   RET
;------------------------------------------------------------
; 显示子程序
;------------------------------------------------------------
DISPLAY: SETB    RS1
         MOV     DPTR,#TABLE
DISPLAY1:MOV     R0,#7AH
         MOV     R1,#0FDH           ;位控码,共阴极 4 位 7 段显示器
NEXTT:   MOV     A,@R0
         MOVC    A,@A+DPTR
         MOV     P1,A               ;送显示数据
         MOV     A,R1
         MOV     P2,A               ;送位控码
         LCALL   DAY
         INC     R0
         RL      A
         MOV     R1,A
         CJNE    R1,#0DFH,NEXTT
         CLR     RS1
         RET
DAY:     MOV     R6,#4
D1:      MOV     R7,#248            ;延长扫描时间,R7 的值可适当调整
         DJNZ    R7,$
         DJNZ    R6,D1
         RET
TABLE:   DB 3FH,06H,5BH,4FH         ;定义段码 0,1,2,3
         DB 66H,6DH,7DH,07H         ;4,5,6,7
         DB 7FH,6FH,77H,7CH         ;8,9,A,B
         DB 39H,5EH,79H,71H         ;C,D,E,F
INT1:    PUSH    PSW                ;主机中断程序,输入从机密码
         PUSH    ACC
```

```
        SETB    RS0
        SETB    RS1
LP1:    ACALL   KEY
        CJNE    A,#0FH,LP20         ;判断读入的键值是否正确
LP20:   JNC     LP1
        MOV     7CH,A
        SWAP    A
        MOV     R2,A
LP2:    ACALL   KEY                 ;键入要呼叫的从机号码,1号从机设为A,2号设为B
        CJNE    A,#0FH,LP21
LP21:   JNC     LP2
        MOV     7DH,A               ;从机号存入显示缓冲区
        ORL     A,R2
        MOV     7EH,A               ;从机密码存入7EH单元
        CLR     RS0
        CLR     RS1
        POP     ACC
        POP     PSW
        RETI
        END

;从机源程序
        ORG     0000H
        SJMP    A1
        ORG     0030H
A1:     MOV     PCON,#0
        MOV     SCON,#11110000B
        MOV     TMOD,#20H
        MOV     TL1,#0F4H
        MOV     TH1,#0F4H
        SETB    TR1
        MOV     SP,#0A0H
        MOV     7AH,#00H
        MOV     7BH,#0AH
        MOV     7CH,#00H
        MOV     7DH,#00H
LP11:   ACALL   DISPLAY
        JBC     RI,CRXD
        SJMP    LP11
CRXD:   CLR     TI
        MOV     A,SBUF
        MOV     R1,A
```

```
        MOV     7BH,#00H
        ACALL   DISPLAY
        ACALL   KEY
        XRL     A,@R1              ;密码校对
        JZ      LOOP1
        SJMP    NEXT1
LOOP1:  CLR     SM2                ;准备接收数据
        MOV     A,@R1              ;密码回传
        MOV     SBUF,A
WBT1:   JBC     TI,SR3
        AJMP    WBT1
SR3:    JBC     rI,SR4
        AJMP    SR3
SR4:    JNB     RB8,LOOP2
NEXT1:  SETB    SM2                ;是复位信号,只接收主机的地址信号
        AJMP    NEXT2
LOOP2:  MOV     A,SBUF
        MOV     7AH,A
        CJNE    A,#0EH,NEXT2       ;如果为传送结束信号,系统复位
        SJMP    A1
NEXT2:  CLR     RI
        CLR     TI
        SETB    SM2
        CLR     RI
        MOV     R3,#90H
JJJJ:   ACALL   DISPLAY
        DJNZ    R3,JJJJ
        SJMP    LP11
;-------------------------------------------------------------
;显示子程序
;-------------------------------------------------------------
DISPLAY: SETB   RS0
        MOV     DPTR,#TABLE
DISPLAY1:MOV    R0,#7AH
        MOV     R1,#0FDH
NEXTT:  MOV     A,@R0
        MOVC    A,@A+DPTR
        MOV     P1,A
        MOV     A,R1
        MOV     P2,A
        LCALL   DAY
        INC     R0
```

```
        RL      A
        MOV     R1,A
        CJNE    R1,#0DFH,NEXTT
        CLR     RS0
        RET
DAY:    MOV     R6,#4
D1:     MOV     R7,#248
        DJNZ    R7,$
        DJNZ    R6,D1
        RET
TABLE:  DB 3FH,06H,5BH,4FH          ;定义段码 0,1,2,3
        DB 66H,6DH,7DH,07H          ;4,5,6,7
        DB 7FH,6FH,77H,7CH          ;8,9,A,B
        DB 39H,5EH,79H,71H          ;C,D,E,F
;-------------------------------------------------------------
;键盘扫描子程序,键值在 A 中
;-------------------------------------------------------------
KEY:    PUSHPSW
        SETBRS0
        ACALL   KEY1
        MOV     A,R4
        XRL     A,#0FH
        JZ      KEY                 ;无键按下,等待
        ACALL   DISPLAY             ;有键按下,延时去抖
        ACALL   DISPLAY
        ACALL   KEY2                ;读键值
        MOV     R2,A
W1:     ACALL   DISPLAY
        ACALL   KEY1                ;等待键释放
        MOV     A,R4
        XRL     A,#0FH
        JZ      RET1
        SJMP    W1
RET1:   MOV     A,R2                ;返回
        SJMP    RETT1
        MOV     A,R4
RETT1:  CLR     RS0
        POP     PSW
        RET
;-------------------------------------------------------------
KEY2:   MOV     R4,#0FH
        MOV     R3,#0FEH            ;行扫描初值
```

```
KEY3：  ORL     P0,F＃0FFH
        MOV     A, R3
        ANL     P0, A
        MOV     A,P2
        MOV     R2,＃04H
L1：    RLC     A
        JNC     RET2
        DEC     R4
        DJNZ    R2,L1
        MOV     A,R3
        RRC     A
        MOV     R3,A
        JC      KEY3
RET2：  MOV     A,R4
RET3：  RET
-----------------------------------------------------------------
KEY1：  ORL     P0,＃0F0H           ;高 4 位置 1
        ANL     P0, ＃0F0H          ;低 4 位清零
        MOV     A,P0
        CPLA
        SWAP    A
        ANLA,   ＃0FH
        JZ      NKEY
        MOV     R4,＃00FEH
        SJMP    KEYON
NKEY：  MOV     R4,＃0FH
KEYON： RET
        END
```

6. 思考题

将程序设计成中断方式,应如何修改发送和接收程序?

4.2.2 项目 2 电动机转速测定及数据显示系统设计

1. 项目要求

以单片机为核心设计一个电动机转速测定及数据显示控制系统。要求对转速范围在 0～3 000 r/min 的直流调速电动机或交流变频调速电动机进行测量并显示,转速数据显示精度要达个位数,有转速高低限报警提示。本设计使用 6 V 直流电动机。

2. 项目分析

本电动机测速系统以 AT89C51 芯片为核心器件。单片机通过对负脉冲计数,

可计算出电动机的转速，在超过转速高限和低限时，有报警提示。

3. 硬件电路设计框图

根据项目要求，确定该系统的设计方案。图 4-3 为该系统设计方案的硬件电路设计框图。硬件电路由 8 部分组成，即按键输入电路、单片机、时钟与复位电路、蜂鸣器电路、LED 显示器驱动电路、LED 显示电路、信号放大电路和电动机。

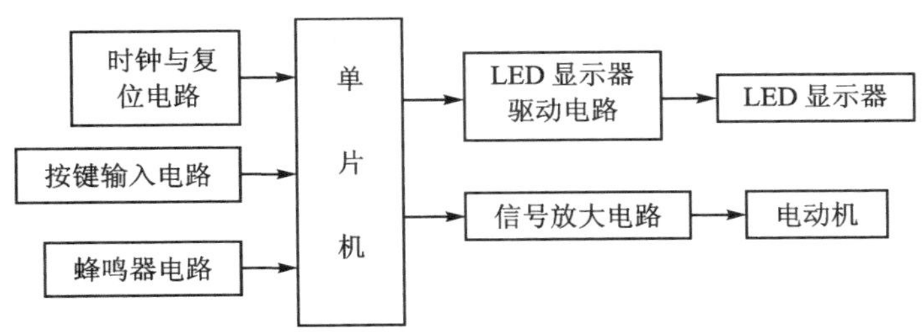

图 4-3　电动机测速硬件电路设计框图

4. 硬件电路原理图

电动机转速测定及数据显示系统电路设计原理图如图 4-4 所示。单片机的 P0 口输出显示段码，经 74HC573 驱动输出给 LED 数码管；单片机 P2 口的 P2.0～P2.3

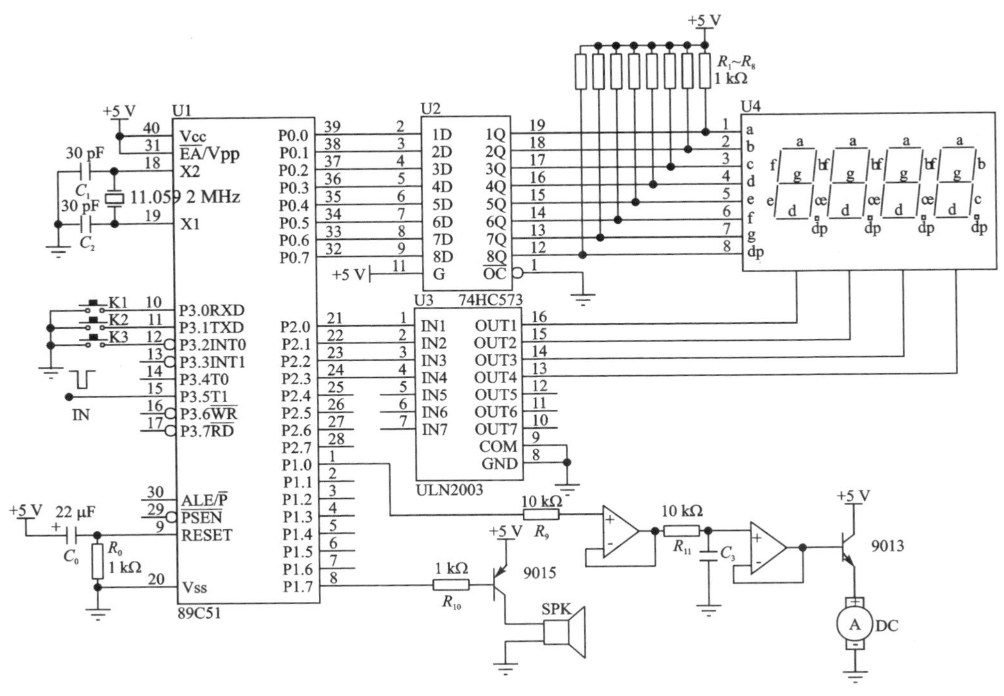

图 4-4　电动机转速测定及数据显示系统

输出位码，经 ULN2003 驱动输出给 LED 显示。P1.0 信号经放大电路接直流电机，P1.7 通过 9015 接蜂鸣器。P3.0～P3.2 接 K1～K3，实现开始运转、停止、复位功能；P3.5 接脉冲输入。

5. 汇编语言源程序

```
;按 P3.0 键开始，按 P3.1 键停止，按 P3.2 键复位，脉冲输入端为 P3.5
;速度过高或过低都会造成电动机停止，蜂鸣器发音，显示器不显示
        ORG     0000H
        SJMP    MAIN
        ORG     000BH               ;定时器 0 中断
        LJMP    DVT0
        ORG     001BH               ;定时器 1 中断
        LJMP    DVT1
        ORG     0030H
MAIN:   MOV     SP,#50H
        CLR     P1.0
        MOV     31H,#0              ;存计数值单元
        MOV     30H,#0
        MOV     7AH,#11H            ;定义缓冲区
        MOV     7BH,#11H
        MOV     7CH,#11H
        MOV     7DH,#11H
        MOV     01H,#14
        MOV     TMOD,#51H           ;定时器/计数器工作方式
        MOV     TH0,#0D8H           ;定时器初值
        MOV     TL0,#0F0H
        MOV     TH1,#0              ;计数器初值
        MOV     TL1,#0
LOP1:   LCALL   DISPLAY             ;调显示子程序
        LCALL   KEY                 ;调键盘扫描子程序
        CJNE    A,#0FH,LOP2
LOP2:   JNC     LOP1                ;没有键按下转 LOP1
        CJNE    A,#00H,LOP3         ;开始键没按下转 LOP3
        MOV     7AH,#00H            ;显示“0000”
        MOV     7BH,#00H
        MOV     7CH,#00H
        MOV     7DH,#00H
        ;MOV    79H,#0FH            ;高速限制
        ;MOV    78H,#00H
        ;MOV    77H,#01H            ;低速限制
        ;MOV    76H,#00H
```

```
        SETB   ET0             ;开放中断,启动定时器/计数器
        SETB   TR0
        SETB   EA
        SETB   TR1
        LJMP   LOP1            ;转 LOP1
LOP3:   CJNE   A,#01H,LOP4     ;停止键没按下转 LOP4
        CLR    TR1             ;关中断
        CLR    TR0
        CLR    ET0
        CLR    ET1
        CLR    EA
        LJMP   LOP1            ;转 LOP1
LOP4:   CJNE   A,#02H,LOP1     ;复位键没按下转 LOP1
        LJMP   MAIN            ;复位键按下转初始化
LOP5:   LJMP   LOP1            ;其他键按下转 LOP1
;-------------------定时中断---------------------
DVT0:   PUSH   PSW
        PUSH   ACC
        MOV    TH0,#0D8H
        MOV    TL0,#0F0H
        LCALL  DISPLAY
        DJNZ   01H,RTN0
        MOV    01H,#14
        CLR    ET0
        CLR    TR1
        CLR    EA
        CLR    TR0
        CLR    ET1
        MOV    31H,TH1
        MOV    30H,TL1
        LCALL  HEX2BCD
        LCALL  DISPLAY
        MOV    TH1,#0
        MOV    TL1,#0
        SETB   ET0
        SETB   TR1
        SETB   EA
        SETB   TR0
        SETB   ET1
        CPL    P1.0            ;输出方波控制直流电动机
RTN0:   POP    ACC
        POP    PSW
```

```
        RET
;------------------检测速度是否合适------------------
DVT1:   PUSH    PSW
        PUSH    ACC
        MOV     A,TH1
        CLR     C
        SUBB    A,#01H
        JNC     LIMIT
        MOV     A,TH1
        CLR     C
        SUBB    A,#1FH
        JC      LIMIT
        MOV     TH1,#0
        MOV     TL1,#0
        AJMP    EXIT1
LIMIT:  SETB    P1.0
        CLR     P1.7
        MOV     7AH,#11H            ;不显示
        MOV     7BH,#11H
        MOV     7CH,#11H
        MOV     7DH,#11H
        ACALL   DISPLAY             ;延时蜂鸣器报警
        ACALL   DISPLAY
        MOV     R4,#0BH
FFA:    CPL     P1.7
        ACALL   DISPLAY
        ACALL   DISPLAY
        DJNZ    R4,FFA
EXIT1:  RET
;-----------------------进制转换------------------------
HEX2BCD:
        PUSH    PSW
        SETB    RS0
        SETB    RS1
        MOV     A,30H
        MOV     B,#60
        MUL     AB
        MOV     31H,B
        MOV     30H,A
        LCALL   CHANGE
        MOV     A,33H
        ANL     A,#0FH
```

```
        MOV     7BH,A
        MOV     A,33H
        SWAP    A
        ANL     A,#0FH
        MOV     7AH,A
        MOV     A,32H
        ANL     A,#0FH
        MOV     A,7BH
        ANL     A,#07H
        MOV     7DH,A
        MOV     A,32H
        SWAP    A
        ANL     A,#0FH
        MOV     7CH,A
        CLR     RS0
        CLR     RS1
        POP     PSW
        RET
CHANGE: CLR     A
        MOV     40H,A
        MOV     41H,A
        MOV     42H,A
        MOV     R7,#16
LP4:    MOV     R0,#30H
        MOV     R6,#02
        CLR     C
LP2:    MOV     A,@R0
        RLC     A
        MOV     @R0,A
        INC     R0
        DJNZ    R6,LP2
        MOV     R1,#42H
        MOV     R5,#03H
LP3:    MOV     A,@R1
        ADDC    A,@R1
        DA      A
        MOV     @R1,A
        DEC     R1
        DJNZ    R5,LP3
        DJNZ    R7,LP4
        MOV     33H,41H
        MOV     32H,42H
```

```
        RET
;------------------键盘扫描子程序--------------------
KEY:    PUSH   PSW
        SETB   RS0
        CLR    RS1
        JB     P3.0,X1
        MOV    A,#0
        SJMP   X4
X1:     JB     P3.1,X2
        MOV    A,#1
        SJMP   X4
X2:     JB     P3.2,X3
        MOV    A,#2
        SJMP   X4
X3:     MOV    A,#0FH
X4:     CLR  RS0
        POP  PSW
        RET
;---------------------显示子程序---------------------
DISPLAY:PUSH   A
        PUSH   DPH
        PUSH   DPL
        PUSH   PSW
        SETB   RS1
        SETB   RS0
        MOV    DPTR,#0CFA0H
        MOV    R7,#04H
        MOV    R6,#0F0FEH
        MOV    R0,#7AH
LP1:    MOV    A,@R0
        ADD    A,#21
        MOVC   A,@A+PC
        MOVX   @DPTR,A
        MOV    P1,R6
        LCALL  DELAY
        MOV    A,R6
        RL     A
        MOV    R6,A
        INC    R0
        DJNZ   R7,LP1
        POP    PSW
        POP    DPL
```

```
        POP     DPH
        POP     A
        RET
TAB:    DB 3FH,06H,5BH,4FH,66H,6DH,7DH,07H,7FH,6FH,
        DB 77H,7CH,39H,5EH,79H,71H,00H,08H,40H
DELAY:  MOV     R5,＃10
DL1:    MOV     R4,＃24
DL2:    NOP
        NOP
        DJNZ    R4,DL2
        DJNZ    R5,DL1
        RET
        END
```

6. 思考题

将该电动机测速系统升级成能够设置速度，并能够实现转速控制的电动机转速测控系统，硬件应该如何更改？程序应该如何设计？

4.3　C51 语言单片机系统设计

4.3.1　C51 语言开发单片机应用系统基础

C 语言作为当今主流的程序开发语言，以其语言简洁、紧凑，使用方便、灵活的优势被广泛应用，而单片机 C51 语言是从 C 语言继承而来的。与 C 语言不同的是，C51 语言只运行于单片机平台。C51 语言具有 C 语言结构清晰的优点，便于学习，同时具有汇编语言的硬件操作能力。具有 C 语言编程基础的读者，能够轻松地掌握 C51 语言，从而快速地投入单片机的应用开发中。

1. 利用 C 语言开发单片机的优点

C 语言作为一种非常方便的语言而得到广泛的使用，很多硬件（如各种单片机、DSP、ARM 等）开发都用 C 语言编程。C 语言程序本身不依赖于机器硬件系统，基本上不用修改或仅做简单的修改就可将程序从不同的系统移植过来直接使用。C 语言提供了很多数学函数并支持浮点运算，开发效率高，可极大地缩短开发时间，增加程序可读性和可维护性[5]。单片机 C51 编程与汇编 ASM－51 编程相比，有如下优点：

① 对单片机的指令系统不要求有任何的了解，就可以用 C 语言直接编程操作单片机。

② 寄存器分配、不同存储器的寻址及数据类型等细节完全由编译器自动管理。

③ 程序有规范的结构，可分成不同的函数，使程序结构化。

④ 库中包含许多标准子程序，具有较强的数据处理能力，使用方便。

⑤ 具有方便的模块化编程技术，已编好的程序很容易移植。

C 语言常用语法不多，尤其是单片机的 C 语言常用语法更少，初学者没有必要再系统地将 C 语言学习一遍，只需在单片机编程学习过程中遇到难点时，停下来适当地查阅 C 语言书籍里的相关部分即可，而且可以马上应用到实践当中，且记忆深刻。C 语言仅仅是一个开发工具，其本身并不难，难的是如何在将来开发庞大系统时，灵活运用 C 语言的正确逻辑编写出结构完善的单片机应用程序。

2. C51 基本数据类型

很多初学者对数据类型是什么东西搞不明白，举个简单例子。

设 $X=10, Y=I, Z=X+Y$，求 $Z=?$

在这个例子中，将 10 和 I 分别赋给 X 和 Y，再将 $X+Y$ 赋给 Z。由于 10 已经固定，称 X 为“常量”。由于 Y 的值随 I 值的变化而变化，Z 的值随 $X+Y$ 值的变化而变化，故称 Y 和 Z 为“变量”，本例中 X 的值为 10，而 Y 的值为 I，但其他例子中 X 的值有可能是 10 000，Y 的值有可能就是别的什么数了。在我们日常计算时，X 和 Y 可以被赋予任意大小的数。但在单片机的运算中，这个“变量”的大小是有限制的，不能随意给一个变量赋任意的值，因为变量在单片机的内存中是要占据空间的，变量大小不同，所占据的空间就不同。为了合理利用单片机内存空间，在编程时就要设定合适的数据类型。不同的数据类型代表了十进制中不同的数据大小，所以在设定一个变量之前，必须向编译器声明这个变量的类型，以便编译器提前从单片机内存中给这个变量分配合适的空间。单片机 C 语言中常用的数据类型如表 4-1 所列。

表 4-1　C51 语言中常用的数据类型

数据类型	关键字	所占位数	表示数的范围
无符号字符型	unsigned char	8	0～255
有符号字符型	char	8	−128～127
无符号整型	unsigned int	16	0～65 535
有符号整型	int	16	−32 768～32 767
无符号长整型	unsigned long	32	$0\sim2^{32}-1$
有符号长整型	long	32	$-2^{31}\sim2^{31}-1$
单精度实型	float	32	$3.4E^{-38}\sim3.4E^{38}$
双精度实型	double	64	$1.7E^{-308}\sim1.7E^{308}$
位类型	bit	1	0～1

在 C 语言的相关书籍上还能看到 short int、long int、signed short int 等数据类型。在单片机 C 语言中默认的规则如下：short int 即 int，long int 即 long，前面若无 unsigned 符号则一律认为是 signed 型。

关于所占位数的解释：在编写程序时，无论是以十进制、十六进制还是二进制表

示的数，在单片机中，都是以二进制形式存储的。既然是二进制，那么就只有两个数，0 和 1，这两个数每一个所占的空间就是一位(bit)，位也是单片机存储器中最小的单位。

比位大的单位是字节(byte)，1 字节等于 8 位(即 1 byte=8b it)。我们从表 4-1 可以看出，除了位类型，字符型占存储器空间较小，为 8 位，双精度实型最大，为 64 位。其中对 float 型和 double 型要说明的是，在一般系统中，float 型数据只能提供 7 位有效数字，double 型数据能够提供 15～16 位有效数字；但是这个精度还和编译器有关，并不是所有的编译器都遵守这条原则。当把一个 double 型变量赋给 float 型变量时，系统会截取相应的有效位数。

```
float a;   //定义一个 float 型变量
a = 123.1234567;
```

由于 float 型变量只能接收 7 位有效数字，因此最后 3 位小数将会被截掉(四舍五入)，即实际 a 的值将是 123.123 5。若将 a 改成 double 型变量，则 a 能全部接收上述 10 位数字并保存。

3. C51 数据类型扩充定义

单片机内部有很多特殊功能寄存器，每个寄存器在单片机内部都分配有唯一的地址，一般会根据寄存器功能的不同为其赋予相应的名称，当用户需要在程序中操作这些特殊功能寄存器时，必须在程序的最前面对其进行声明。这些寄存器的声明已经包含在单片机的特殊功能寄存器声明头文件"reg51.h"中了，初学者若不想深入了解，完全可以暂不操作它。

◇ sfr——8 位特殊功能寄存器的数据声明。

◇ sfr16——16 位特殊功能寄存器的数据声明。

◇ sbit——特殊功能寄存器的位声明，也就是声明某一个特殊功能寄存器中的某一位。

◇ bit——位变量声明，当定义一个位变量时可使用此符号。

例如：

```
sfr SCON = 0x98;
```

SCON 是单片机的串口控制寄存器，这个寄存器在单片机内存中的地址为 0x98。这样声明后，以后要操作这个控制寄存器时，就可以直接对 SCON 进行操作。这时编译器也会明白，实际要操作的是单片机内部 0x98 地址处的这个寄存器，而 SCON 仅仅是这个地址的一个代号或是名称而已。当然，也可以将其定义成其他名称。

例如：

```
sfr16 T2 = 0xCC;
```

声明一个 16 位的特殊功能寄存器，它的起始地址为 0xCC。

例如：

```
sbit TI = SCON^1;
```

SCON 是一个 8 位寄存器，SCON^1 表示这个 8 位寄存器的次低位，最低位是 SCON^0；SCON^7 表示这个寄存器的最高位。该语句的功能就是将 SCON 寄存器的次低位声明为 TI，以后若要对 SCON 寄存器的次低位操作，则可直接操作 TI。

4. C51 常用头文件

通常，C51 的头文件有 reg51. h，reg52. h，math. h，ctype. h，stdio. h，stdlib. h，absacc. h，intrins. h。

但常用的却只有 reg51. h，reg52. h，math. h。

reg51. h 和 reg52. h 是定义 51 单片机或 52 单片机特殊功能寄存器和位寄存器的。这两个头文件的大部分内容是一样的，52 单片机比 51 单片机多一个定时器 T2，因此，reg52. h 也就比 reg51. h 多几行定义 T2 寄存器的内容。

math. h 是定义常用数学运算的，比如求绝对值、求方根、求正弦和余弦等。该头文件包含有各种数学运算函数，使用时可以直接调用它的内部函数。

5. C51 运算符

C51 算术运算符、关系（逻辑）运算符、位运算符如表 4－2～表 4－4 所列。

“/”用在整数除法中时，例如 10/3＝3。求模运算也是用在整数中，如 10 对 3 求模即求 10 当中含有的整数的 3 的个数，即 3。当进行小数除法运算时，需要写成 10/3. 0，它的结果是 3. 333 333，若写成 10/3，只能得到整数而得不到小数，这一点请务必注意。

“％”求余运算也是用在整数中，如 10％3＝1，即 10 中含有整数倍的 3 除掉后剩下的数即为所求余数。

表 4－2　算术运算符

算术运算符	含　义
＋	加法
－	减法
*	乘法
/	除法（或求模运算）
＋＋	自加
－－	自减
％	求余运算

表 4－3　关系(逻辑)运算

关系(逻辑)运算符	含　义
>	大于
>=	大于等于
<	小于
<=	小于等于
==	测试相等
！=	测试不等
&&	按位与
||	按位或
!	非

“＝＝”两个等号写在一起表示测试相等，即判断两个等号两边的数是否相等，在写程序时再做详解。“！＝”判断两个等号两边的数是否相等。

表 4－4　位运算符

位运算符	含　义
&	逻辑与
|	逻辑或
ˆ	异或
—	取反
>>	右移
<<	左移

6. C51 基础语句

C51 中用到的基础语句如表 4－5 所列。

表 4－5　C51 中的基础语句

语　句	类　型
if	选择语句
while	循环语句
for	循环语句
switch/case	多分支选择语句
do-while	循环语句

4.3.2 项目 1 LCD1602 时钟设计

1. 项目要求

利用单片机定时器设计时钟，时、分、秒显示在 LCD1602 液晶显示器上，按秒实时更新；使用按键调节时钟的时、分、秒，可设计 3 个有效键，分别为功能选择键、数值增大键和数值减小键。每当有键按下时，蜂鸣器都以短“滴”声报警；使用 AT24C02 实现掉电自动保护显示数据的功能，当下次上电时会接着上次掉电前的时间数据继续显示；具有年、月、日、星期显示功能。

2. 项目分析

以 AT89C51 单片机为核心器件，定时器实现秒更新，3 个独立开关实现时、分、秒调节，操作开关时伴随“滴”声报警，AT24C02 实现掉电前的数据保护。单片机定时器 0 工作于方式 1 定时模式，设置以 50 ms 为一次中断时间，若中断产生 20 次，则认为计时 1 s，从而精确地控制定时时间。

时钟数据显示通过 LCD1602 液晶屏实现，且液晶屏第 1 行显示年、月、日、星期，格式如“XXXX. XX. XX. X”；第 2 行显示时、分、秒，格式如“XX:XX:XX”。时钟调节功能是通过功能选择键（S1）、数值增大键（S2）以及数值减小键（S3）三个按键实现的，且只有在进入光标闪烁的功能选择状态时，数值增大键（S2）和数值减小键（S3）才起作用。当第一次按下功能选择键（S1），时钟启动或停止，光标在“秒”位置开始闪烁并进入功能选择状态；当第二次按下功能选择键（S1）时，光标在“分”位置闪烁；当第三次按下功能选择键（S1）时，光标在“时”位置闪烁；当第四次按下功能选择键（S1）时，光标在“星期”位置闪烁；当第五次按下功能选择键（S1）时，光标在“年”位置闪烁；当第六次按下功能选择键（S1）时，光标在“月”位置闪烁；当第七次按下功能选择键（S1）时，光标在“日”位置闪烁；当第八次按下功能选择键（S1）时，返回到正常显示状态。只有在光标闪烁时也就是功能选择状态，数值增大键和数值减小键才有效。当数值增大键（S2）按下时，光标闪烁位置的数值增大，当数值减小键（S3）按下时，光标闪烁位置的数值减小。每次按键，都伴随着蜂鸣器“滴”的响声，当按键松开时蜂鸣器不再发出声音。

3. 硬件电路设计方案

根据项目要求，确定该系统硬件电路设计方案框图如图 4-5 所示，由 7 个部分组成：单片机、时钟电路、复位电路、LCD 液晶显示电路、按键输入电路、数据存储电路、蜂鸣器电路。

4. 硬件电路原理图

LCD1602 时钟电路设计设计原理图如图 4-6 所示。P0 口与 LCD1602 的数据端口连接，P3.4、P3.5 与 LCD1602 的 LCDEN、RS 端连接；LCD1602 的 VEE 端口通过一个 10 kΩ 电位器接地来调节液晶显示对比度；LCD1602 的读/写端口接地，始终

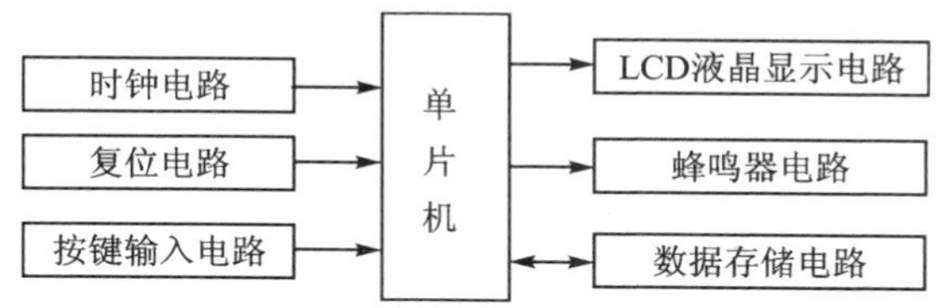

图 4－5　LCD1602 时钟电路框图

选择为写状态；P3.1、P3.2、P3.3 与 S1、S2、S3 连接以进行时钟调节；P2.3(FM)引脚接蜂鸣器，PNP 三极管以及电阻 18R 构成放大电路，当 FM 引脚为低电平时，驱动蜂鸣器工作；P2.0 和 P2.1 引脚接 AT24C02，用于提供 AT24C02 锁存掉电前的时钟。

5. C51 程序

```
#include <reg52.h>
#define uchar unsigned char
#define uint unsigned int
#include <24c02.h>
sbit dula = P2^6;
sbit wela = P2^7;
sbit LCDEN = P3^4;
sbit LCDRS = P3^5;
sbit s1 = P3^0;                          //定义按键——功能键
sbit s2 = P3^1;                          //定义按键——增大键
sbit s3 = P3^2;                          //定义按键——减小键
sbit rd = P3^7;                          //定义按键公共脚
sbit beep = P2^3;                        //定义蜂鸣器脚
uchar count,s1_num;                      //定义中断次数计数变量,功能键按键次数变量
uchar week,day,month,year;               //定义星期、日、月、年变量
char miao,shi,fen;                       //定义秒、分、时变量
uchar code table[] = " 2012 - 11 - 28 Wed";

void delay(uint z)
{
    uint x,y;
    for(x = z;x>0;x--)
        for(y = 110;y>0;y--);
}

void di()                                //蜂鸣器响一声函数
{
    beep = 0;
    delay(100);
```

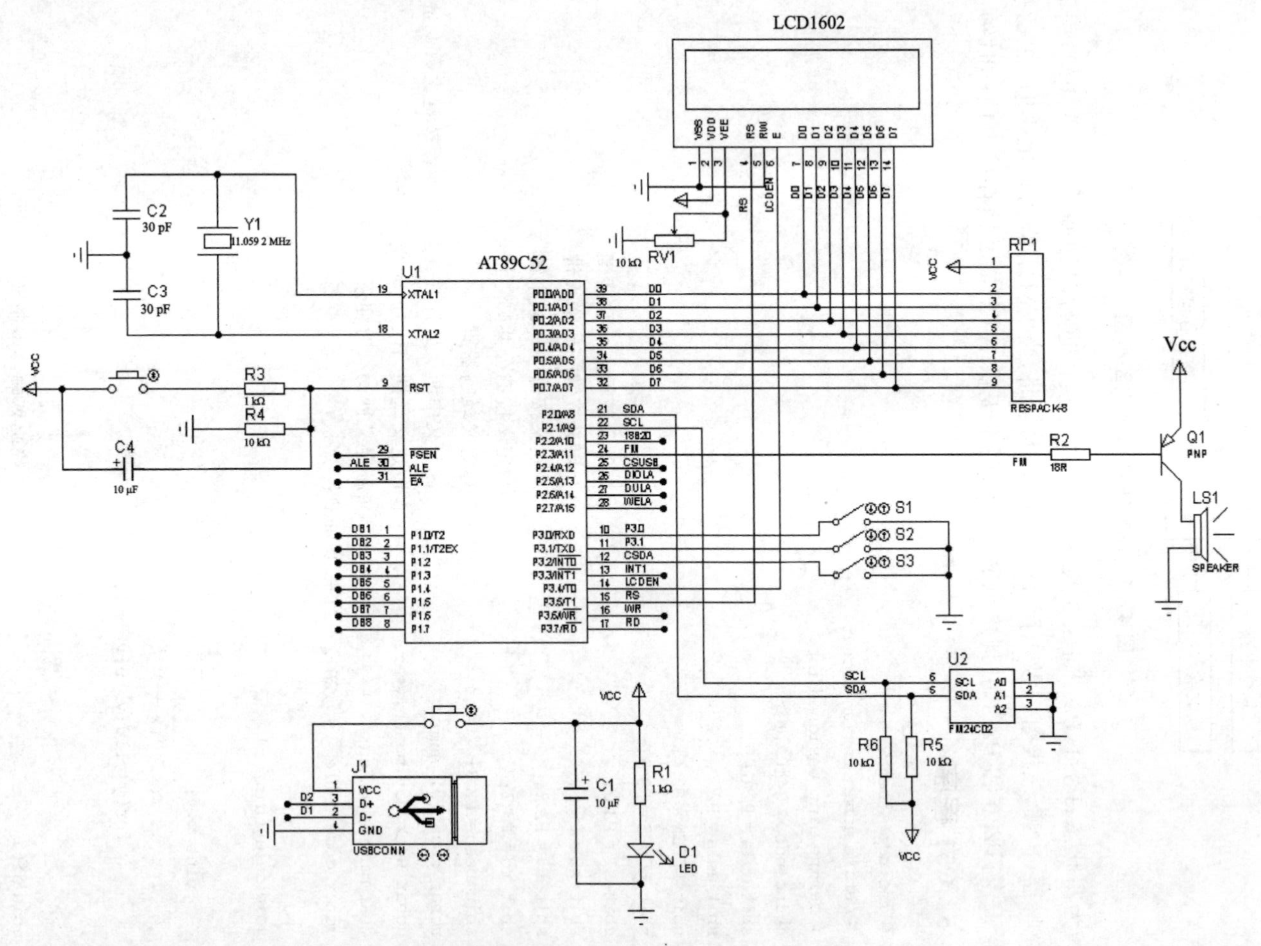

图4-6　LCD1602时钟电路设计原理图

```
    beep = 1;
}

void write_com(uchar com)                //液晶写命令函数
{
    LCDRS = 0;
    P0 = com;
    delay(5);
    LCDEN = 1;
    delay(5);
    LCDEN = 0;
}

void write_date(uchar date)              //液晶写数据函数
{
    LCDRS = 1;
    P0 = date;
    delay(5);
    LCDEN = 1;
    delay(5);
    LCDEN = 0;
}

void write_week(char we)                 //写星期几显示函数
{
    write_com(0x80 + 12);
    switch(we)
    {
        case 1: write_date('M');delay(5);    //星期一 Monday
                write_date('o');delay(5);
                write_date('n');delay(5);
                break;

        case 2: write_date('T');delay(5);    //星期二 Tuesday
                write_date('u');delay(5);
                write_date('e');delay(5);
                break;

        case 3: write_date('W');delay(5);    //星期三 Wednesday
                write_date('e');delay(5);
                write_date('d');delay(5);
                break;
```

```
        case 4: write_date('T');delay(5);    //星期四 Thursday
                write_date('h');delay(5);
                write_date('u');delay(5);
                break;

        case 5: write_date('F');delay(5);    //星期五 Friday
                write_date('r');delay(5);
                write_date('i');delay(5);
                break;

        case 6: write_date('S');delay(5);    //星期六 Saturday
                write_date('a');delay(5);
                write_date('t');delay(5);
                break;

        case 7: write_date('S');delay(5);    //星期日 Sunday
                write_date('u');delay(5);
                write_date('n');delay(5);
                break;

        default: break;
    }
}

void write_sfm(uchar add,uchar date)            //写时、分、秒函数
{
    uchar shiwei,gewei;
    shiwei = date/10;
    gewei = date % 10;
    write_com(0x80 + 0x40 + add);               //设置显示位置
    write_date(0x30 + shiwei);                  //加上 0x30 是因为数字变成字符串需要
                                                //加上 0x30,看 ASCII 码值与字符的关系
    write_date(0x30 + gewei);
}

void write_year_month_day(uchar add,uchar day)     //写年、月、日函数
{
    uchar shi,ge;
    shi = day/10;
    ge = day % 10;
    write_com(0x80 + add);                      //设置显示位置
```

```
    write_date(0x30 + shi);          //加上 0x30 是因为数字变成字符串需要加上 0x30,
                                     //看 ASCII 码值与字符的关系
    write_date(0x30 + ge);
}

void init()                          //初始化函数
{
    uchar num;
    rd = 0;
    beep = 1;
    dula = 0;
    wela = 0;
    LCDEN = 0;                       //将允许端置 0 以产生高脉冲
    fen = 0;
    miao = 0;
    shi = 0;
    count = 0;                       //计数初始为 0
    init_24c02();

    write_com(0x38);                 //设置 16×2 显示,5×7 点阵,8 位数据接口
    write_com(0x0c);                 //设置开显示,不显示光标
    write_com(0x06);                 //写一个字符后地址指针自动加 1
    write_com(0x01);                 //显示清零,数据指针清零

    write_com(0x80);                 //设置显示初始坐标
    for(num = 0;num<15;num ++ )      //显示年、月、日
    {
        write_date(table[num]);
        delay(5);
    }
    write_com(0x80 + 0x40 + 6);      //写出时间显示部分的两个冒号
    write_date(0x3a);
    delay(5);
    write_com(0x80 + 0x40 + 9);
    write_date(0x3a);
    delay(5);

    miao = read_add(1);              //开机上电时读取 24C02 IIC 的数据赋值
    fen = read_add(2);
    shi = read_add(3);
    week = read_add(4);              //读取星期几
    day = read_add(5);               //读取多少日
```

```
    month = read_add(6);
    year = read_add(7);

    write_sfm(10,miao);              //分别送去液晶显示
    write_sfm(7,fen);
    write_sfm(4,shi);
    write_week(week);                //开机从 24C02 读取的星期几从新写入液晶显示出来
    write_year_month_day(9,day);
    write_year_month_day(6,month);
    write_year_month_day(3,year);

    //定时器初始化
    TMOD = 0x01;                     //设置定时器 0 工作模式 1
    TH0 = (65536 - 45876)/256;       //定时器装初值
    TL0 = (65536 - 45876) % 256;
    EA = 1;                          //开总中断
    ET0 = 1;                         //打定时器 0 中断
    TR0 = 1;                         //启动定时器 0
}

void keyscan()                       //按键扫描函数
{
    if(s1 == 0)
    {
        delay(5);
        if(s1 == 0)
        {
            s1_num ++ ;              //功能键按下次数记录
            while(! s1);             //按键释放确认
            di();
            if(s1_num == 1)          //若只按一次按键
            {
                TR0 = 0;             //关闭定时器
                write_com(0x80 + 0x40 + 11);
                write_com(0x0f);     //打开光标闪烁
            }
            if(s1_num == 2)          //第二次按下光标闪烁,定位到分钟位置
            {

                write_com(0x80 + 0x40 + 8);
            }
            if(s1_num == 3)          //第三次按下光标闪烁,定位到小时位置
```

```
        {
            write_com(0x80 + 0x40 + 5);
        }
        if(s1_num == 4)          //光标闪烁,定位到星期
        {
            write_com(0x80 + 14);
        }
        if(s1_num == 5)          //光标闪烁,定位到日
        {
            write_com(0x80 + 10);
        }
        if(s1_num == 6)          //光标闪烁,定位到月
        {
            write_com(0x80 + 7);
        }
        if(s1_num == 7)          //光标闪烁,定位到年
        {
            write_com(0x80 + 4);
        }
        if(s1_num == 8)          //当第八次按功能键时退出光标闪烁并开始计时
        {
            s1_num = 0;
            write_com(0x0c);     //取消光标闪栎
            TR0 = 1;             //启动定时器使时钟开始运行
        }
    }
}
if(s1_num! = 0)
{
    if(s2 == 0)                  //增加键确认按下
    {
        delay(5);
        if(s2 == 0)
        {
            while(! s2);
            di();
            if(s1_num == 1)
            {
                miao ++ ;
                if(miao == 60)
```

```
        miao = 0;
    write_sfm(10,miao);
    write_com(0x80 + 0x40 + 11);
    write_add(1,miao);
}
if(s1_num == 2)
{
    fen ++ ;
    if(fen == 60)
        fen = 0;
    write_sfm(7,fen);
    write_com(0x80 + 0x40 + 8);
    write_add(2,fen);
}
if(s1_num == 3)
{
    shi ++ ;
    if(shi == 24)
        shi = 0;
    write_sfm(4,shi);
    write_com(0x80 + 0x40 + 5);
    write_add(3,shi);
}
if(s1_num == 4)    //按四次功能键后光标移至星期几处,可调节星期几
{
    week ++ ;
    if(week == 8)
        week = 1;
    write_week(week);
    write_com(0x80 + 14);    //写一个字符后光标会移一位,所以要
                             //重新定义光标位置
    write_add(4,week);
}
if(s1_num == 5)              //光标至显示日处,可调节多少日
{
    day ++ ;
    if(day == 32)
        day = 1;
    write_year_month_day(9,day);
    write_com(0x80 + 10);
    write_add(5,day);
}
```

```
            if(s1_num == 6)              //光标至显示月处,可调节月份
            {
                month ++ ;
                if(month == 13)
                    month = 1;
                write_year_month_day(6,month);
                write_com(0x80 + 7);
                write_add(6,month);
            }
            if(s1_num == 7)
            {
                year ++ ;
                if(year == 100)
                    year = 00;
                write_year_month_day(3,year);
                write_com(0x80 + 4);
                write_add(7,year);
            }
        }
    }
    if(s3 == 0)                              //确认减小键被按下
    {
        delay(5);                            //按键防抖延时
        if(s3 == 0)                          //确认减小键被按下
        {
            while(! s3);
            di();
            if(s1_num == 1)
            {
                miao -- ;
                if(miao == - 1)
                    miao = 59;
                write_sfm(10,miao);
                write_com(0x80 + 0x40 + 11);
                write_add(1,miao);
            }
            if(s1_num == 2)
            {
                fen -- ;
                if(fen == - 1)
                    fen = 59;
                write_sfm(7,fen);
```

```
        write_com(0x80 + 0x40 + 8);
        write_add(2,fen);
    }
    if(s1_num == 3)
    {
        shi--;
        if(shi == -1)
            shi = 23;
        write_sfm(4,shi);
        write_com(0x80 + 0x40 + 5);
        write_add(3,shi);
    }
    if(s1_num == 4)
    {
        week--;
        if(week == 0)
            week = 7;
        write_week(week);
        write_com(0x80 + 14);     //写一个字符后光标会移一位,所以要
                                  //重新定义光标位置
        write_add(4,week);
    }
    if(s1_num == 5)               //光标至显示日处,可调节多少日
    {
        day--;
        if(day == 0)
            day = 31;
        write_year_month_day(9,day);
        write_com(0x80 + 10);     //光标位置移回显示多少日的个位
        write_add(5,day);
    }
    if(s1_num == 6)               //光标至显示月处,可调节月份
    {
        month--;
        if(month == 0)
            month = 12;
        write_year_month_day(6,month);
        write_com(0x80 + 7);
        write_add(6,month);
    }
    if(s1_num == 7)
    {
```

```
                    year--;
                    if(year == -1)
                        year = 99;
                    write_year_month_day(3,year);
                    write_com(0x80 + 4);
                    write_add(7,year);
                }
            }
        }
    }
}

void main()
{
    init();                                 //首先初始化各个数据
    while(1)
    {
        keyscan();                          //按键扫描函数
    }
}

void timer0() interrupt 1                   //定时器 0 中断服务程序
{
        TH0 = (65536 - 45876)/256;
        TL0 = (65536 - 45876) % 256;
        count++;                            //中断次数累加,计数
        if(count == 20)                     //50 μs 乘以 20 等于 1 s
        {
            count = 0;
            miao++;
            if(miao == 60)                  //秒加到 60 则进位分钟
            {
                miao = 0;                   //同时秒清零
                fen++;
                if(fen == 60)               //分钟加到 60 则进位小时
                {
                    fen = 0;                //同时分钟清零
                    shi++;
                    if(shi == 24)           //小时加到 24 则小时清零
                    {
                        shi = 0;
                    }
```

```
                write_sfm(4,shi);          //小时若变化则重新写入
                write_add(3,shi);          //写入 24C02 存储起来,小时的写入地址为 3
            }
            write_sfm(7,fen);              //分钟若变化则重新写入
            write_add(2,fen);
        }
        write_sfm(10,miao);                //秒若变化则重新写入
        write_add(1,miao);
    }
}
```

6. 思考题

① 如果将上述时钟系统加入闹铃功能应如何进行程序设计?

② 如果将 LCD1602 改为 LCD12864 应做哪些修改?

4.3.3 项目 2 基于 DS1302 的高精度时钟设计

1. 项目要求

使用 DS1302 时钟芯片设计高精度时钟,时间数据显示在 LCD1602 液晶显示器上,用按键随时调节时钟的时、分、秒。按键可设计三个有效键,分别为功能选择键、数值增大键和数值减小键。每次有键按下时,蜂鸣器都以短“滴”声报警。

2. 项目分析

以 AT89C51 单片机为核心器件,DS1302 时钟芯片为时钟电路;用 3 个独立开关实现时、分、秒调节,操作开关时伴随“滴”声报警。P0 与 LCD1602 的数据端口连接,P1.0、P1.2、P1.3 与 LCD1602 的 RS、R/$\overline{W}$、LCDEN 连接,LCD1602 的读/写选择端通过一个 10 kΩ 的电位器接地,用来调节液晶显示对比度;P3.3、P3.4 P3.5 与 DS1302 的 I/O、SCLK、RST 连接;P2.0、P2.1、P2.2 和按键 S1、按键 S2、按键 S3 与调节时钟连接; P2.3(FM)引脚接蜂鸣器,PNP 三极管以及电阻 18R 构成放大电路,当 FM 引脚为低电平时,驱动蜂鸣器工作。DS1302 是美国 DALLAS 公司推出的一种高性能、低功耗、带 RAM 的实时时钟芯片,它可以对年、月、日、星期、时、分、秒进行计时,具有闰年补偿功能,工作电压为 2.5～5.5 V。该芯片采用三线接口与 CPU 进行同步通信,并可采用突发方式一次传送多个字节的时钟信号或 RAM 数据。DS1302 内部有一个 31×8 的用于临时性存放数据的 RAM 寄存器。在 DS1302 的引脚中,Vcc1 为后备电源,Vcc2 为主电源。在主电源关闭的情况下,也能保持时钟的连续运行;在两个电源同时开启时,由 Vcc1 或 Vcc2 两者中的较大者供电。当 Vcc2 大于 Vcc1＋0.2 V 时,DS1302 由 Vcc2 供电。当 Vcc2 小于 Vcc1 时,DS1302 由 Vcc1 供电。DS1302 引脚中,X1 和 X2 是振荡源,外接 32.768 kHz 晶振。RST 是复位/片选线,通过把 RST 输入驱动置为高电平来启动所有的数据传送。RST 输入有

两种功能：首先，RST 接通控制逻辑，允许地址/命令序列送入移位寄存器；其次，RST 提供终止单字节或多字节数据的传送手段。当 RST 为高电平时，所有的数据传送被初始化，允许对 DS1302 进行操作。如果在传送过程中 RST 置为低电平，则会终止此次数据传送，I/O 引脚变为高阻态。上电运行时，在 Vcc≥2.5 V 之前，RST 必须保持低电平。只有在 SCLK 为低电平时，才能将 RST 置为高电平。I/O 为串行数据输入/输出端(双向)。SCLK 始终是输入端。

3. 硬件电路设计方案

根据项目要求，确定该系统的硬件电路设计方案框图如图 4-7 所示，由 7 个部分组成：单片机、时钟电路、复位电路、LCD 液晶显示电路、按键输入电路、时钟电路、蜂鸣器电路。

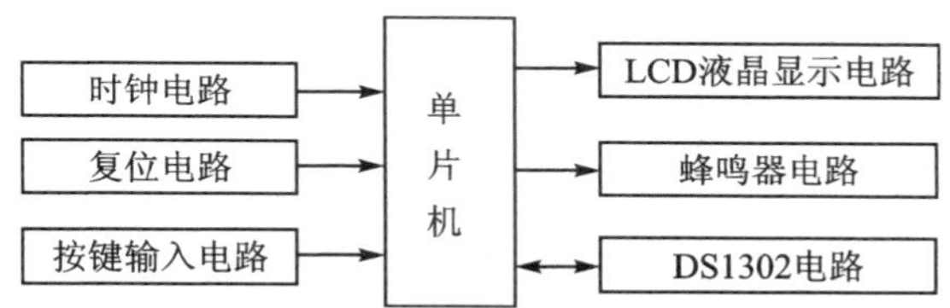

图 4-7　基于 DS1302 的时钟硬件电路设计框图

4. 硬件电路原理图

基于 DS1302 的高精度时钟电路设计图如图 4-8 所示。P0 与 LCD1602 的数据端口连接，P1.0、P1.2、P1.3 与 LCD1602 的 RS、R/W、LCDEN 连接，LCD1602 的读/写选择端通过一个 10 kΩ 的电位器接地，用来调节液晶显示对比度；P3.3、P3.4、P3.5 与 DS1302 的 I/O、SCLK、RST 连接；P3.0、P3.1、P3.2 和 S1、S2、S3 连接调节时钟；P2.3(FM)引脚接蜂鸣器，PNP 三极管以及电阻 18R 构成放大电路，当 FM 引脚为低电平时，驱动蜂鸣器工作。

5. C51 程序

```
#include <reg51.h>
#include <intrins.h>
/**********************端口定义************************************/
sbit sclk  = P3^4;
sbit io = P3^3;
sbit rst = P3^5;
sbit rs = P1^0;
sbit en = P1^2;
sbit rw = P1^1;
sbit GND = P2^4;
sbit key = P2^0;
```

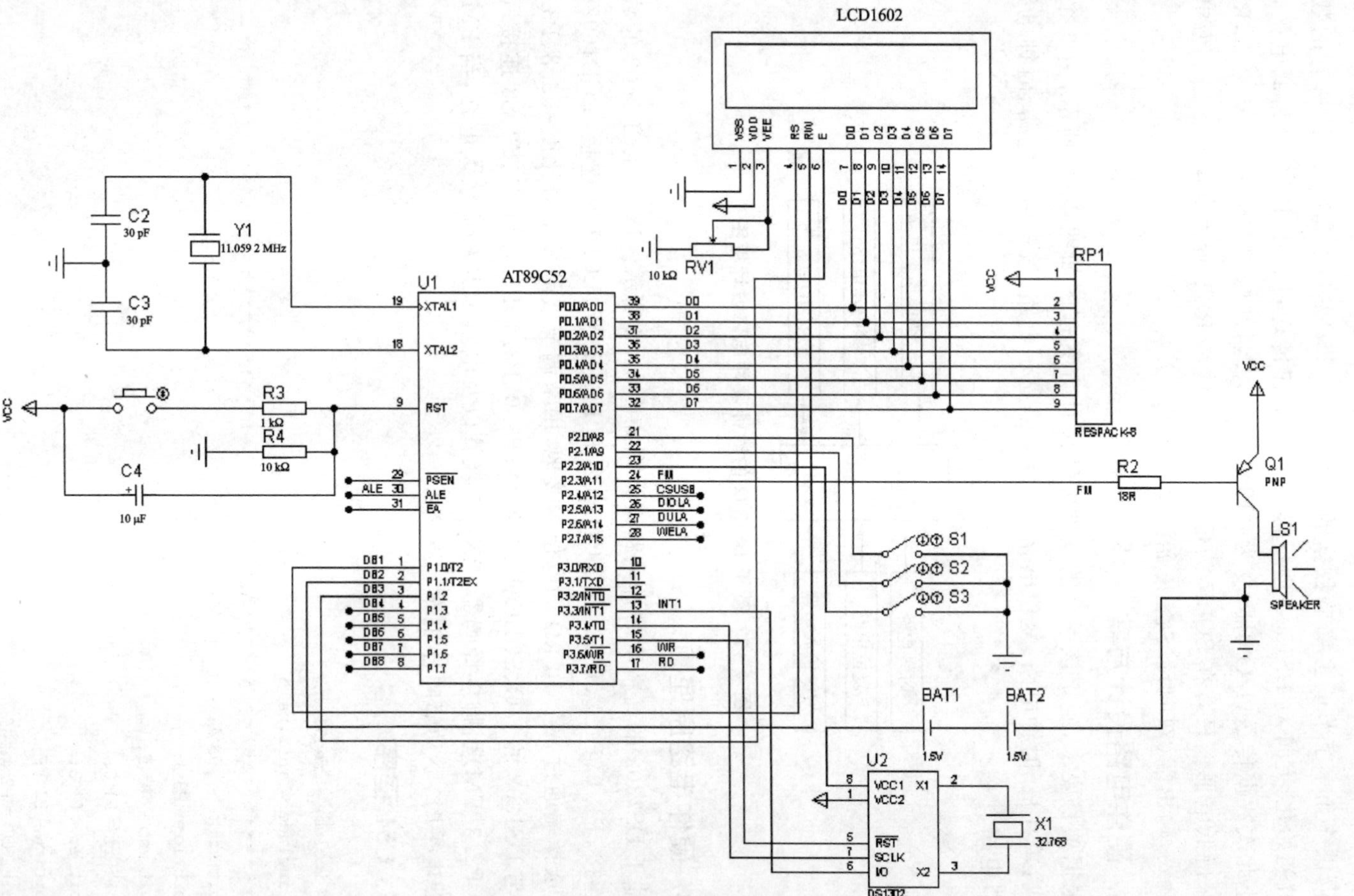

图4-8 基于DS1302的高精度时钟电路

```
sbit K1 = P2^1;
sbit K2 = P2^2;
#define uchar unsigned char
#define uint  unsigned int
uchar S1num,flag,second,minute,hour,week,day,month,year;  //秒、分、时、星期、日、月、年
bit keyflag = 0;
void delay(uint z)              //延时子程序
{
  uint x,y;
  for(x = z;x>0;x--)
     for(y = 110;y>0;y--);
}
void delayus()
{
_nop_();
_nop_();
_nop_();
_nop_();
}
void write_1602dat(uchar dat)//定义一个带参数的写数据子程序
{
 rs = 1;                        //1602 的 rs 为 0 时,接收命令,为 1 时接收数据
 P0 = dat;                      //把 void write_shu(uchar shu)的 COM 中的数据给 P0 口
 delay(5);
 en = 1;
 delay(5);
 en = 0;
 delay(5);
}


void write_1602com(uchar com)//定义一个带参数的写命令子程序
{
 rs = 0;                        //1602 的 rs 为 0 时,接收命令,为 1 时接收数据
 P0 = com;                      //把 void write_com(uchar com)的 COM 中的数据给 P0 口
 delay(5);
 en = 1;
 delay(5);
 en = 0;
 delay(5);
}
void Write1602(uchar add,uchar dat)
```

```
 {
  write_1602com(add);
  write_1602dat(dat);
 }
 void init1602()                    //定义一个初始化子程序
 {
  en = 0;
  rw = 0;
 write_1602com(0x38);               //调用 write_com 子程序并把 0X38 赋给 P0 口,显示模式打开
 write_1602com(0x0e);               //调用 write_com 子程序并把"开显示,显示光标,光标闪烁"
                                    //指令码赋给 P0 口
 write_1602com(0x06);               //调用 write_com 子程序并把"地址指针加 1,整屏不移动"
                                    //指令码赋给 P0 口
 //write_com(0x80 + 0x10);          //数据指针初始化,让指针指向可显示的最右端
 write_1602com(0x80);               //数据指针初始化,让指针指向最左端,显示从第一行开始
 write_1602com(0x01);               //调用 write_com 子程序并把"清零"指令码赋给 P0 口
 Write1602(0x80,'2');
 Write1602(0x81,'0');
 Write1602(0x80 + 4,'-');
 Write1602(0x80 + 7,'-');
 Write1602(0x80 + 0x40 + 5,':');
 Write1602(0x80 + 0x40 + 8,':');
 }
/ ******************** 写一个字节 **************/
void write_1302byte(dat)
{
uchar i;
sclk = 0;
delayus();
for(i = 8;i>0;i -- )
  {
    io = dat&0x01;                  //只要是从低位取数,高位一定要和 0X01 相"与"
    delayus();
    sclk = 1;                       //为写数据制造上升沿
    delayus();
    sclk = 0;                       //为下一次上升沿写下一个字节做准备
    dat>> = 1;                      //将数据向左移一位,准备写入下一个数据
  }
}
/ ******************** 读一个字节 ***************/
uchar read_1302byte()
{
```

```
uchar i,dat;
delayus();
for(i = 8;i>0;i-- )
  {
   dat>> = 1;
   if(io == 1)
   {
     dat| = 0x80;              //将 1 取出,写在 dat 的最高位
   }

   sclk = 1;                   //把 sclk 拉高,为读 1 字节的下降沿做准备
   delayus();                  //稍等制造一个高电平
   sclk = 0;                   //为读 1 字节制造下降沿
   delayus();
  }
return dat;
}
/ ************* 写入一个时间位 *****************/
void write_1302(uchar add,uchar dat)
{
rst = 0;
delayus();
sclk = 0;
delayus();
rst = 1;
write_1302byte(add);
delayus();
write_1302byte(dat);
delayus();
rst = 0;
}
/ **************** 读 DS1302 的地址 *****************/
uchar read_1302add(uchar add)
{
uchar timedat;
rst = 0;
_nop_();
sclk = 0;
_nop_();
rst = 1;
write_1302byte(add);           //写入要读的地址
timedat = read_1302byte();     //将上面地址中的数据赋给 timedat
```

```
sclk = 1;
_nop_();
rst = 0;
return timedat;
}
/ ***************** 初始化 DS1302 **********************/
void init_1302()
{

  flag = read_1302add(0x81);  //读秒寄存器的最高位,读出时钟状态
  if(flag&0x80)               //判断时钟是否关闭,若内部时钟关闭,则将其初始;若没
                              //关闭,则不初始化,继续进行

   {
   write_1302(0x8e,0x00);                       //去除写保护
   write_1302(0x80,((55/10)<<4|(55 % 10)));     //写秒寄存器,并写入初值 55
   write_1302(0x82,((59/10)<<4|(59 % 10)));     //写分寄存器,并写入初值 59
   write_1302(0x84,((22/10)<<4|(22 % 10)));     //写小时寄存器,并写入初值 23
   write_1302(0x86,((24/10)<<4|(24 % 10)));     //写日寄存器,并写入初值 18
   write_1302(0x88,((2/10)<<4|(2 % 10)));       //写月寄存器,并写入初值 2
   write_1302(0x8a,((5/10)<<4|(5 % 10)));       //写星期寄存器,并写入初值 5
   write_1302(0x8c,((12/10)<<4|(12 % 10)));     //写年寄存器,并写入初值 12,
                                                //不能写 2012 年
   write_1302(0x90,0xa5);                       //写上电方式
   write_1302(0x8e,0x80);                       //加上写保护
   }
}
/ ****************** 读出秒的十进制数 *****************************/
uchar readsecond()
{
uchar dat;
dat = read_1302add(0x81);
second = ((dat&0x70)>>4) * 10 + (dat&0x0f);
return second;
}
/ ****************** 读出分的十进制数 **********************/
uchar readminute()
{
uchar dat;
dat = read_1302add(0x83);
minute = ((dat&0x70)>>4) * 10 + (dat&0x0f);
return minute;
```

```
}
/ ***************** 读出小时的十进制数 ************************/
uchar readhour()
{
uchar dat;
dat = read_1302add(0x85);
hour = ((dat&0x70)>>4) * 10 + (dat&0x0f);
return hour;
}
/ ***************** 读出天的十进制数 **********************/
uchar readday()
{
uchar dat;
dat = read_1302add(0x87);
day = ((dat&0x70)>>4) * 10 + (dat&0x0f);
return day;
}
/ ***************** 读出月的十进制数 **********************/
uchar readmonth()
{
uchar dat;
dat = read_1302add(0x89);
month = ((dat&0x70)>>4) * 10 + (dat&0x0f);
return month;
}
/ ***************** 读出星期的十进制数 **************************/
uchar readweek()
{
uchar dat;
dat = read_1302add(0x8b);
week = ((dat&0x70)>>4) * 10 + (dat&0x0f);
return week;
}
/ ***************** 读出年的十进制数 ***************************/
uchar readyear()
{
uchar dat;
dat = read_1302add(0x8d);
year = ((dat&0xf0)>>4) * 10 + (dat&0x0f);
return year;
}
```

```
/*************************读出所有时间***********************/
readtime()
{
readsecond();
readminute();
readhour();
readday();
readmonth();
readweek();
readyear();
}
/**********************向 DS1602 写入时间*************************/
void write_second()
{
uchar shi,ge;
shi = second/10;
ge = second % 10;
Write1602(0x80 + 0x40 + 9,0x30 + shi);
Write1602(0x80 + 0x40 + 10,0x30 + ge);
}
void write_minute()
{
uchar shi,ge;
shi = minute/10;
ge = minute % 10;
Write1602(0x80 + 0x40 + 6,0x30 + shi);
Write1602(0x80 + 0x40 + 7,0x30 + ge);
}
void write_hour()
{
uchar shi,ge;
shi = hour/10;
ge = hour % 10;
Write1602(0x80 + 0x40 + 3,0x30 + shi);
Write1602(0x80 + 0x40 + 4,0x30 + ge);
}
void write_day()
{
uchar shi,ge;
shi = day/10;
ge = day % 10;
Write1602(0x80 + 8,0x30 + shi);
```

```
Write1602(0x80 + 9,0x30 + ge);
}
void write_month()
{
uchar shi,ge;
shi = month/10;
ge = month % 10;
Write1602(0x80 + 5,0x30 + shi);
Write1602(0x80 + 6,0x30 + ge);
}
void write_year()
{
uchar shi,ge;
shi = year/10;
ge = year % 10;
Write1602(0x80 + 2,0x30 + shi);
Write1602(0x80 + 3,0x30 + ge);
}
void write_week()
{
Write1602(0x80 + 12,0x30 + week);
//uchar week;
switch(week)
  {
   case 1: Write1602(0x80 + 12,'M');
         Write1602(0x80 + 13,'O');
    Write1602(0x80 + 14,'N');
    break;
    case 2:Write1602(0x80 + 12,'T');
         Write1602(0x80 + 13,'U');
    Write1602(0x80 + 14,'E');
    break;
    case 3:Write1602(0x80 + 12,'W');
         Write1602(0x80 + 13,'E');
    Write1602(0x80 + 14,'N');
    break;
    case 4:Write1602(0x80 + 12,'T');
         Write1602(0x80 + 13,'H');
         Write1602(0x80 + 14,'U');
    break;
 case 5: Write1602(0x80 + 12,'F');
    Write1602(0x80 + 13,'R');
```

```
            Write1602(0x80 + 14,'I');
        break;
      case 6:Write1602(0x80 + 12,'S');
              Write1602(0x80 + 13,'A');
              Write1602(0x80 + 14,'T');
        break;
   case 7:Write1602(0x80 + 12,'S');
            Write1602(0x80 + 13,'U');
            Write1602(0x80 + 14,'N');
        break;
    }
}
/******************键盘扫描*****************/
void keyscan()
{
    if(key == 0)
    {
      delay(5);
       if(key == 0);                                              //防止误动作
    {


       S1num ++ ;
       while(! key);
       switch(S1num)
       {
       case 1:
       keyflag = 1;
       write_1302(0x8e,0x00);                                     //去除写保护
       write_1302(0x80,0x80);                                     //时钟停止
       write_1602com(0x80 + 0x40 + 10);
       write_1602com(0x0f);
       break;
        case 2:
          write_1602com(0x80 + 0x40 + 7);
          break;
        case 3:
          write_1602com(0x80 + 0x40 + 4);
          break;
        case 4:
          write_1602com(0x80 + 9);
          break;
        case 5:
```

```
        write_1602com(0x80 + 6);
        break;
      case 6:
        write_1602com(0x80 + 3);
        break;
      case 7:
        write_1602com(0x80 + 12);
        break;
      case 8:
        S1num = 0;
        keyflag = 0;

         write_1602com(0x0c);                                  //不显示光标
         write_1302(0x80,0x00);                                //禁止写保护
         write_1302(0x80,(second/10)<<4|second % 10);          //将调节后的秒写入 DS1302
         write_1302(0x82,(minute/10)<<4|minute % 10);          //将调节后的分写入 DS1302
         write_1302(0x84,(hour/10)<<4|hour % 10);              //将调节后的时写入 DS1302
         write_1302(0x8a,(week/10)<<4|week % 10);              //将调节后的星期写入 DS1302
         write_1302(0x86,(day/10)<<4|day % 10);                //将调节后的日写入 DS1302
         write_1302(0x88,(month/10)<<4|month % 10);            //将调节后的月写入 DS1302
         write_1302(0x8c,(year/10)<<4|year % 10);
        //write_1302(0x80,0x00);  //时钟继续运行这一句不能加在这里,否则每次调完
                                  //时后,秒会归 0
     write_1302(0x8e,0x80);                                    //写保护关闭
     //write_1602com(0x0c);
        break;
  }
}
}
if(S1num! = 0)
{
  if(K1 == 0)
  {
   delay(5);
while(! K1);
switch(S1num)
{
 case 1:
   second ++ ;
   if(second == 60)second = 0;
   //write_1302(0x8e,0x00);                                   //去除写保护
   write_second();
```

```
    write_1602com(0x80 + 0x40 + 10);
    break;
   case 2:
    minute ++ ;
    if(minute == 60)minute = 0;
    write_minute();
    write_1602com(0x80 + 0x40 + 7);
    break;
   case 3:
    hour ++ ;
    if(hour == 24)hour = 0;
    write_hour();
    write_1602com(0x80 + 0x40 + 4);
    break;
   case 4:
    day ++ ;
    write_day();
    write_1602com(0x80 + 9);
    break;
     case 5:
    month ++ ;
    write_month();
    write_1602com(0x80 + 6);
    break;
     case 6:
    year ++ ;
    write_year();
    write_1602com(0x80 + 3);
    break;
     case 7:
    week ++ ;
    write_week();
    write_1602com(0x80 + 12);
    break;
    // default:break;
     }
    }
    if(K2 == 0)
    {
     delay(5);
 while(! K2);
 switch(S1num)
```

```
{
 case 1:
  second--;
  if(second<0)second = 59;
  write_second();
  write_1602com(0x80 + 0x40 + 10);
  break;
 case 2:
  minute--;
  if(minute<0)minute = 59;
  write_minute();
  write_1602com(0x80 + 0x40 + 7);
  break;
 case 3:
  hour--;
  if(hour<0)hour = 23;
  write_hour();
  write_1602com(0x80 + 0x40 + 4);
  break;
 case 4:
  day--;
  write_day();
  write_1602com(0x80 + 9);
  break;
   case 5:
  month--;
  write_month();
  write_1602com(0x80 + 6);
  break;
   case 6:
  year--;
  write_year();
  write_1602com(0x80 + 3);
  break;
   case 7:
  week--;
  write_week();
  write_1602com(0x80 + 12);
  break;
 //  default:break;
}
   }
```

```
    }
  }
   void main()
  {
    GND = 0;
    delay(100);
    init1602();
    init_1302();
    while(1)
       {
    keyscan();
    if(keyflag == 0)
    {
    readtime();
    write_second();
    write_minute();
    write_hour();
    write_day();
    write_month();
    write_year();
    write_week();
    }
   }
  }
```

6. 思考题

① 运用时钟芯片与运用单片机内部的定时器进行电子时钟设计相比，各具有哪些优点？

② 请举例说明时钟芯片除了运用在电子时钟设计上，还可以运用在哪些系统上？

③ 时钟芯片除了 DS1302，还有以 DS12C887 为代表的一类时钟芯片，请尝试将 DS1302 与 DS12C887 进行比较，说明各自的优势与缺点，以及各自适合应用的场合。

4.3.4 项目 3 基于 DS18B20 的温控系统设计

1. 项目要求

使用温度传感器设计温度控制系统，在液晶屏上显示当前采集到的环境温度范围为 0～99 ℃，适用于温度精度要求不高的环境。该温度控制系统能够实施监测温度，并对超过或低于设置的上下限温度值进行声光报警。

2. 项目分析

使用 DS18B20 温度传感器设计温度控制系统，在 LCD1602 液晶屏上显示当前

采集到的环境温度数值,范围在0～99 ℃之间。当环境温度低于27 ℃时,蜂鸣器开始以慢“滴”声报警,并且伴随P1.0口发光二极管闪烁(模拟开启制热设备);当环境温度继续降低并低于25 ℃时,蜂鸣器以快“滴”声报警,并且伴随P1.0和P1.1口发光二极管一起闪烁(模拟加大制热设备功率)。当环境温度高于30 ℃时,蜂鸣器开始以慢“滴”声报警,并且伴随P1.2口发光二极管闪烁(模拟开启制冷设备);当环境温度继续升高并高于32 ℃时,蜂鸣器以快“滴”声报警,并且伴随P1.2和P1.3口发光二极管一起闪烁(模拟加大制冷设备功率)。

本系统采用的DS18B20温度传感器芯片,可直接将外界温度转换成数字量以供单片机读取,其精度为0.125 ℃。DS18B20是美国DALLAS公司生产的单总线数字式温度传感器,它具有微型化、低功耗、高性能、抗干扰能力强、易于与微处理器接口等优点,适合于各种温度测控系统。

3. 硬件电路设计方案

根据项目要求,确定该系统硬件电路的设计方案框图如图4-9所示,由7个部分组成:单片机、时钟电路、复位电路、LCD液晶显示电路、LED显示电路、DS18B20电路、蜂鸣器电路。

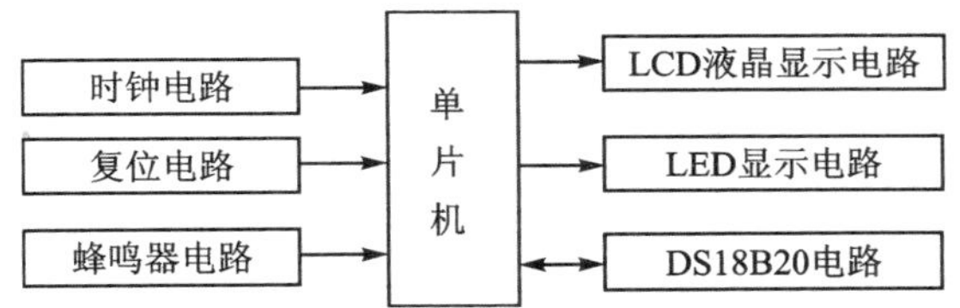

图4-9 基于DS18B20的温控系统硬件电路设计框图

4. 硬件电路原理图

基于DS18B20温控系统电路设计图如图4-10所示,由显示部分与温度检测部分组成。P0与LCD1602的数据端口连接,P2.0、P2.1、P2.3与LCD1602的RS、R/W、LCDEN连接,LCD1602的读/写选择端通过一个10 kΩ的电位器接地,用来调节液晶显示对比度;P3.6与DS18B20的DQ连接;P1.3、P1.4、P1.5、P1.6与D1、D2、D3、D4指示灯连接;P3.3接蜂鸣器,PNP三极管以及电阻18R构成放大电路,当FM引脚为低电平时,驱动蜂鸣器工作。

5. C51程序

```
#include <reg51.h>
#include <intrins.h>
#include <math.h>
#define uchar unsigned char
#define uint  unsigned int
uchar datas[] = {0, 0, 0, 0, 0, 0, 0};
```

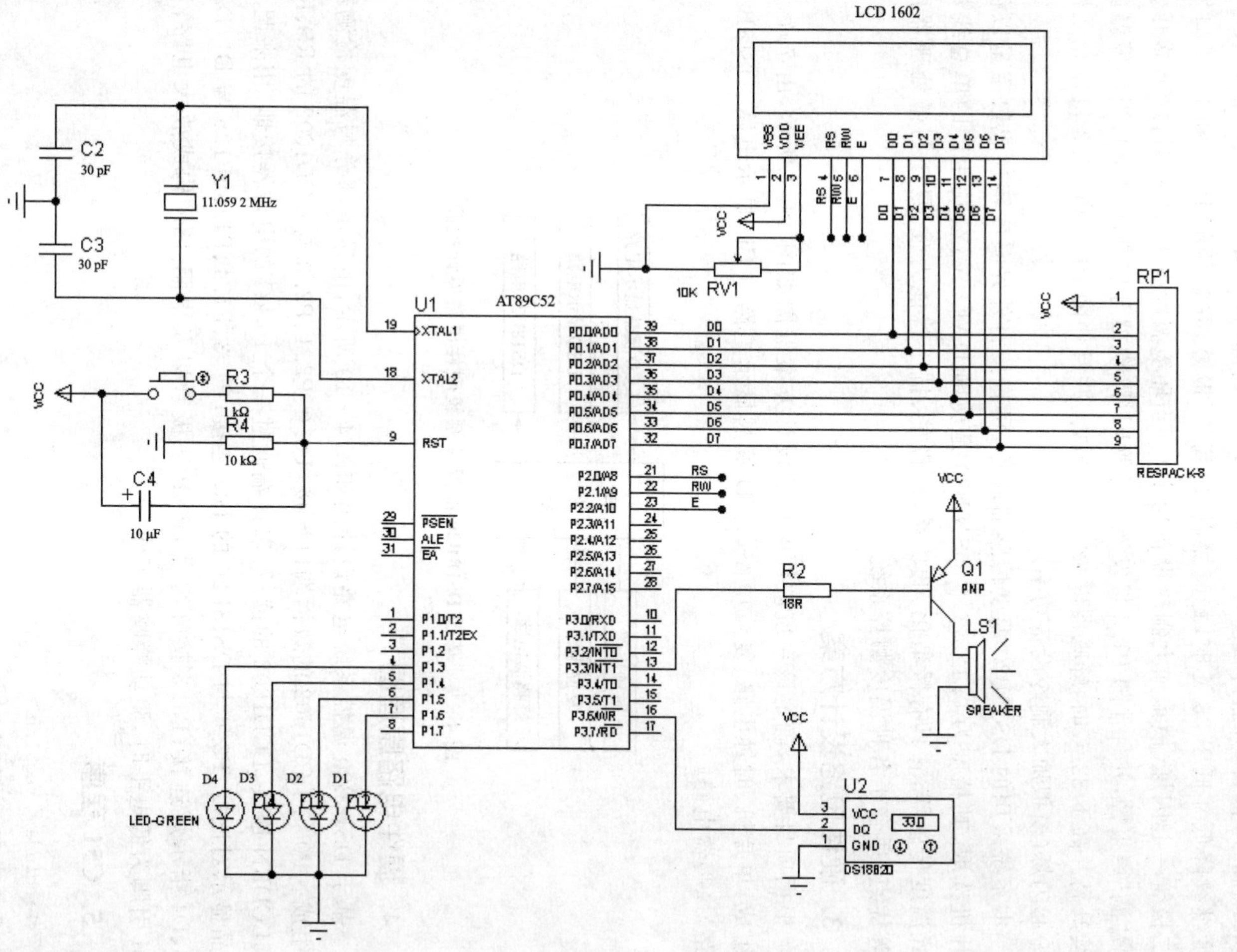

图4-10　基于DS18B20的温控系统电路设计图

```
uchar datass[] = {0, 0, 0, 0, 0, 0, 0};
uint WEN;
uint  tt,num;
uint m ;
uint aa = 0;
sbit DS  =  P3^6;
sbit BEEP  =  P3^3;                   //蜂鸣器驱动线
sbit P10  =  P1^3;
sbit P11  =  P1^4;
sbit P12  =  P1^5;
sbit P13  =  P1^6;

uchar  temp;
//char code SST516[3] _at_ 0x003b;
void beep();                          //蜂鸣器
void beep1();
void delay0(uchar x);                 //x×0.14 ms

sbit LCD_RS  =  P2^0;
sbit LCD_RW  =  P2^1;
sbit LCD_EN  =  P2^2;

uchar code  cdis1[ ]  =  {"TEMP        TIME"};

void delay(uint num)                  //延时函数
{
  while( --num );
}
#define delayNOP(); {_nop_();_nop_();_nop_();_nop_();};
void  delayms(uchar x)
{ uchar j;
    while((x--)!=0)
    { for(j=0;j<125;j++)
          {;}
    }
}

bit lcd_busy()
 {
    bit result;
    LCD_RS  =  0;
    LCD_RW  =  1;
```

```
    LCD_EN = 1;
    delayNOP();
    result = (bit)(P0&0x80);
    LCD_EN = 0;
    return(result);
  }
void lcd_wcmd(uchar cmd)

{
   while(lcd_busy());
    LCD_RS = 0;
    LCD_RW = 0;
    LCD_EN = 0;
    _nop_();
    _nop_();
    P0 = cmd;
    delayNOP();
    LCD_EN = 1;
    delayNOP();
    LCD_EN = 0;
}
void lcd_wdat(uchar dat)
{
   while(lcd_busy());
    LCD_RS = 1;
    LCD_RW = 0;
    LCD_EN = 0;
    P0 = dat;
    delayNOP();
    LCD_EN = 1;
    delayNOP();
    LCD_EN = 0;
}
void lcd_init()
{
    delayms(15);
    lcd_wcmd(0x38);                    //16×2 显示,5×7 点阵,8 位数据
    delayms(5);
    lcd_wcmd(0x38);
    delayms(5);
    lcd_wcmd(0x38);
    delayms(5);
```

```
    lcd_wcmd(0x0c);                    //显示开启,光标关闭
    delayms(5);
    lcd_wcmd(0x06);                    //移动光标
    delayms(5);
    lcd_wcmd(0x01);                    //清除 LCD 的显示内容
    delayms(5);
}
void lcd_pos(uchar pos)
{
  lcd_wcmd(pos | 0x80);                //数据指针 = 80 + 地址变量
}
void beep()
{unsigned char i;
  for (i = 0;i<222;i++)
   {
   delay0(4);
   BEEP = 0;
  delay0(4);
   BEEP = 1;                           //BEEP 取反
   }
   BEEP = 1;                           //关闭蜂鸣器
   delayms(250);                       //延时

}
void beep1()
{
    unsigned char i;
  for (i = 0;i<80;i++)
   {
   delay0(4);
   BEEP = 0;
  delay0(4);
   BEEP = 1;                           //BEEP 取反
   }
   BEEP = 1;                           //关闭蜂鸣器
   delayms(250);                       //延时

}
void delay0(uchar x)
{
  unsigned char i;
```

```
    while(x-- )
    {
    for (i = 0; i<13; i++ ) {}
    }
  }
 /******************************************************/
 /*                                                    */
 /* 18B20                                              */
 /*                                                    */
 /******************************************************/
 DSinit(void)                          //初始化 ds1820
 {
      DS = 1;                          //DS 复位
      delay(8);                        //稍做延时
      DS = 0;                          //将 DS 拉低
      delay(90);                       //精确延时 大于 480 μs
      DS = 1;                          //拉高总线
      delay(110);
      DS = 1;
 }
 uchar read_bit(void)                  //读 1 位(bit)
 {
 uchar i;
 DS = 0;                               //将 DS 拉低,开始读时间隙
 DS = 1;
 for (i=0; i<3; i++ );                 //延时 15 μs
 return(DS);                           //返回 DS 线上的电平值
 }

 uchar readbyte()                      //读 1 字节
 {
 uchar i = 0;
 uchar dat = 0;
 for (i=0;i<8;i++ )
 {                                     //读取字节,每次读取 1 字节
 if(read_bit()) dat| = 0x01<<i;        //然后将其左移
    delay(4);
  }
    return (dat);
 }

void write_bit(char bitval)            //写 1 位
```

```
{
DS =  0;                              //将 DS 拉低，开始写时间隙
if(bitval == 1) DS = 1;               //如果写 1，DS 返回高电平
delay(5);                             //在时间隙内保持电平值，
DS =  1;                              //delay 函数每次循环延时 16 μs，因此 delay(5) = 104 μs
}

void writebyte(uchar dat)             //写 1 字节
{
  uchar i = 0;
  uchar temp;
   for (i = 0; i<8; i++)              //写入字节，每次写入 1 位
   {
   temp = dat>>i;
   temp &= 0x01;
   write_bit(temp);
  }
  delay(5);
}
void kaishizhuanhua()                 //DS18B20 开始获取温度数据并转换
{
    DSinit();                         //DS18B20 复位
    delayms(1);
    writebyte(0xcc);                  //写跳过读 ROM 指令
    writebyte(0x44);                  //写温度转换指令
}

void sendreadcmd()                    //读取寄存器中存储的温度数据
{
    DSinit();                         //DS18B20 复位
    delayms(1);
    writebyte(0xcc);                  //写跳过读 ROM 指令
    writebyte(0xbe);                  //读取暂存器的内容
}

int gettmpvalue()
{
    uint tmpvalue;
    float t;
    uchar low, high;
    sendreadcmd();                    //读取寄存器中存储的温度数据
    low = readbyte();                 //读取低 8 位
```

```
    high = readbyte();             //读取高 8 位
    tmpvalue  = high;
    tmpvalue  <<= 8;               //高 8 位左移 8 位
    tmpvalue  |= low;              //2 字节组合为 1 个字
    t = tmpvalue  * 0.0625 * 10;  //分辨率为 0.0625,在此将值扩大 100 倍
    return t;
}
void chuliwendu()
    {  uchar m;
       //delayms(750);
       kaishizhuanhua();
     //delayms(750);
       WEN = gettmpvalue();
    // delayms(750);
          if(WEN<=270&WEN>250)
          {
          uint a;a=20000;P10=1;P11=0;while(a--);
                 a=20000;P10=0;P11=0;while(a--);
                   beep();


}

       else if(WEN<=250)
          {uint a;a=20000;P11=1;P10=1;while(a--);
                 a=20000;P11=0;P10=0;while(a--);
                beep1();
          }
     else if(WEN>=300&WEN<320)
          {uint a;a=20000;P12=1;P10=0;P11=0;P13=0;while(a--);
                 a=20000;P12=0;P10=0;P11=0;P13=0;while(a--);
                beep();
          }
     else if(WEN>=320)
          {
          uint a;a=20000;P12=1;P13=1;while(a--);
                 a=20000;P12=0;P13=0;while(a--);
                beep1();
          }
       lcd_pos(0x40);
       datas[0] = WEN/100+0x30;
       datas[1] = WEN%100/10+0x30;
       datas[2] = 46;
       datas[3] = WEN%100%10+0x30;     //温度符号的前 30 的 ASCALL 码
```

```
        datas[4] = 67;
        m = 0;
        while(datas[m] != '\0')
        {
            lcd_wdat(datas[m]);                //显示字符
            m++;
    }
      }
void shijianchuli()
{
        datass[0] = aa/10 + 0x30;
        datass[1] = aa%10 + 0x30;
        datass[2] = 0x3a;
        datass[3] = num/10 + 0x30;
        datass[4] = num%10 + 0x30;
      lcd_pos(0x4b);
    m = 0;
    while(datass[m] != '\0')
     {
     lcd_wdat(datass[m]);                      //显示字符
        m++;
    }
}
/*****************************************************/
/*                                                   */
/* 主程序                                             */
/*                                                   */
/*****************************************************/

void main()
 {
     uchar m;
    P0 = 0xFF;                                 //置 P0 口
    P2 = 0xFF;                                 //置 P2 口
    delayms(10);                               //延时
    lcd_init();                                //初始化 LCD
    lcd_pos(0);                                //设置显示位置为第一行的第 1 个字符
     m = 0;
    while(cdis1[m] != '\0')
     {                                         //显示字符
     lcd_wdat(cdis1[m]);
     m++;
```

```
    }
   tt = 0;
   TMOD = 0x01;                              //设置定时器 0 为工作方式 1
   TH0 = (65536 - 50000)/256;
   TL0 = (65536 - 50000) % 256;
   EA = 1;                                   //开总中断
   ET0 = 1;                                  //开定时器 0 中断
   TR0 = 1;                                  //启动定时器

   while(1)
     {
         chuliwendu();
   if(num == 60)
           {
               num = 0;
               aa ++ ;
           }
     if(aa == 60)
       {
               num = 0;
               aa = 0;
           }
         shijianchuli();

  }
}
/ ***************************************************************/

void exter0() interrupt 1                    //定时器 0 中断
{
    uint  tt;
    TH0 = (65536 - 50000)/256;
    TL0 = (65536 - 50000) % 256;
    tt ++ ;
  if(tt == 20)
      {
          num ++ ;
        tt = 0;
      }

}
```

6. 思考题

① 数字式温度传感器 DS18B20 与铂电阻 PT100 比较，有哪些区别？

② 如果温度检测点增加到 10 个，数字式温度传感器 DS18B20 如何连接？

③ 如何对 10 个温度检测点轮流进行采样？如何编制采样程序？

4.4　单片机应用系统设计部分课题

通过前面章节的学习，读者应该初步具备构建单片机应用系统的技能，这里提供的 9 个单片机应用系统设计项目，供读者进一步学习单片机技术使用。

课题 1　生产流水线产品产量统计并显示系统设计

功能描述

① 以单片机为核心设计一个生产流水线产品产量统计并显示系统。

② 用 4 位数码管动态显示班产的产品件数（设班产量不超过 10 000 件）。

③ 设计一个计数开关，当某班开始生产时，将该开关置于高电平，系统开始计数，并动态显示班产量；将开关置于低电平，则停止计数，显示值清零，班产量存入指定存储单元备用。（注：产量用 LCD 显示器显示，硬件及软件如何设计？）

课题 2　音乐播放器设计

功能描述

① 以单片机为核心设计一个音乐播放器。

② 音乐播放器利用单片机的定时器产生乐谱的各种频率方波，信号经过放大后由喇叭发出声音，选取某段音乐使单片机连续播放。

③ 完成多曲选择播放控制、停止控制、省电模式控制等功能。

④ 设计 3 个按键：播放/停止、下一曲、上一曲。

⑤ 4 位 LED 显示器，用来显示所选曲目。该显示器在播放期间为了节省电源，设计为关闭状态，当一首歌曲演奏结束，或选曲时显示器才显示曲目信息。

课题 3　竞赛抢答器设计

功能描述

① 以单片机为核心设计一个竞赛抢答器。

② 在智力抢答赛中，主持人按下开始按钮，抢答开始。如果有选手在比赛过程中按下抢答按钮，则该选手桌前的抢答灯亮，30 s 内该选手若正确作出回答则加分，反之减分。

③ 如果 30 s 内该选手还未作出回答，则作违规处理，桌前蜂鸣器作响，示意回答

失败并作减分处理。

④ 在抢答还未开始前，如果有选手抢先按下抢答按钮也视为违规，桌前抢答灯亮起，蜂鸣器作响，作减分处理。

⑤ 在比赛过程中主持人可以按下分数显示按钮来显示每位选手的得分。

课题 4　数字频率计设计

功能描述

① 以单片机为核心设计一个数字频率计。

② 要求能测量正弦波、三角波、锯齿波和方波。

③ 频率范围为 $0 \sim f_{osc}/24$。

④ 对输入的信号进行频率计数，计数结果通过数码管动态显示出来。

⑤ 如果超出频率范围，则频率计报警。

课题 5　电子宠物设计

功能描述

① 以单片机为核心设计一个在 16×16 点阵 LED 上呈动态输出的电子宠物。

② 电子宠物随着时间的流逝会渐渐长大，当然也会饥饿和不开心。

③ 电子宠物如果一直没人照顾，将会死亡。

④ 设置喂食系统，给宠物喂食。

⑤ 电子宠物在饥饿时，会提醒主人喂食。

课题 6　步进电动机正反转及停止的控制

功能描述

① 以单片机为核心设计一个步进电动机正反转及停止的控制系统。

② 开机时，步进电动机停止，彩灯全部点亮。

③ 拨动按钮开关，步进电动机正转，彩灯产生正向循环运转。

④ 拨动按钮开关，步进电动机逆转，彩灯产生反向循环运转。

⑤ 拨动按钮开关，步进电动机停止运转，彩灯全部点亮。

课题 7　电子琴

功能描述

① 以单片机为核心设计一个电子琴。

② 设定开关或按钮 1、开关或按钮 2 为自动播放乐曲。若开关或按钮 1 闭合，自动播放乐曲 1；若开关或按钮 2 闭合，自动播放乐曲 2。

③ 设定开关或按钮 3 为手动弹奏乐曲。用 21 个按键开关分别控制产生低音

"1、2、3、4、5、6、7"、中音"1、2、3、4、5、6、7"和高音"1、2、3、4、5、6、7"。

④ 利用单片机 I/O 口线或扩展 I/O 口线形成 3×8 矩阵式键盘，完成上述按键的分配。

课题 8　数字显示的趣味游戏机

功能描述

① 以单片机为核心设计一个数字显示的趣味游戏机。

② 设计程序使 LED 数码管可以显示不同的 0～9 的随机数。

③ 利用一个自锁开关作为控制按钮，在按下的时候，LED 数码管上不断跳动的数字会停止。

④ 要求利用中断延时程序让 3 个 LED 数码管上的数字在不同时刻停止。

课题 9　简易计算器设计

功能描述

① 以单片机为核心设计一个简易计算器。

② 采用 4×4(或其他形式)键盘，16 个键依次对应"0"～"9"、"＋"、"－"、"×"、"/"、"＝"和清零键。

③ 进行小于 255 的数的加、减、乘、除运算，并可连续运算。

④ 当输入值大于 255 时，自动清零，并可以重新输入。

第5章

单片机应用系统可靠性运行技术

单片机应用系统通常是在一个特定的环境下为完成或实现某种功能而设计的，因此系统处于工作状态时，势必会受到各种外界干扰因素的影响。这种外界干扰，轻者将导致系统内部数据出错，重者将严重影响程序的运行。在单片机系统中比较典型的影响是出现程序“跑飞”的现象。在单片机应用系统的开发过程中，经常要长期保留一些数据，如何有效地抗电源干扰和保护数据等非常重要。尽管目前有些单片机具有对 RAM 的保护措施，但对电源的干扰防不胜防，仍会出现数据丢失和系统失控的情况。因此，单片机应用系统的开发一定要考虑系统可靠性的设计。

一般来说，系统可靠性应从软件、硬件以及结构设计等方面全面考虑，如器件选择、电路板布线、看门狗、软件冗余等。只有对软硬件多方面设计，才能保证系统总体的可靠性指标，以满足系统在现场苛刻环境下的正常运行。

对来自电网的欠压、过压、掉电和瞬变现象，通常采用低通电源滤波器、隔离变压器、光电隔离解决，或使用 UPS 不间断电源，有的甚至给单片机应用系统配置专门的电源。但这些措施仍然不能解决上述电源异常问题，而且线路复杂、成本高。所以，单片机应用系统的监控电路应运而生。利用监控芯片和少量外围器件能方便地组成各种有效的复位电路，并能对各种异常情况进行监控。这种芯片具有监测功能多、可靠性高、外围器件少、监控电路简单和体积小等优点，因此，它被广泛应用在计算机、微控制器应用系统、便携式智能仪器、自动控制设备等。

单片机应用系统中对单片机的监控方法有两种，一种是利用监控芯片，另一种是利用看门狗芯片。所谓“看门狗”是指在系统设计中，通过软件或硬件方式在一定的周期内监控单片机或其他 CPU 的运行状况。如果在规定的时间内没有收到来自单片机或其他 CPU 的触发信号，则系统会强制复位，以保证系统在受到干扰时仍然能够维持正常的工作状态。看门狗作为一种独立的监控技术，其在单片机系统中的软硬件实现方面有其独特之处。监控电路的功能则更为广泛，不仅需要监控单片机的程序运行情况，而且还要完成对电源电压、复位信号、突发掉电等多种情况的监控。下面简单介绍单片机系统中常用的监控芯片、看门狗芯片。

5.1　单片机应用系统中的监控芯片

由于实际设计要求的不同，监控芯片的功能、用法也各不相同。下面以监控芯片 MAX801/808 加以说明。

MAX801/808 是 Maxim 公司生产的一款专用、高性能的微控器监控芯片。

1. MAX801/808 主要特点

◇ 在上电、掉电或省电方式时产生一个复位信号输出。

◇ CMOS RAM 写保护。

◇ 看门狗功能。

◇ 备份电池电压的软件监控。

◇ 低电压指示器。

2. MAX801/808 主要性能指标

◇ 电压监测精度为±1.5%。

◇ 电源 OK/RESET 时间延迟为 200 ms。

◇ 持机状态耗电为 1 μA。

◇ 电源切换功能：在 Vcc 方式，输出电流为 250 mA；在备份电池方式，输出电流为 20 mA。

3. MAX801/808 主要功能原理

MAX801/808 监测芯片由电池备份比较器、复位比较器、低线检测比较器、监测转换检测器等组成。MAX801/808 具有多种监测功能，主要功能原理如下：

① 复位输出。MAX801/808 的复位输出信号能够保证微控制器处在已知的初始状态，并能防止电源异常时(电压降低或节电降压)执行代码发生错误。

② 低线比较器。利用门限电压，低线比较器能够监测电源电压 Vcc。当电源电压发生故障时，它能给微控制器提供一个非屏蔽中断(NMI)，并启动软件来关闭程序。

③ 监测定时器。MAX801 具有监测定时器功能。监测定时器的输入信号(WDI)能监测微处理器是否正常工作。如果微处理器工作异常，则 WDI 能控制监测转换检测器，并使状态机复位。在实际应用电路中，如果需要监测功能，只需将 WDI 连到一根总线或微控制器的 I/O 线即可。

4. 在单片机系统中使用 MAX801/808 的方法

由于 MAX801/808 具有良好的性能和多种监测功能，所以在单片机系统中得到广泛的应用。由 MAX801/808 组成的电源故障监测电路如图 5-1 所示。

电源故障检测电路是由芯片内部的低线比较器组成的。该比较器是一个独立的比较器，它并不影响芯片的其他功能。为了检测电源的状态，只要把低线比较器输出

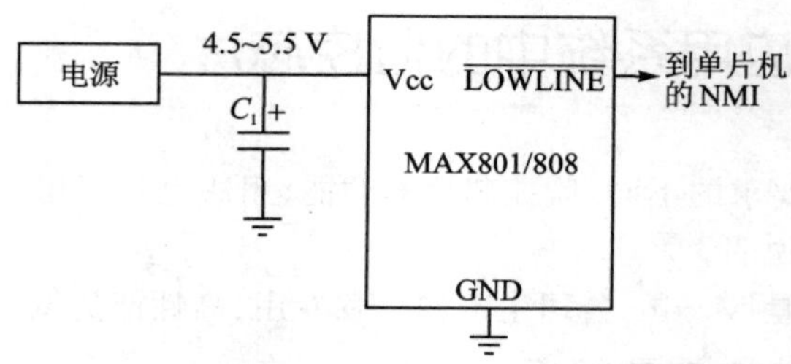

图 5-1　电源故障监测电路

引脚 LOWLINE 与单片机的不可屏蔽中断(NMI)引脚相连。当电源电压 Vcc 小于复位门限值+52 mV 时，低线比较器输出变为低电平，并给单片机产生一个不可屏蔽中断，以表明电源电压开始降低。此时立即执行关闭程序，以保护系统中的内容。

5.2　单片机应用系统的看门狗芯片

单片机自身的抗干扰能力较差，尤其是在一些条件比较恶劣、噪声大的场合，常会出现单片机因受外界干扰而导致死机的现象，造成系统不能正常工作。设置看门狗是防止单片机死机、提高单片机系统抗干扰性的一种重要途径。

一个完整的单片机应用系统应该是一个软硬件的结合体，系统处于工作状态时，会受到各种外界干扰因素的影响。这种外界干扰轻者导致系统内部数据出错，重者将严重影响程序的运行。“看门狗”是系统可靠性设计中的重要一环，可在系统设计中通过软件或硬件方式在一定的周期内监控单片机或其他 CPU 的运行状况。如果在规定时间内没有收到来自单片机或其他 CPU 的触发信号，则系统会强制复位，以保证系统在受到干扰时仍然能维持正常的工作状态。在单片机系统中，看门狗的设计一般采用硬件和软件两种方式。

1. 软件看门狗

软件看门狗利用单片机片内闲置的定时器/计时器单元作为看门狗，在单片机程序中适当插入监控指令，当程序运行出现异常或进入死循环时，利用软件将程序计数器 PC 赋予初始值，强制性地使程序重新开始运行。具体使用说明请读者参阅有关资料。

2. 硬件看门狗

硬件看门狗是指一些集成化或集成在单片机内的专用看门狗电路，它实际上是一个特殊的定时器，当定时时间到时，发出溢出脉冲。从实现角度来看，该方式是一种软件与片外专用电路相结合的技术，硬件电路接好以后，在程序中适当地插入一些看门狗复位的指令，以保证程序正常运行时看门狗不溢出。而当程序运行出现异常时，看门狗超时发出溢出脉冲，通过单片机的 RESET 引脚使单片机复位。在这种方

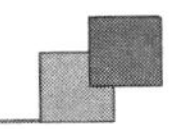

式中，看门狗能否可靠有效地工作，与硬件组成及软件的控制策略都有密切的关系。目前，常用的集成看门狗电路很多，如 MAX705～MAX708、MAX791、MAX813L、X5043/5045 等。X5045 是 XICOR 公司的产品，它是一种可编程的专用看门狗定时器，定时时间可通过软件选择，包含看门狗电路、电压监控电路和 4 KB E^2PROM 等。

看门狗电路可以分为内部看门狗和外部看门狗。内部看门狗是指看门狗的硬件电路包含在单片机内部，例如 Microchip 公司的 16C5x 系列，Freescale 公司的 68C05 系列。51 内核中比较典型的内部看门狗有 ATMEL 公司的 AT89C55WD、AT89S8252，Winbond 公司的 W77E58，SST 公司的 SST89125S 以及 Philips 公司 87 系列等多种型号的单片机，就包含内部看门狗。

对于没有内部看门狗定时器的单片机或认为内部看门狗不可靠时，可以采用外部看门狗定时器。外部看门狗电路既可用专用看门狗芯片，也可用普通芯片实现。目前，常用的看门狗芯片有 Maxim 公司的 MAX813、810，XICOR 公司的 X5045/5043，以及 Catalyst 公司的 24C021。

关于软件看门狗和硬件看门狗具体使用方法请读者参阅有关资料。

5.3　看门狗实验

1. 实验目的

掌握看门狗(MAX813L)复位控制的硬件接口技术和复位控制驱动程序的设计方法。

2. 实验仪器及设备

① PC 机、DICE KEIL USB 仿真器、Keil 软件。

② DICE 5210K 单片机综合实验系统。

3. 实验内容

利用 MAX813L 实现单片机上电自动复位、手动复位和看门狗自动检测。对于上电复位和手动复位，打开电源或者按实验装置的复位按钮就可以实现。

4. 程序设计

1) 工作原理

为了控制系统不受外界干扰而出现死机现象，可采用 MAX813L 看门狗芯片，该芯片具备复位及监测跟踪两大功能。

主要功能包括：

◇ 复位门限典型值为 4.65 V。

◇ 复位脉冲宽度为 200 ms。

◇ V_1 = 1 V 时保证复位 RESET 有效。

◇ TTL/CMOS 兼容的防抖动人工复位输入。

◇ 独立的看门狗定时器，1.6 s 溢出时间。

◇ 电源故障或欠压报警的电压监控。

◇ 上电、掉电有电压降低时输出复位信号。

◇ 低电平有效的人工复位输入。

MAX813L 的引脚布局如图 5－2 所示。各引脚的功能和意义如下所述。

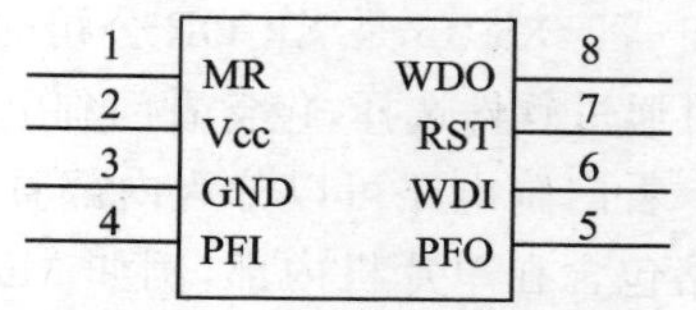

图 5－2　MAX813L 的引脚

① MR：人工复位输入。当输入降至 0.8 V 时产生复位脉冲。低电平有效的输入可用开关接地或 TTL/CMOS 逻辑驱动。MR 不用时则浮空。

② Vcc：＋5 V 输入。

③ GND：地。

④ PFI：电源故障比较器输入。高 PFI 低于 1.25 V 时 PFO 输出低电平吸收电流；否则 PFO 输出保持高电平。PFI 不用时则接地或接 Vcc。

⑤ PFO：电源故障比较器输出。高 PFI 低于 1.25 V 时，PFO 输出低电平且吸收电流；否则 PFO 输出保持高电平。

⑥ WDI：看门狗定时器输入。WDI 保持高或低电平时间长达 1.6 s，WDI 输出低电平、WDI 浮空或接高阻三态门将禁止看门狗定时器功能，只要发生复位，内部看门狗定时器清零。

⑦ RESET：复位输出（低电平有效）。

⑧ WDO：看门狗定时器输出。当内部看门狗定时器完成 1.6 s 计数后，本引脚输出低电平，直到下一次看门狗定时器清零，才再变为高电平。在低电压或 Vcc 低于复位门限电压时，WDO 就保持低电平，只要 Vcc 上升到复位门限电压以上，WDO 就变为高电平而没有滞后。

2）参考程序

```
        ORG     0000H
        SETB    P1.0
LP1:    LCALL   DELAY
        CPL     P1.0
        SJMP    LP1
```

注意：DELAY 子程序可以自己定义，观察 DELAY 延时时间小于或者大于 1.6 s 时单片机复位的变化。

5. 实验步骤

① 单片机最小应用系统中的 P1.0 接看门狗的 WDI，看门狗的 RST 接 8 位逻辑电平显示的 D0。PF0、WD0 悬空。可观察到 LED 延时 1.6 s 闪烁。

② 安装仿真器，用串行数据通信线连接计算机与仿真器，把仿真头插到模块的

单片机插座中，打开模块电源，打开仿真器电源。

③ 启动计算机，打开 Keil 软件。首先进行仿真器的设置，选择仿真器型号、仿真头型号和 CPU 类型。选择通信端口，单击测试串行口，若通信成功便可退出设置，进入硬件仿真调试。

④ 对于看门狗源程序，编译无误后，运行程序。观察 LED 的变化，要求在 1.6 s 以内，P1.0 的信号要变化一次，否则单片机会自动复位。

6. 思考题

① 设计 MAX813L 与单片机连接的硬件电路原理图。

② 试在任何具体的单片机应用程序中插入看门狗的应用。

附　录

实验报告、课程设计说明书的写作格式和基本要求。

实验报告写作格式及基本要求详见附录表1。

附录表1　实验报告写作格式及基本要求

写作格式	基本要求
1.实验名称	本次实验的名称，如：实验4　单片机P1口输入/输出
2.实验目的	本次实验的主要目的，参考每次的实验教材
3.实验环境	实验用到的硬件（仪器与设备）、软件（程序调试软件）环境
4.实验内容与步骤	为实现实验目的而进行的实验内容，如果有步骤要求则简要列出步骤
5.实验总结	①简述本次实验的基本原理 ② 画出硬件电路原理图（包括实际连线说明）和程序流程图 ③ 参照本次实验的主程序，重新设计主程序并给出详尽注释 ④ 对本次实验的结果，比如：现象或者数据或者应用等进行分析，并做出规范性的记录 ⑤ 本次实验得到了什么？收获是什么？有些什么想法？
6.建议与意见	对本次实验内容有什么建议，或在实验过程中发现什么问题，以及对改善实验效果有什么建议，均可提出。在书写实验报告的过程中，主要是帮助自己回顾和总结实验

注："实验报告"写作的重点放在第5项，前4项可以十分简要地列写，第6项"建议与意见"有则提出，无则不写。

课程设计说明书写作格式及基本要求详见附录表2。

附录表2　课程设计说明书写作格式及基本要求

写作格式	基本要求
1.说明书封面*	明确说明书的形式属于哪一类（课设、毕设、实训等）
2.课题摘要	课题任务书或内容及要求
3.目录	说明书由哪些项组成

附录续表 2

写作格式	基本要求
4. 正文	① 描述系统的功能 ② 硬件电路设计及描述，含所需器件、硬件电路设计框图、硬件电路原理图（学习用工具软件绘原理图） ③ 软件设计流程及描述 ④ 源程序代码（要有注释） ⑤ 系统焊接安装 ⑥ 系统调试：软件仿真调试、单片机目标机仿真调试过程说明（含软、硬件调试时所出现的问题、解决方法）
5. 总结与体会	课题功能总结、具体使用说明及心得体会
6. 附录	芯片引脚图及其他（或硬件电路原理图、程序清单）
7. 参考文献	完成课题而参考的书目
8. 课题成绩评分表*	指导老师对课题的评定，给出成绩等级

注：标注“＊”项不要求学生书写。

参考文献

[1] 李朝青.单片机原理及接口技术[M]. 5版.北京:北京航空航天大学出版社,2017.
[2] 李军.51系列单片机高级实例开发指南[M].北京:北京航空航天大学出版社,2004.
[3] 刘平.深入浅出玩转51单片机[M].北京:北京航空航天大学出版社,2014.
[4] 钟富昭.8051单片机典型模块设计与应用[M].北京:人民邮电出版社,2007.
[5] 郭天祥.新概念51单片机C语言教程——入门、提高、开发、扩展全攻略[M].北京:电子工业出版社,2009.
[6] 钟富昭.8051单片机原理及软硬件设计[M]. 2版.北京:北京航空航天大学出版社,2014.
[7] 戴上举.删繁就简:单片机入门到精通[M]. 北京:北京航空航天大学出版社,2011.
[8] 彭为.单片机典型系统设计实例精讲[M].北京:电子工业出版社,2006.
[9] 陈海宴.51单片机原理及应用基于Keil C与Proteus[M].3版.北京:北京航空航天大学出版社,2017.
[10] 蔡朝洋.单片机控制实习与专题制作[M].北京:北京航空航天大学出版社,2006.
[11] 李林功.单片机原理与应用[M].北京:机械工业出版社,2008.
[12] 林凌.新型单片机接口器件与技术[M].西安:西安电子科技大学出版社,2005.
[13] 谢维成.单片机原理与应用及C51程序设计[M].北京:清华大学出版社,2006.
[14] 陈明荧.8051单片机课程设计实训教材[M].北京:清华大学出版社,2004.